高等学校土木工程专业"十三五"规划教材

高校土木工程专业规划教材

# 地下工程建造技术与管理

主　编　刘　军
副主编　陶　津　陶连金　刘天云
主　审　穆静波

中国建筑工业出版社

**图书在版编目（CIP）数据**

地下工程建造技术与管理/刘军主编. —北京：中国
建筑工业出版社，2019.3
高等学校土木工程专业"十三五"规划教材　高校
土木工程专业规划教材
ISBN 978-7-112-23276-5

Ⅰ. ①地… Ⅱ. ①刘… Ⅲ. ①地下工程-工程施
工-技术管理-高等学校-教材 Ⅳ. ①TU94

中国版本图书馆 CIP 数据核字（2019）第 026578 号

本书根据国家现行的法律法规、标准规范编写。全书共 11 章，主要内容包括
绪论、明挖法、盖挖法、矿山法、盾构法、顶管法、沉管法、地下水控制与防水
工程、监控量测、地下工程建造管理及绿色施工，其中管理方面包括施工风险管
理、危险性较大工程管理及 BIM 技术在管理中的应用。习题均为案例思考题，具
有一定的综合性，对提高学生分析问题、解决问题的能力大有裨益。

本书以讲解地下工程建造与管理的基本原理、基本方法为主，内容围绕近年
来地下工程的国家政策法规及新技术、新方法，并吸收了全国一级建造师执业资
格考试用书《市政公用工程管理与实务》中相关内容，力求做到结合现场实际、
突出重点，使读者学之即用。

本书可作为高等院校土木工程专业、地下工程专业及其他相关专业本科生或
研究生的教材、教学参考书，可供工程技术人员学习参考，也可作为工程技术人
员报考一级建造师执业资格考试的参考书。

为了更好地支持本课程教学，本书作者制作了教学课件，有需求的读者可以
发送邮件至 2917266507@qq.com 免费索取。

\* \* \*

责任编辑：聂　伟　吉万旺　王　梅
责任校对：焦　乐

高等学校土木工程专业"十三五"规划教材
高校土木工程专业规划教材
**地下工程建造技术与管理**
主　编　刘　军
副主编　陶　津　陶连金　刘天云
主　审　穆静波

\*

中国建筑工业出版社出版、发行（北京海淀三里河路 9 号）
各地新华书店、建筑书店经销
霸州市顺浩图文科技发展有限公司制版
天津翔远印刷有限公司印刷

\*

开本：787×1092 毫米　1/16　印张：15　字数：345 千字
2019 年 4 月第一版　2019 年 4 月第一次印刷
定价：**37.00 元**（赠课件）
ISBN 978-7-112-23276-5
（33591）

# 前　　言

地下工程是土木工程的一个重要分支，工程实践性强、涉及范围广。"地下工程建造技术与管理"是土木工程专业的核心课程之一，通过本课程学习，使学生能够迅速掌握地下工程建造的基本原理和基本方法，具备分析、解决施工中有关技术问题和管理的能力，为从事相关技术研究、技术创新打下良好基础。

本书根据国家现行的法律法规、标准规范编写，内容包括绪论、明挖法、盖挖法、矿山法、盾构法、顶管法、沉管法、地下水控制与防水工程、监控量测、地下工程建造管理及绿色施工，其中管理方面包括施工风险管理、危险性较大工程管理及 BIM 技术在管理中的应用。本书吸收了编者的最新研究成果、参与编制的国家及地方标准，吸收了成熟的新工艺、新方法，以及全国一级建造师执业资格考试用书《市政公用工程管理与实务》内容，将基本原理和方法与实践结合起来，力求突出实用性和创新性，并体现时代特征。

本书编写时，力求做到重点突出、语言简练、条理清晰。本书第 1、9 章由北京工业大学陶连金编写；第 2、3、7 章由东南大学陶津编写；第 4、5、8、10 章（除第 10.6 节）由北京建筑大学刘军编写，其中第 10.6 节由北京建筑大学王亮编写；第 6、11 章由清华大学刘天云编写。全书由刘军统稿。

本书编写过程中，参考了"全国一级建造师执业资格考试用书编写委员会"提供的大量资料，编委会成员张国京教授级高工对本书的编写提出了许多宝贵建议；我国著名盾构专家中铁十六局集团有限公司阎向林教授级高工审阅了盾构法相关内容，提出了许多宝贵建议并提供了大量素材；北京城建勘测设计研究院有限责任公司马雪梅教授级高工对监控量测部分提出了许多宝贵建议；北京盾构工程协会提供了一些全国盾构行业的调研素材，北方工业大学朱宏军教授（北京盾构协会副秘书长）为本书的编写提出了许多宝贵建议；中国铁建呼和浩特指挥部姜景双总工程师为本书提供了一些素材；北京建筑大学廖维张教授对绪论及管理方面提出了许多宝贵建议。以上建议及素材使本书得到完善与充实，在此一并致谢。

北京建筑大学穆静波教授在百忙中对本书进行了精心审阅，提出了许多宝贵意见和建议，使本书得到进一步完善。在此表示衷心感谢！

由于编者水平有限，书中定有不足之处，敬请读者批评指正。

# 目　　录

# 第1章 绪 论

地下工程为一个泛指的技术领域，凡在地层内部修筑的地下建筑物（或空间）均可称为地下工程。

## 1.1 地下工程的分类与特点

### 1.1.1 地下工程的分类

地下工程的分类方法很多，一般按用途、存在的环境及开发深度进行分类，还有按设计与施工方法、断面的形式及重要性程度、抗震等级进行分类。

1. 按地下工程的用途分类

按用途地下工程分为：地下交通工程、地下市政管线工程、地下综合管廊、地下工业工程、地下商业工程、地下民用工程、地下贮库工程、地下人防工程等。

（1）地下交通工程

地下铁道、公路隧道、地下步行道、地下停车场属于地下交通工程，为城市地下空间利用的主要内容，也是在城市生活中作用最大的一种地下空间。由这样一些设施组成的城市地下交通网，客运能力强，对于缓解地面上的交通矛盾十分有效。例如一条地铁线路单向每小时客运量为 4 万～6 万人，为地面公共汽车运量的 8 倍；行车速度快，例如快速地铁的速度比常规地铁快 2～3 倍，比地面公共汽车快 5～6 倍。

（2）地下市政管线工程

地下市政管线工程一般应包括供水、能源供应、通信和废弃物的排除四大系统。城市中的供水、排水、动力、热力、通信等系统的管道、电缆等，一般都埋设在地下，占用一定的空间，可以说这是城市地下空间利用的一个传统内容。此外，各种公用设施系统中的处理设施，如自来水厂、污水处理厂、垃圾处理厂、变电站等，也适于布置在地下空间中，对于节省用地，减轻污染，都是有利的。

（3）地下综合管廊工程

多数市政管线工程是随着城市的发展逐步形成的，因此，往往自成体系、分散布置，互相之间缺乏有机的配合。近年在国际上提倡修建一种多功能的地下管线廊——地下综合管廊，在日本称为"共同沟"，将各类管线甚至交通综合布置在廊道中，有利于地下空间的综合利用。

（4）地下工业工程

地面上的工业生产一般都可在地下进行，特别是精密性生产，在地下环境中更为有利。在许多国家中，将水力发电站的厂房布置在地下，也有的将核电站建在地下，比在地上更为安全。

（5）地下商业工程

在瑞典、加拿大、德国、法国等国家的一些大城市，地下商场、商店很多，日本的地下商业街尤为著名。对于商业活动来说，由于不需要天然光线，人们滞留时间相对较短，在地下空间中进行是很合适的。同时，大量人流被吸引到地下去，对改善地面的交通与环境也都是有利的。在气候严寒多雪或酷热多雨地区，购物活动在地下空间中进行，不受外界气候的影响。

（6）地下公共（民用）工程

像电影、戏剧、音乐、运动、游泳等文化、娱乐、体育活动，即使在地面上，也多采用人工照明，因此在地下进行更为方便。由于人员集中，安全问题较大，因此在地下进行这些活动尚不普遍。

此外，办公、会议、教学、实验、医疗、展览、图书阅览等各种业务活动，都可以在地下空间中进行。美国明尼苏达大学土木与矿物工程系的各种教室、实验室和办公室，90％在地下，并采取了各种节能措施，安装了日光和景物两个传输系统，成为迄今为止汇集各种最新技术的大型地下工程的范例。

对于人们能否居住在地下，至今尚无科学的解释。日本法律规定禁止在地下室中住人。但是，现代科学技术完全有可能使地下居住环境得到根本的改善，因此地下居住空间仍有一定的发展潜力。

（7）地下贮库工程

地下环境最适合于物资的贮存，因为稳定的温、湿度条件是贮存许多物资所必需的。在地下贮存粮食、食油、食品、药品、燃油等，损耗小，质量高，贮存成本低，经济，节能效益高，节省城市仓库用地，因而得到广泛的应用。

贮库按其储藏品的不同有很多类别。按照用途与专业可分为国家储备库、城市民用库、运输转运库等。这些贮库有的相对集中地布置在居住区内，有的则布置在居住区以外专门的贮库区中。按照民用贮库储存物品的性质，分为一般性综合贮库、食品贮库、粮食和食油贮库、危险品贮库和其他类型的贮库。

（8）地下人防工程

地下空间对于各种自然和人为灾害，都具有较强的防护能力，因而被广泛用于防灾。中国、苏联、瑞士、瑞典、芬兰等国家建造了大量核掩蔽所。此外，地下建筑受地震的破坏作用，要比在地面上轻得多，像日本等多地震国都把地下空间指定为地震时的避难所。

2. 按地下工程的存在环境及建造方式分类

（1）岩石中的地下工程

岩石中的地下工程包括如下三种形式：一是现代城市在岩石中建设的各种地下工程；二是开发地下矿藏、石油而形成的废旧矿井空间加以改造利用而形成的地下工程。如改造利用已没有价值的废旧矿井，用作兵工厂、军火仓库等，相对来说，投资少、见效快、变废为宝，是充分利用空间资源的好途径；三是利用和改造天然溶洞形成的地下工程。

（2）土层中的地下工程

根据建造方式分为单建式和附建式两类。单建式地下工程，是指地下工程独立建在土中，在地面以上没有其他建筑物；附建式地下工程，是指各种建筑物的地下室部分。

3. 按地下工程的开发深度分类

按开发深度可将地下工程分为三类：浅层地下工程、中层地下工程和深层地下工程。

（1）浅层地下工程

浅层地下工程是指在地表～－10m深度空间建设的地下工程，主要用于地下市政管线、商业、公共空间。

（2）中层地下工程

中层地下工程是指在－10～－30m深度空间内建设的地下工程，主要用于地下交通、地下综合管廊、地下污水处理场及城市水、电、气、通信等公用设施。

（3）深层地下工程

深层地下工程一般指在－30m以下建设的地下工程，如高速地下轨道交通、地下综合管廊、危险品仓库、冷库、油库等。

### 1.1.2 地下工程的特点及优缺点

相对于建设行业的其他领域，地下工程具有规模大、风险高、投资大、建设周期长、参与面广等特点；此外，地下工程一经建成，对其再度改造与改建的难度是相当大的，不可能恢复原样，单就这一点它又远不如地面建筑，因此它有相当强的不可逆性。

地下空间开发利用与地上空间开发利用相比有其独到之处，也存在一些缺点，主要表现在如下几个方面：

1. 地下工程优点

（1）有效地利用土地；

（2）能使地表面空间开放，与自然景观协调一致；

（3）有效的往来与输送方式；

（4）节省能源，地下处于稳定的温度和湿度，并具有隔热性、遮光性；

（5）安全性高，能抵御自然灾害，如强风、龙卷风、地震等；

（6）噪声和振动的隔离，较少或完全不受噪声和振动的影响；

（7）减少维修管理，降低维修管理费用。

2. 地下工程缺点

（1）获得自然采光的机会有限；

（2）进入和往来的限制；

（3）心理不良影响；

（4）通风、排水、防水困难；

（5）场地局限；

（6）工期长、造价高、施工风险高。

## 1.2 地下工程建造技术

地下工程建造是形成地下工程实体的生产活动，指由人工或机械在地下挖掘后进行建造的各种生活、生产、防护的地下建筑物及构筑物，也可以是某一类型的地下建筑，如交通隧道、油库及国防工程（人防工程）等；构筑物常指那些仅满足使用要求而对室内艺术要求不高的建筑，如各种管道、矿井等。我国地下工程建造技术中最常用的方法有明挖法、盖挖法、暗挖法、沉管法等施工方法，这些技术有的已达到国际先进水平。

### 1.2.1 明挖法

明挖法首先要开挖基坑，然后在基坑内修筑主体结构，该方法具有施工简单、快捷、经济、安全等优点，地下工程发展初期都把它作为首选的方法。采用明挖法可建造各种类型的地下工程，如地下交通、地下市政管线、地下商业等。

基坑工程涉及挡土、挖土、支护、防水、降水等许多紧密联系的环节，为岩土工程、结构工程、环境工程以及施工技术等众多学科领域的交叉学科。

### 1.2.2 盖挖法

盖挖法指的是先形成盖板结构，在盖板保护下开挖土方并施作主体结构的方法。盖挖法也可建造各种类型的地下工程，具有快速、经济、安全等优点，是较明挖法对周边环境影响少、较暗挖法成本低的一种方法。

### 1.2.3 暗挖法

暗挖法主要包括矿山法、盾构法、顶管法。

#### 1. 矿山法

矿山法是一种传统的施工方法，是指在岩土体内采用人工、机械或钻眼爆破等开挖岩土修筑隧道的施工方法。矿山法借鉴矿山开拓巷道的施工方法而命名，可形成各种断面形式的隧道，且断面的变化极为灵活，但断面大时需要大量的临时支撑，受力转换多且复杂。矿山法可修筑各种类型的地下工程，但需采用较强的初期支护及多种辅助工法。

#### 2. 盾构法

盾构法是指采用盾构修筑隧道的一种方法。盾构法施工由于其安全、高效，已广泛地应用于地下交通工程、地下市政管线工程、地下综合管廊等领域隧道工程的建设中。盾构是目前世界上最先进的工程机械装备，也是衡量一个国家制造业水平和能力高低最具代表性的重大工程机械装备。

近年来，盾构法与矿山法结合建造地铁车站技术得到了发展，拓展了盾构法的施工领域。

#### 3. 顶管法

顶管法是继盾构法施工之后而发展起来的一种施工方法，主要用于地下市政管线工程领域中。顶管法是一种非开挖施工方法，即不开挖或者少开挖的管道埋设施工技术，其施工原理与盾构法施工极为类似。在我国经济高速增长的支持下，顶管技术的发展将面临前所未有的机遇，在加快引进国外先进技术的基础上，努力消化创新，加强研发和人才培养，其前景是非常乐观的。

### 1.2.4 沉管法

沉管法是预制管段沉放法的简称，是将预制管段分别浮运到海面（或河湖面）现场，并一个接一个地沉放安装在已疏浚好的基槽内，是在水底建筑隧道的一种施工方法。适合于沉管法施工的主要条件是：水道河床稳定和水流不急，水道河床稳定便于沟槽开挖，水流不急便于管段浮运、定位和沉放。

### 1.2.5 其他方法简介

#### 1. 岩石隧道掘进机 TBM

TBM 是利用回转刀盘和推进装置（千斤顶）的推进力使刀盘上的滚刀切割（或破碎）岩面并掘进，形成整个隧道断面的一种先进的岩石隧道施工机械。按岩石的破碎方式，大致分为挤压破碎式与切削破碎式两种，破碎后的岩块通过连续皮带机运输到洞外；多采用喷混凝土、锚杆、钢支撑、混凝土衬砌支护，有时也用管片。

TBM 集钻、掘进、支护于一体，使用电子、信息、遥测、遥控等高新技术对全部作业进行指导和监控，使掘进过程始终处于最佳状态。在国际上，现已广泛应用于水利水电、矿山开采、交通、市政、国防等隧道工程建设中。

TBM 施工具有以下优缺点：

（1）优点：全断面机械破碎，联合作业连续掘进。与常规施工方法相比，掘进速度快、洞壁光滑平整、超挖量小、操作安全，可以大大地降低工人的劳动强度，改善作业条件。

（2）缺点：对多变地层适应性差，掘进面改变困难，短隧道成本高。

2. 沉井法

沉井法是把预制好的整体井壁，靠自重局部沉入土中，然后在它的掩护下，边掘进边下沉。随着沉井深度的增加，井壁与井帮的摩擦阻力增加，下沉深度受到限制，一般下沉到 20～30m。沉井法施工工艺简单，所需设备少，易于操作且安全，国内外沉井多用作桥梁墩台或重型工业建筑物的深基础，后来逐渐发展成为利用其内部空间供生产使用或其他用途的地下建筑物，如地下厂房、地下仓库、地下人防工程以及地下铁道或水底隧道的通风井、盾构工作井等。

沉井一般由井壁、刃脚、隔墙、凹槽、封底（包括底板）和顶盖等部分组成。

（1）井壁

沉井的外壁，是沉井的主要部分，为永久结构。井壁应有足够的强度，以便承受沉井下沉过程中及使用时作用的荷载；同时还要求有足够的重量，使沉井在自重作用下能顺利下沉。

（2）刃脚

刃脚位于井壁的最下端，多做成有利于切入土中的形状，一般多用钢材制造，刃尖角通常为 30°，高 3m。刃脚外半径比井壁外半径大 100～300mm，以便下沉后在井壁四周形成一个环形空间。

（3）隔墙

为了加强沉井的刚度，或由于使用需要设置隔墙。

（4）凹槽

凹槽位于刃脚的上方，使混凝土底板能和井壁更好地连接。

（5）封底

下沉到设计标高后，在沉井底面用素混凝土封底，作地下建筑物的基础，再在凹槽处灌筑钢筋混凝土底板。

（6）顶盖

作为地下建筑物，在修筑好满足内部使用要求的各种结构后，还要修筑顶盖。

施工时沉井利用钢刃脚插入土层，工作面不断破土排渣，依靠井壁自重不断下沉，当沉井刃脚达到基岩后，即进行封底与壁后注浆固井。

# 1.3 地下工程发展趋势及前景

随着城市地下空间的深度开发，为有效地利用地下空间资源，大跨度、大深度、综合利用的地下工程不断被设计人员所采用，并成为一种发展趋势。

### 1.3.1 大跨地下工程

世界上，人工修建的跨度最大的地下空间为挪威 Gjovik 滑冰场，洞室拱顶跨度 61m，岩石覆盖层厚度小于跨度，约为 25~50m。洞室的支护是 15cm 厚的纤维混凝土喷射层加上长 6m、间距 2.5m 的钢锚杆，是迄今世界供人员使用的最大跨度的地下工程。

土耳其伊斯坦布尔的 Basilica 地下蓄水池修建于公元 532 年，围岩为灰岩。由 336 根高 9m 的立柱支撑着结构顶板，洞室宽度达 70m。

大跨地下工程施工难度极大且围岩稳定性问题极为突出，采用单一施工方法，技术上或经济上总有一定局限性，应研究在现有技术水平的基础上，经过技术扩展，进行大跨地下工程的建设，这是今后发展方向。

### 1.3.2 深层地下工程

根据地层特点，以及将来的发展趋势，在参考国内外资料及理论计算的基础上，建议将分界深度定为 $4D~6D$（$D$ 为隧道跨度），此深度一般大于 30m，且将遇到多层地下水（含承压水）。

日本在深层地下工程方面积累了一些经验，其认为：深层地下工程和目前地下工程相比，不同之处在于必须处理高水压、高土压和地面距离加长等问题，目前东京的山手线约深 40~45m，在下町东部最深为 60~70m。

随着城市化进程的加快，土地资源的匮乏已严重影响了城市的各种功能，特别是交通功能的正常发挥，因此，开发利用深层地下空间，拓展人类生存空间已成为发展的方向。

### 1.3.3 地下综合管廊

地下综合管廊，是指在城市地下用于集中敷设电力、通信、广电、给水排水、热力、燃气等市政管线的公共隧道，同时设有专门的检修口、吊装口和监测、控制系统，是一种城镇综合管线工程。随着市政道路地下空间开发集约化程度的提高，综合管廊开始成为城市公用建设的重要组成部分。相比于一般的城市地下管线，综合管廊可以明显改善城市环境和城市生活质量，具有明显的利益外溢的外部效益，是新型城市市政基础建设现代化、科学化和可持续发展的重要标准之一。

日本是目前世界上综合管廊建设体系最完善的国家。早在 20 世纪 20 年代，东京的市政机构就在市中心九段地区的干线道路下修建了日本第一条地下综合管廊。1963 年制订《关于建设共同沟的特别措施法》（以后简称《共同沟法》）以后，日本开始大规模兴建地下综合管廊。《共同沟法》从法律层面规定了日本相关部门需在交通量大及未来可能拥堵的主要干道地下建设"共同沟"，并解决了共同沟建设中的资金、技术等一些关键问题。1991 年成立了专门的管理部门促进综合管廊的建设。如今已投入使用的日比谷、麻布和青山地下综合管廊是东京最重要的地下管廊系统。日比谷地下管廊建于地表以下 30m 处，全长约 15km，直径约 7.5m，采用盾构法施工。麻布和青山地下综合管廊系统同样修建于东京核心区域地下 30m 深处，其直径约为 5m，至今已使用了 30 余年。根据东京国道事务所公布的数据，在东京市区 1100km 的干线道路下已修建了总长度约为 126km 的地下综合管廊，其中大部分已经相互连接形成地下综合管廊网络系统。在东京主城区内还有 162km 的地下综合管廊正在规划修建。地下综合管廊系统不仅解决了日本城市交通拥堵问题，还极大方便了电力、通信、燃气、给水排水等市政设施的维护和检修。

从国内外建设综合管沟的情况看，修建综合管廊主要是为了解决大城市日益增长的交通量与道路下市政管线的施工、维护和检修的尖锐矛盾。近期，我国财政部、住房城乡建设部联合下发了《关于开展中央财政支持地下综合管廊试点工作的通知》，并组织了地下综合管廊试点城市评审工作，这将引起地下综合管廊建设的高潮，可以认为其建设规模完全不亚于城市轨道交通。

### 1.3.4 地下工程发展前景

地下空间的作用和价值被人们重新发现后，地下空间被认为是一种人类仅有的少数尚未被充分开发的自然资源。地下空间资源的开发，从理论上说几乎是无限的。瑞典曾有人估计，在 30m 深度范围内，开发相当于城市总面积 1/3 的地下空间，就等于全部城市地面建筑的容积，即不需扩大城市用地，就可使城市的环境容量增加 1 倍。

我国地下空间利用最早始于西北黄土高原，至今还有人居住在延续数千年的窑洞建筑中，在黄土层中还修建过结构简单和圆筒拱形地下粮库。在 20 世纪 60 年代、70 年代建设了一批地下工厂、早期人防工程和北京、上海地下铁道。20 世纪 80 年代各大城市修建地下综合体工程，集商业、交通、人行过街和停车场等服务设施于一体。近年来我国城市地下空间开挖技术得到了长足发展和提高，但与发达国家在地下空间利用方面的发展相比还有一定的差距。

（1）美国将城市地下空间利用点、线、面以整体网络型组合起来。其中生活设施有考虑到节约采暖、空调费用的地下住宅及复式住宅；城市设施主要从更新城市机能及节约能源的角度来看，除地下街、地下铁道、道路隧洞外，还有考虑到与自然比较协调及采光要求的半地下式大学；贮藏设施除食品贮藏外，还正式研究开发保存放射性废料的设施；交通设施有道路隧洞、地下停车场等；地下核防护设施数量规模居世界之最。

（2）日本由于国土狭窄，地下空间的综合利用虽起步晚，但是地下街道、地下车站、地下铁道、地下商场的建设规模、地下综合管廊的建设，其成熟度已居世界领先地位。

21 世纪是地下空间开发与利用的世纪。发达国家的发展历史表明，人均 GDP 进入 500 美元以后，就具备了大规模开发利用地下空间的条件和实力；人均 GDP 在 1000～2000 美元之间，则达到了开发利用的高潮。

事实上，我国北京、上海等大城市已经率先进入地下工程开发建设的高潮。据有关部门推算，北京市 10m 深以上可利用地下空间资源为 19.3 亿 $m^3$，可提供 6.4 亿 $m^2$ 的建筑面积，超过全市现有建筑面积。北京市已规划将地下 50m 的空间作为资源进行开发和管理，加强地下综合管廊、停车场、商场、人防工事、娱乐设施等城市地下空间的开发与利用；上海对全市地下空间建设提出了分层布局的指导原则，对轨道交通、地下道路、地下车库等地下交通设施、地下市政管线、站场和共同沟等基础设施以及民防工程设施等内容，提出了规划建设的指导性要求，力求高效、合理、安全地利用地下空间。

地下空间的利用是多方面的、广泛的。北京、上海等城市率先形成四通八达的地铁交通网络及点、线、面结合开发地下空间，形成三维立体化城市。可见，在未来相当长的一个时期内，城市地下空间作为一种重要资源，其开发力度将不断加大。

# 第2章 明 挖 法

本章讲解了明挖法施工的基本方法和原理。通过本章学习掌握放坡开挖的含义及开挖方法，查表法；掌握土钉墙支护基本内容和施工步骤；掌握灌注桩、地下连续墙的施作方法；掌握竖井的施工步骤；掌握内支撑体系的做法；掌握土方开挖方法等内容。

## 2.1 概 述

### 2.1.1 明挖法的含义及优缺点

明挖法指的是从地面向下开挖基坑，直至达到结构要求的尺寸和高程，然后在基坑中进行防水和主体结构施工，最后回填土方恢复地面。

明挖法的优点是施工技术简单、快速、经济及主体结构受力条件较好，易于保证施工安全质量，地层适应性强等，在没有地面交通和环境等条件限制时，应是首选方法。但其缺点也是明显的，如对环境的影响较大，受气候、气象条件变化影响大等。

### 2.1.2 明挖法基坑分类

明挖法基坑分为放坡基坑和有支护结构的基坑，有支护结构的基坑又可分为土钉墙支护基坑和支挡式结构（或围护结构）基坑。基坑支护是为保证地下结构施工及基坑周边环境的安全，对基坑侧壁及周边环境采用的支挡、加固与保护措施。基坑侧壁是构成建筑基坑围体的某一侧面，基坑侧壁安全等级见表 2-1。

基坑侧壁安全等级 表 2-1

| 安全等级 | 破 坏 后 果 |
| --- | --- |
| 一级 | 支护结构破坏、土体失稳或过大变形对基坑周边环境及地下结构施工影响很严重 |
| 二级 | 支护结构破坏、土体失稳或过大变形对基坑周边环境及地下结构施工影响一般 |
| 三级 | 支护结构破坏、土体失稳或过大变形对基坑周边环境及地下结构施工影响不严重 |

支护结构设计时根据基坑侧壁安全等级确定结构重要性系数 $\gamma_0$，安全等级为一级时取 $\gamma_0=1.1$；安全等级为二级时取 $\gamma_0=1.0$；安全等级为三级时取 $\gamma_0=0.9$。

若基坑所处地面空旷，周围无建筑物或建筑物间距很大，地面有足够空地能满足施工需要又不影响周围环境时，应优先选用放坡基坑；如果因场地限制，基坑边坡坡度稍陡于规范规定时，则可采用土钉墙支护基坑；如果基坑很深，地质条件差，地下水位高，特别是又处于繁华市区，地面建筑物密集，交通繁忙，无足够空地满足施工需要，则可采用支挡式结构的基坑。

基坑支护结构类型应根据基坑周边环境条件、开挖深度、工程地质与水文地质条件、施工工艺及设备条件、施工工期及施工季节等选择，国家标准《建筑基坑支护技术规程》JGJ 120—2012 规定的常用支护结构的适用条件见表 2-2。

| 结构类型 | | 适用条件 | | |
|---|---|---|---|---|
| | | 安全等级 | 基坑深度、环境条件、土类和地下水条件 | |
| 支挡式结构 | 锚拉式结构 | 一级二级三级 | 适用于较深的基坑 | 1. 排桩适用于地下水位以上、可降水或结合截水帷幕的基坑 2. 地下连续墙宜同时用作主体地下结构外墙,可同时用于截水 3. 锚杆不宜用在软弱土层和含有高水头地下水的碎石土、砂土层中 4. 当邻近基坑有建筑物地下室、地下构筑物等,锚杆的有效锚固长度不足时,不应采用锚杆 5. 当锚杆施工会造成基坑周边建(构)筑物的损害或违反城市地下空间规划等规定时,不应采用锚杆 |
| | 支撑式结构 | | 适用于较深的基坑 | |
| | 悬臂式结构 | | 适用于较浅的基坑 | |
| | 双排桩 | | 适用的基坑深度大于悬臂桩,但占用较大场地。当锚拉式、支撑式和悬臂式结构不适用时,可考虑采用双排桩 | |
| | 逆作法 | | 适用于不宜采用临时支护结构构件或主体结构地上、地下同步施工的场合 | |
| 土钉墙 | 单一土钉墙 | 二级三级 | 适用于地下水位以上或可实施降水的基坑,但基坑深度不宜大于12m | 当基坑潜在滑动面内有建筑物、重要地下管线时,不宜采用土钉墙 |
| | 预应力锚杆复合土钉墙 | | 适用于地下水位以上或可实施降水的基坑,但基坑深度不宜大于15m | |
| | 水泥土桩垂直复合土钉墙 | | 基坑深度不宜大于12m且不宜用在含有高水头地下水的碎石土、砂土、粉土层中 | |
| | 微型桩垂直复合土钉墙 | | 适用于地下水位以上或可实施降水的基坑,基坑深度不宜大于12m | |

注:1. 当基坑不同部位的周边环境条件、土层性状、基坑深度等不同时,可在不同部位分别采用不同的支护形式;
　　2. 支护结构可采用上、下部以不同结构类型组合的形式,如土钉墙＋灌注桩等。

# 2.2　放坡基坑

　　放坡基坑为不加任何支护或简单进行保护措施的基坑,是基坑工程常用的一种方法,其优点是施工方便,造价较低,但有一定的适用范围,仅适用于硬质、可塑性黏土和良好的砂性土,基坑深度一般不超过10m,且周边空旷。

　　基坑表面要采取保护措施,确保不被雨水冲刷,减少雨水渗入土体,降低边坡强度。通常可采用在土坡表面抹一层钢丝网水泥砂浆,或喷射砂浆,或铺设塑料薄膜等保护,也可以增加一些锚杆进行护坡。

## 2.2.1　放坡坡度的确定方法

　　基坑放坡开挖的坡度要视土质情况、场地大小和基坑深度而定,同时,还要考虑施工环境、施工条件情况,如气候季节、相邻道路及坡边地面荷载等影响。

边坡坡度一般由坡度系数表示（图2-1）：

$$i=\tan\alpha=H/B=1:(B/H)=1:m$$

式中，$m$ 为坡度系数，$m=B/H$。

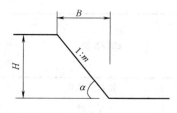

图 2-1　边坡坡度计算图示

边坡的形式有斜坡、折线坡、踏步（台阶）式。

确定基坑边坡坡度一般有 2 种方法，即计算法和查表法。

1. 计算法

通过计算公式确定边坡开挖深度和坡度。如图2-2所示，假定边坡破裂面为通过坡脚的一个平面，滑动面上部土体为 $ABC$，当土体处于极限平衡状态时，边坡极限高度 $h$ 为：

$$h=\frac{2C\sin\theta\sin\varphi}{\gamma\sin^2\left(\dfrac{\theta-\varphi}{2}\right)} \tag{2-1}$$

式中　$C$——土体内聚力（$kN/m^2$）；

$\qquad\theta$——边坡坡度角（°）；

$\qquad\varphi$——土的内摩擦角（°）；

$\qquad\gamma$——土体重度（$kN/m^3$）。

土体 $C$、$\varphi$、$\gamma$ 值和边坡极限高度（基坑开挖深度）$h$ 为已知，则基坑边坡的坡度角即可求出。并由式（2-1）可知：

① 当 $\theta=\varphi$，$C=0$ 时，则边坡极限高度不受限制，且边坡处于平衡状态。

② 当 $\theta>\varphi$ 时，则边坡为陡坡，其 $C$ 值越大，则边坡极限高度 $h$ 越高；若 $C=0$，则 $h=0$，即非黏性土时，边坡任何高度都是不稳定的。

③ 坡度角 $\theta$ 越大，坡高 $h$ 越小；反之，坡度角 $\theta$ 越小，坡高 $h$ 越大。

2. 查表法

一般在地质条件良好、土质较均匀，而地下水位低或通过降水将地下水位维持在基坑底面以下时，常采用查表法确定基坑边坡的坡度（表2-3、表2-4）。

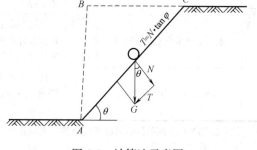

图 2-2　计算法示意图

岩石基坑边坡坡度　　　　　　表 2-3

| 岩土类别 | 风化程度 | 坡度容许值(高宽比) | |
|---|---|---|---|
| | | 坡高在8m以内 | 坡高8~15m |
| 硬质岩石 | 微风化 | 1：0.10~1：0.20 | 1：0.20~1：0.35 |
| | 中等风化 | 1：0.20~1：0.35 | 1：0.35~1：0.50 |
| | 强风化 | 1：0.35~1：0.50 | 1：0.50~1：0.75 |
| 软质岩石 | 微风化 | 1：0.35~1：0.50 | 1：0.50~1：0.75 |
| | 中等风化 | 1：0.50~1：0.75 | 1：0.75~1：1.00 |
| | 强风化 | 1：0.75~1：1.00 | 1：1.00~1：1.25 |

| 边坡土体类别 | 状态 | 坡率允许值(高宽比) | |
|---|---|---|---|
| | | 坡高小于 5m | 坡高 5~10m |
| 碎石类土 | 密实 | 1:0.35~1:0.50 | 1:0.50~1:0.75 |
| | 中密 | 1:0.50~1:0.75 | 1:0.75~1:1.00 |
| | 稍密 | 1:0.75~1:1.00 | 1:1.00~1:1.25 |
| 一般性黏土 | 坚硬 | 1:0.75~1:1.00 | 1:1.00~1:1.25 |
| | 硬塑 | 1:1.00~1:1.25 | 1:1.25~1:1.50 |

### 2.2.2 土方开挖

1. 开挖方法

目前常用的方法有人工开挖、小型机械开挖和大型机械开挖。

人工开挖一般只在土方量小,如修坡或缺乏机械开挖的情况下采用;小型机械开挖一般在施工空间受限制而无法采用大型机械的情况下采用。对于大面积的土方开挖,采用大型机械如单斗挖土机、铲运机。

2. 开挖注意事项

(1) 基底以上 20cm 须人工开挖,避免超挖;

(2) 基坑深度大于 5m 须设平台,土质边坡平台宽度不小于 1.5m,岩质边坡平台不小于 0.5m;

(3) 基坑周边堆载或动荷载不能超出设计要求;

(4) 槽状基坑须分段开挖;

(5) 边坡要有合理的防排水措施,防止地表水流入基坑或渗入边坡;

(6) 加强监测与巡查,若出现裂缝应停工检查原因,并采取有效措施;

(7) 基坑开挖完成后,应及时清底验槽,减少地基土暴露时间,地基土不应长期暴晒或雨水浸泡。暴露时间在 1 年以上的基坑,要采取护坡措施。

# 2.3 土钉墙支护基坑

土钉墙是土钉加固的基坑侧壁土体与护面等组成的支护结构,即由土钉、侧壁土体、喷射混凝土护面(内有钢筋网片、加强筋)构成,此外还有泄水孔,护面构成见图 2-3。土钉为设置在基坑侧壁土体内的承受拉力与剪力的杆件,杆件可以是钢筋也可以是钢管。土钉墙与预应力锚杆、微型桩、水泥土桩等中的一种或多种组成的复合型支护结构称为复合土钉墙。

土钉主要可分为钻孔注浆土钉与打入式土钉两类。

(1) 钻孔注浆土钉,是最常用的土钉类型。即先在土体中钻孔,置入钢筋,然后沿全长注浆。

(2) 打入土钉,是在土体中直接打入角钢、圆钢或钢筋等,不再注浆。优点是不需预先钻孔,施工速度快,但不适用于砾石土和密实胶结土,也不适用于服务年限大于 2 年的

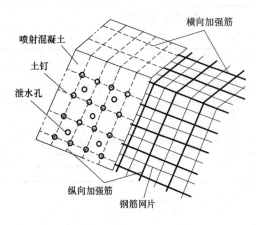

图 2-3　土钉支护护面构造示意图

永久支护工程。

近年来，国内开发了一种打入注浆式土钉，直接将带孔的钢管打入土体中，高压注浆形成土钉，适合于成孔困难的砂层和软弱土层，具有广阔的应用前景。

### 2.3.1　土钉墙优点与适用条件

1. 土钉墙优点

与其他支护相比，土钉墙具有以下优点：

（1）能合理利用土体的自承能力，将土体作为支护结构不可分割的一部分；

（2）结构轻型，柔性大，有较大的抗震性和延性；

（3）制作和施工设备简单，且对周围环境干扰小；

（4）工程造价低，土钉墙的工程造价是其他类型工程造价的 1/3～1/2。

2. 土钉墙适用条件

土钉墙适用于填土、黏性土、粉土、砂土、卵砾石等土层。

（1）当基坑潜在滑动面内有建筑物、重要地下管线时，不宜采用土钉墙；

（2）单一土钉墙适用于地下水位以上或可实施降水的基坑，北京市地方标准规定基坑深度不宜大于 10m，国家标准规定基坑深度不宜大于 12m；

（3）预应力锚杆复合土钉墙适用于地下水位以上或可实施降水的基坑，但基坑深度不宜大于 15m；

（4）水泥土桩垂直复合土钉墙，基坑深度不宜大于 12m 且不宜用在含有高水头地下水的碎石土、砂土、粉土层中；

（5）微型桩垂直复合土钉墙适用于地下水位以上或可实施降水的基坑，基坑深度不宜大于 12m。

### 2.3.2　土钉墙支护设计

土钉墙支护一般需放坡，坡度一般为 1：0.2～1：0.5，不大于 1：0.1，本质上讲也属于放坡基坑。土钉墙支护设计应注意以下问题：

（1）土钉长度宜为土钉墙高度的 0.5～1.2 倍，顶部土钉的长度宜适当增加；

（2）土钉间距宜为 1.2～2.0m，局部软弱土中可小于 1.2m；

（3）土钉与水平面夹角为 5°～20°；

（4）土钉钢筋不应小于 HRB400 级钢筋，钢筋直径宜为 16～32mm，钻孔直径宜为 80～130mm；

（5）应沿土钉全长设置对中定位支架，其间距宜取 1.5～2.5m，土钉钢筋保护层厚度不宜小于 20mm；

（6）喷射混凝土面层的厚度宜为 80～150mm，混凝土强度等级不宜低于 C20；

（7）土钉与加强钢筋宜采用焊接连接，其连接应满足承受土钉拉力的要求。

### 2.3.3 土钉墙支护基坑开挖

1. 施工步序

土钉墙支护应按设计要求开挖工作面，其施工步序为：

（1）挖土、修坡。修整边坡、埋设喷射混凝土厚度控制标志。

（2）土钉施工。成孔、插钢筋、注浆、安设连接件。

（3）挂钢筋网、喷混凝土。

（4）设置坡顶、坡面和坡脚的排水系统。

进行下步挖土、修坡，重复以上动作，直至基坑槽底（图2-4）。

图2-4 土钉墙支护基坑施工

2. 施工注意事项

（1）基坑开挖和土钉墙施工应按设计要求自上而下分段分层进行，在上层土钉注浆体及喷射混凝土面层达到设计强度的70%后方可开挖下层土方。

（2）采用机械进行土方作业时，严禁坡壁出现超挖或松动坡壁土体。

（3）土钉墙施工应采取有效的排水措施。

（4）喷射混凝土作业应分段分片依次进行，同一分段内喷射顺序应自下而上，一次喷射厚度宜为40～70mm。

## 2.4 支挡式结构基坑

支挡式结构是由挡土构件和锚杆或支撑组成的一类支护结构体系，其结构类型包括：锚拉式、悬臂式、支撑式（单撑或多撑），此外有双排桩和用于逆作法的支撑。支撑结构是为了减小围护结构的变形、控制其弯矩的，一般分为内支撑和外锚拉两种。锚拉式结构有排桩（墙体）-锚杆结构等，悬臂式结构有排桩（墙体）等，支撑式结构有排桩（墙体）-内支撑结构等。

（1）当具有一定放坡空间或允许土体变形较大时，刚度小柔性强的支护是较为经济的选择，例如钢板桩、预应力锚索等。

（2）当放坡空间较小和土体变形较为严格时，刚度大柔性弱的支护是较为合理的选择，例如排桩、地下连续墙、SMW桩。

（3）对于深度较深的基坑可根据需要选择复合支护结构，一般上部分用刚度小柔性强的支护，下部分用刚度大柔性弱的支护，例如土钉墙＋桩＋支撑（或锚索）。

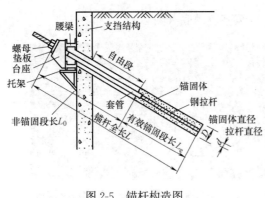

图 2-5　锚杆构造图

### 2.4.1　锚杆（锚索）支护施工

1. 锚杆（锚索）构造

锚杆（锚索）支护体系由支挡结构（挡土构筑物）、腰梁及托架、锚杆（锚索）三部分组成，见图 2-5。

（1）支挡结构

支挡结构包括各种钢板桩、各种类型的钢筋混凝土预制板桩、灌注桩、旋喷桩、挖孔桩、地下连续墙等竖向土壁结构。

（2）腰梁与托架

一般采用工字钢、槽钢形成的梁或钢筋混凝土梁作为腰梁，腰梁放置在托架上，托架与挡土构筑物连接固定。

（3）锚杆（锚索）

锚杆是受拉杆件的总称，与挡土构筑物共同作用。从力的传递机理来看，锚杆（锚索）是由锚杆头部、拉杆及锚固体 3 个基本部分组成。

1）锚杆头部

锚头是锚杆体的外露部分，由锚杆台座、垫板及紧固器三部分组成。将拉杆与挡土构筑物牢固地连接起来，使支挡结构的推力可靠地传递到拉杆上去。

台座为角度调整构件，且能固定拉杆位置防止滑动，承担拉杆施加的压力，并通过与腰梁或围护结构间的接触面，分布其集中力，避免围护结构承受过大的局部应力而破坏。

垫板为传力构件，将拉杆的拉力传递至台座，厚度一般为 20～40mm。

2）拉杆

拉杆是锚杆的主要部分，可用粗钢筋、钢丝绳或钢绞线制作。拉杆的长度取决于锚固段的长度和自由段的长度，自由段的长度不应小于 5m。

3）锚固体

锚固体是拉杆尾端的锚固部分，通过锚固体与土体之间的相互作用，将力传递给地层。从力的传递方式来看，锚固体可分为：

①摩擦型：靠柱状锚固体表面与土层之间的摩擦抵抗力将来自拉杆的拉力传递给地层，如灌浆锚杆；

②承压型：锚固体有一个支承的面或支承型锚固体的一部分或大部分是局部扩大，使锚杆的拉力主要依靠作用于锚固体的被动土压力来获得支撑；

③摩擦承压复合型：在实际工程中，往往采用支承与摩擦型组合的形式，如在软弱

地层中采用扩孔灌注锚杆以及类似扩孔型的串铃状锚杆、螺旋锚杆等，此外还有锚定板类型（图2-6）。

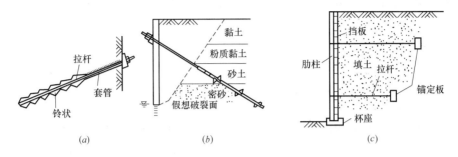

图 2-6 复合型锚杆

(a) 串铃状锚杆；(b) 螺旋锚杆；(c) 锚定板

2. 锚杆（锚索）支护施工步序

（1）钻孔

锚杆孔位垂直方向偏差不宜大于100mm，偏斜角度不应大于2°；孔深和杆体长度不应小于设计长度。

（2）安装拉杆

为了将拉杆安置在钻孔中心，并为了防止入孔时搅动孔壁，沿拉杆体全长每隔1.5～2.5m布设一个定位器，定位器有多种形式，如沿钢筋外表均布的三脚支撑（图2-7），也可采用环形撑筋环等。

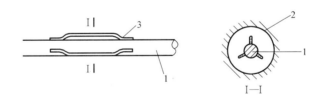

图 2-7 钢筋拉杆定位器

1—钢筋拉杆；2—钻孔；3—三脚支撑

（3）灌浆

锚固段灌浆必须饱满密实，浆体硬化后不能满足充满锚固体时应进行补浆。灌浆有一次灌浆和二次高压灌浆。一次灌浆作业从孔底开始，注浆管距孔底距离宜为100～200mm，实际注浆量一般要大于理论的注浆量；二次高压注浆是在一次注浆体强度达到5.0MPa后分段依次由下至上进行，注浆压力宜控制在2.5～5.0MPa之间。注浆结束后，将注浆管、注浆枪和注浆套管清洗干净，同时做好注浆记录。

（4）张拉锚固

锚固段强度大于15MPa并达到设计强度的75%后方可进行张拉锁定，张拉值应为设计荷载的75%～80%。

### 2.4.2 排桩支护施工

排桩是以某种桩型按队列式布置组成的基坑支护结构，可分为混凝土灌注桩、型钢桩、钢板桩、钢管桩、高压旋喷桩、水泥土搅拌桩等桩型。

1. 混凝土灌注桩

混凝土灌注桩按其成孔方法不同，可分为钻孔灌注桩、沉管灌注桩、人工挖孔灌注桩、爆扩灌注桩等。

（1）钻孔灌注桩

指利用钻孔机械钻出桩孔，然后在孔中浇筑混凝土而成的桩。按成孔方式可分为干作业成孔、泥浆护壁成孔、沉管成孔及爆破成孔。

1）干作业成孔

干作业成孔多采用长螺旋钻机，长螺旋钻孔机适用于地下水位以上的黏性土、砂土、人工填土以及非密实的碎石类土、强风化岩。该机主要由主机、螺旋钻杆、钻头、出土装置等组成，钻头为钻进取土的关键装置，有多种类型，分别适用于不同土质，常用钻头形式有锥式钻头、平底钻头和耙式钻头（图2-8）。

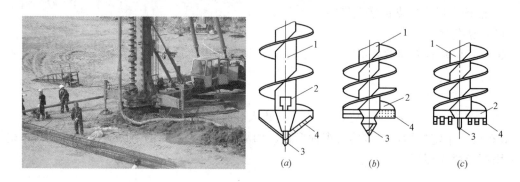

图2-8　螺旋钻孔机及钻头
（a）锥式钻头；（b）平底钻头；（c）耙式钻头
1—螺旋钻头；2—切削片；3—导向尖；4—合金刀

成孔施工时，利用螺旋钻头钻进时切削土体，被切的土块随钻头旋转并沿钻杆上的螺旋叶片提升而被带出孔外，最终形成所需的桩孔。长螺旋钻机一般均采用步履式，结构简单、使用可靠，成孔效率高、质量较好，且具有耗钢量小、无振动、无噪声等一系列优点，在无地下水的均质土中广泛采用。其成桩方法有先在孔中吊放钢筋笼再浇灌混凝土和压灌混凝土后插筋两种。

2）泥浆护壁成孔

在钻孔过程中，为防止孔壁坍塌，在孔内注入高塑性黏土或膨润土和水拌和的泥浆，也可利用钻削下来的黏性土与水混合自造泥浆保护孔壁。这种护壁泥浆与钻孔的土屑混合，边钻边排出泥浆。当钻孔达到规定深度后，进行清除孔底泥渣，然后安放钢筋笼，在泥浆下灌注混凝土而成桩。泥浆护壁成孔设备主要有：旋挖钻、冲抓钻、冲击钻、潜水钻。旋挖钻、冲抓钻、冲击钻适用于黏性土、粉土、砂土、填土、碎石土及风化岩层，潜水钻适用于黏性土、淤泥、淤泥质土及砂土。

根据泥浆循环及出渣方式不同，泥浆循环工艺可分为正循环和反循环两种，泥浆循环系统由泥浆池、沉淀池、循环槽、泥浆泵组成，并有排水、清洗、排废等设施，不得污染环境。

① 正循环法

正循环施工法是从地面向钻管内注入一定压力的泥浆,与钻孔产生的泥渣搅拌混合,然后经由钻管与孔壁之间的空腔上升并排出孔外,混有大量泥渣的泥浆经沉淀、过滤并作适当处理后,可再次重复使用,称泥浆正循环(图2-9)。正循环法是国内常用的一种成孔方法,由于泥浆的流速不大,所以出土率较低。

② 反循环法

反循环法是将混有大量泥渣的泥浆通过钻管的内孔抽吸到地面,新鲜泥浆则由地面直接注入桩孔。反循环吸泥法有三种方式,即空气提浆法、泵举反循环和泵吸反循环,如图2-10所示。

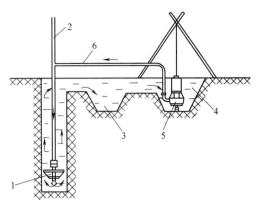

图 2-9 正循环排渣

1—钻头;2—钻杆;3—沉淀池;
4—泥浆池;5—泥浆泵;6—送浆管

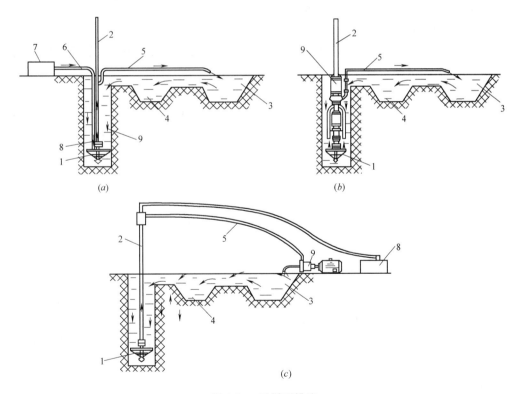

图 2-10 反循环排渣

(a) 空气提浆法;(b) 泵举反循环;(c) 泵吸反循环

1—钻头;2—钻杆;3—沉淀池;4—泥浆池;5—送浆管;6—高压气管;7—空压机;8—真空泵;9—砂石泵

3)沉管成孔

沉管成孔指将带有活瓣式桩尖或预制钢筋混凝土桩靴的钢套管沉入土中,然后边浇筑

17

混凝土（或先在管内放入钢筋笼），边锤击或振动边拔管而成的桩。沉管成孔包括夯扩和振动，前者适用于桩端持力层为埋深不超过 20m 的中、低压缩性黏性土、粉土、砂土和碎石类土；后者适用于黏性土、粉土和砂土。

4）爆破成孔

爆破成孔指用钻孔爆扩成孔，孔底放入炸药，再灌入适量的混凝土，然后引爆，使孔底形成扩大头，再放入钢筋笼，浇筑桩身混凝土。爆破成孔适用于地下水位以上的黏性土、黄土碎石土及风化岩。

5）钢筋笼与灌注混凝土施工要点

① 钢筋笼制作、运输和吊装过程中应采取适当的加固措施，防止变形。

② 混凝土浇筑前应检查成孔和钢筋笼质量，混凝土骨料粒径不宜大于 40mm。混凝土应连续一次浇注完毕，并保证密实度。水下灌注混凝土导管底端距孔底应保持 300～500mm，并应控制提拔导管速度，严禁将导管提出混凝土灌注面。

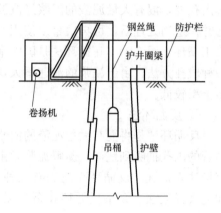

图 2-11　人工挖孔桩施工示意图

③ 桩顶混凝土浇筑完成后应高出设计标高 0.5～1m，确保桩头浮浆层凿除后桩基面混凝土达到设计强度。

（2）人工挖孔桩

人工挖孔桩是人工向下挖掘，用手摇或电动绞车和吊桶出土（图 2-11），浇筑钢筋混凝土井圈护壁，成孔后吊放钢筋笼及浇筑混凝土，从而形成混凝土灌注桩。其施工关键是每挖一节桩身土方后，立即立模灌注混凝土护壁，逐节交替至设计标高；具有设备简单、无噪声、无振动、无污染、适应性强等诸多优点；但缺点也很明显：作业空间小，安全风险大，管理困难。

人工挖孔桩最小尺寸为 80cm，护井圈梁（护肩）高度 20cm，每节护壁长 100cm、厚度 20cm。上下护壁混凝土的搭接长度不得小于 5cm；模板拆除应在混凝土强度大于 2.5MPa 后进行。

2. 其他桩型施工

（1）型钢桩

基坑开挖前，在地面用冲击式打桩机沿基坑设计边线将型钢打入地下，适用于黏性土、砂性土和粒径不大于 100mm 的砂卵石地层。当地下水位较高时，必须配合人工降水措施。打桩时，施工噪声大，超过 100dB。

（2）钢板桩

钢板桩常用断面形式，多为 U 形或 Z 形，其施工方法、使用的机械均与型钢桩相同。钢板桩强度高，桩与桩之间的连接紧密，隔水效果好，可重复使用。

高压旋喷桩、水泥土搅拌桩详见第 8 章第 2 节。

3. 双排桩支护

双排桩支护结构指在地基土中设置两排平行桩体，且呈矩形或梅花形布置，两排桩顶的冠梁通过刚架梁连接，沿坑壁平行方向形成门字形空间结构。它具有较大的侧向刚度，可以有效地限制基坑的变形，一般情况下，两排支护桩呈悬臂式。

双排桩的排距宜取2～5倍桩径。刚架梁的宽度不应小于桩径，高度不宜小于0.8倍桩径，且刚架梁高度与双排桩排距的比值宜取1/6～1/3。

双排桩结构的嵌固深度，对淤泥质土，不宜小于基坑深度；对淤泥，不宜小于1.2倍基坑深度；对一般黏性土、砂土，不宜小于0.6倍基坑深度。前排桩桩端宜处于桩端阻力较高的土层。采用泥浆护壁法施工时，桩的孔底沉渣厚度不应大于50mm，或采用桩底后注浆法加固沉渣。

### 2.4.3 地下连续墙支护施工

地下连续墙是在拟构筑地下工程地面上，沿基坑周边划分若干槽段，在泥浆护壁的支护下，使用挖槽设备挖到设计深度后，在槽段内放置钢筋笼，并浇筑水下混凝土，最后将槽段连成一个连续的整体。地下连续墙适用的地层广泛，具有振动小、噪声低、墙体刚度大、抗渗能力强、对周边地层扰动小等优点。地下连续墙导墙修筑及单元槽段施工工艺过程见图2-12。

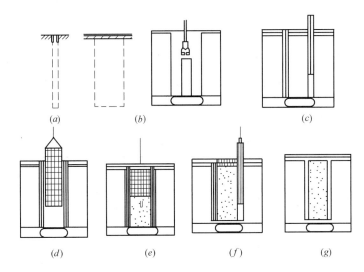

图 2-12　地下连续墙施工流程图
(a)修筑导墙；(b)沟槽开挖；(c)安放接头管；(d)安放钢筋笼；(e)水下混凝土灌注；
(f)拔除接头管；(g)已完工的槽段

地下连续墙的造价较高，一般说来在以下几种情况宜采用地下连续墙。

（1）处于软弱地基、地下水丰富的深大基坑，周围有密集的建筑群或重要的地下管线，对地面沉降和位移值有严格限制的地下工程。

（2）既作为土方开挖的临时基坑围护结构，又可用于主体结构的地下工程。

（3）采用逆作法施工，地下连续墙同时作为挡土结构、地下结构外墙与地面高层房屋基础的工程。

地下连续墙支护施工步序为：

1. 导墙设置与施工

深槽开挖前，须沿着地下连续墙设计的纵轴线位置开挖导沟，在两侧浇筑混凝土或钢筋混凝土导墙。

导墙一般采用现浇钢筋混凝土结构，也可采用钢制或预制钢筋混凝土的装配式结构，混凝土强度等级多为 C20。导墙深度一般为 1.5m，厚度不应小于 20cm，墙顶高出地面 10～15cm，其作用：

① 保证地下连续墙设计的几何尺寸和形状，控制施工精度；

② 容蓄部分泥浆，保证成槽施工时液面稳定；

③ 承受挖槽设备的荷载，保护槽口土壁不破坏，具有挡土作用，并作为安装钢筋骨架的基准。

现浇钢筋混凝土导墙的施工顺序为：平整场地→测量定位→挖槽及处理弃土→绑扎钢筋→支模板→浇筑混凝土→拆模并设置横撑→导墙外侧回填土（如无外侧模板，可不进行此项工作）。

2. 槽段开挖

槽段开挖是地下连续墙施工的重要环节。地下连续墙为分段施工，每一段为一槽段，一个槽段是一个混凝土浇筑单元。槽段的单元长度一般为 4～6m，挖槽方式可分为抓斗式、冲击式和回转式等类型。

(1) 泥浆

地下连续墙成槽中，一般都采用泥浆护壁，出土排渣方式主要有正循环排渣、反循环排渣。应根据施工条件、地层特征、地下水状况、成槽工艺、经济技术指标等因素进行选择。泥浆拌制材料，可选用膨润土、黏土、高分子聚合物或其混合料，宜优先选用膨润土，并按表 2-5 控制其性能指标。

泥浆配制、管理性能指标    表 2-5

| 泥浆性能 | 新配制 | | 循环泥浆 | | 废弃泥浆 | | 检验方法 |
|---|---|---|---|---|---|---|---|
| | 黏性土 | 砂性土 | 黏性土 | 砂性土 | 黏性土 | 砂性土 | |
| 比重(g/cm³) | 1.03～1.10 | 1.06～1.15 | <1.10 | <1.20 | >1.25 | >1.35 | 比重计 |
| 黏度(s) | 19～25 | 25～35 | <25 | <35 | >50 | >60 | 漏斗计 |
| 含砂率(%) | <3 | <4 | <4 | <7 | >8 | >11 | 洗砂瓶 |
| pH 值 | 8～9 | 8～9 | >8 | >8 | >14 | >14 | 试纸 |

(2) 接头

地下连续墙各槽段之间的接头为挡土、挡水的薄弱部位。常见的地下连续墙接头形式有锁口管接头、接头箱接头、工字钢板接头，此外有隔板式接头、预制混凝土接头、铣接头、十字钢板接头等形式。

1) 锁口管接头

锁口管为最常用的接头，一般用钢管制成，且大多数采用圆形。锁口管接头的施工步序见图 2-13。

2) 接头箱接头

接头箱接头（图 2-14）可以使地下连续墙形成整体接头，接头的刚度较好。接头箱接头的施工方法与接头管接头相似，只是以接头箱代替接头管。接头箱在浇筑混凝土的一面是开口的。

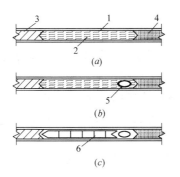

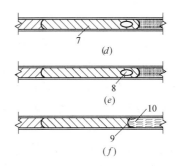

图 2-13　锁口管接头的施工步序

（a）开挖槽段；（b）吊放接头管和钢筋笼；（c）浇筑混凝土；（d）拔出接头管；（e）形成接头；（f）槽段浇筑完成后

1—导墙；2—已浇筑混凝土的单元槽段；3—开挖的槽段；4—未开挖的槽段；5—接头管；6—钢筋笼；

7—正浇筑混凝土的单元槽段；8—接头管拔出后的孔；9—接头形状；10—浇筑混凝土后的单元槽段

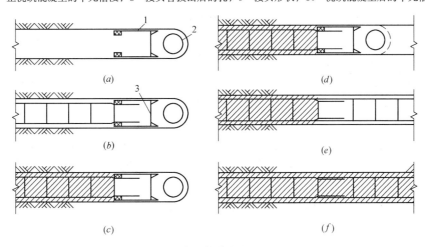

图 2-14　接头箱接头的施工过程

（a）插头接头箱；（b）吊放钢筋笼；（c）浇筑混凝土；（d）开挖后期单元槽段；

（e）吊放后一槽段的钢筋笼；（f）浇筑后一个槽段的混凝土形成整体接头

1—接头箱；2—接头管；3—焊在钢筋笼端部的钢板

接头管（箱）及连接件应具有足够的强度和刚度，以承受连续墙混凝土浇筑过程的侧向压力，并在防止吊装、混凝土浇筑、起拔等施工过程中产生较大变形。

起拔接头管（箱）的时间一般在连续墙底部混凝土初凝后开始小幅度提升，并应确保接头管（箱）底部混凝土达到初凝状态，起拔速度宜每 30min 提升一次，每次 50～100mm，并应在混凝土终凝前全部拔出。

3）工字钢接头

工字钢接头的施工方法与接头管接头相似，只是以工字钢代替接头管，其施工程序如图 2-15 所示。

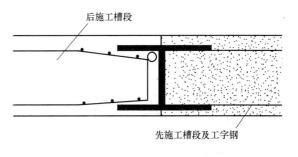

图 2-15　工字钢接头

3. 钢筋笼制作与吊装

（1）钢筋笼制作

钢筋笼根据单元槽段的划分和墙体配筋图制作。钢筋笼制作平台基底应平整坚实、排水通畅，按照最大单元槽段钢筋笼长宽尺寸用型钢制作。制作钢筋笼时需预先确定混凝土浇筑导管的位置，按照横筋→纵筋→桁架→纵筋→横筋顺序铺设钢筋，钢筋交点采用焊接成形。其周围需增设箍筋和连接筋进行加固，纵向筋底端距槽底距离要符合规范钢筋保护层厚度要求。

钢筋笼制作中，应核对钢筋笼起吊点和纵向加强桁架以及整体刚度是否符合吊装受力要求。必要时还要增加架立箍筋和加强桁架，以保持施工起吊所需的刚性和整体性。

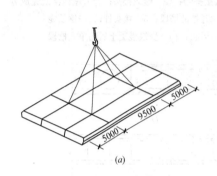

图 2-16　钢筋笼吊装示意图

(a) 水平吊运钢筋笼；(b) 双机抬吊钢筋笼

（2）钢筋笼吊装

为使钢筋笼能平稳吊起，应精准计算吊点位置。一般吊点应设在纵横加强桁架交点；否则吊点应另行加强，较重的钢筋笼宜采用双机抬吊法（图 2-16）。

（3）钢筋笼分段连接

当地下连续墙深度很大，钢筋笼很长而现场起吊设备能力又有限时，钢筋往往分成两段，第一段钢筋笼先吊入槽段，使钢筋笼端部露出导墙顶 1m，并架立在导墙上，然后吊起第二段钢筋笼，经对中调正垂直度后即可焊接。

4. 混凝土浇筑

（1）混凝土配合比选择

混凝土强度一般比设计强度提高 5MPa，按设计进行材料配比选择。

（2）浇筑方法

通过下料漏斗提升导管在稀泥浆中浇筑，开导管方法采用球胆或预制圆柱形混凝土隔水塞（图 2-17），在整个浇筑过程中，混凝土导管应埋入混凝土中 2～4m，最小埋深不得小于 1.5m，也不宜大于 6m。

导管随浇筑随提升，用导管法浇筑混凝土，其流动状态大致有三种如图 2-18 所示。

开导管时下料斗内须初存的混凝土量要经过计算确定，应使导管出口埋深不小于0.8m，并防止泥浆卷入流态混凝土内。

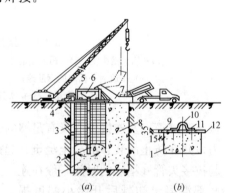

图 2-17　地下连续墙混凝土浇筑

(a) 提升导管在稀泥浆中浇筑；(b) 混凝土隔水塞

1—混凝土；2—混凝土导管；3—接头钢管；
4—接头管顶升架；5—浇筑架；6—下料斗；
7—卸料翻斗；8—已浇筑的连续墙；9—木板；
10—吊钩；11—预埋螺栓；12—3m 厚橡皮

### 2.4.4　SMW 墙支护施工

SMW（Soil Mixing Wall）工法 1976 年在日本问世。该工法是利用特制搅拌设备就

22

地切削土体，以水泥浆为强化剂，在土层中强行与土体搅拌，使被加固土体硬结成均一的水泥土柱，然后按一定的形式在其中插入补强芯材（如 H 型钢），即形成一种劲性复合支护结构，其施工原理见图 2-19。

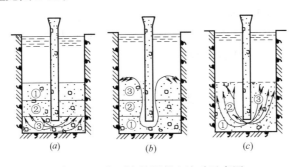

图 2-18　水下浇筑混凝土流动示意图

（a）向上推压型（理想状态）；（b）分层重叠型；（c）向外扩展型（接近实际情况）

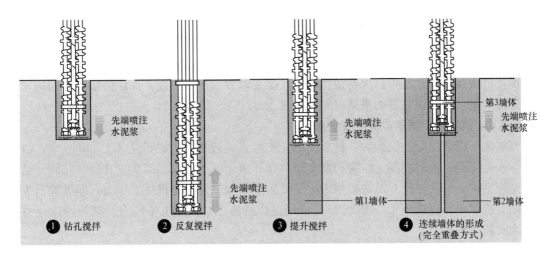

图 2-19　SMW 施工原理

SMW 工法主要设备：三轴水泥土搅拌机、拌浆与供浆系统、电控设备；附属设备：配合芯材的加工所需的焊接与切割设备，芯材的置入与起拔所需的起重机及配合钻进时施工导槽与钻进、出土所需的挖掘机等。

SMW 墙支护施工步序为：

1. 钻进顺序

SMW 墙体施工由两侧旋喷钻具中喷入配比水泥浆液，中心旋喷钻具喷入空气，利用气压增加钻进和搅拌的效果，钻至孔底后适当均匀进行搅拌，并插入 H 型钢作为补强材料，型钢间距为 1.2m。钻孔施工顺序见图 2-20。

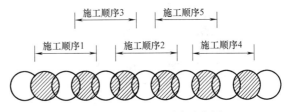

图 2-20　钻孔施工顺序示意图

2. 钻进垂直

钻进前必须对桩位进行复核校正。钻进过程中，用经纬仪对钻进过程的立轴垂直度进行实时校正。

3. 钻进速度

在钻进过程中，应对下钻、提升速度进行严格的控制，确保钻进搅拌成桩的均匀性。在土层钻进中将下钻、提升速度控制在 0.3～1.5m/min 之内，对于 $N_{63.5}$ 较高的砂层和卵石层应降低下钻速度，必要时应小于 0.3m/min，试验过程中，最小下钻速度为 0.2m/min，并在该土层段进行多次下钻和提升。

4. 搅拌过程

三轴搅拌机钻杆转速有一定的变化范围，在钻进时应根据地层情况的不同，调整搅拌的速度，达到均匀搅拌的目的。钻机搅拌提升时不应使钻孔内产生负压而造成周边地基沉降。

5. 注浆控制

浆液泵送流量应与三轴搅拌机的喷浆搅拌下沉速度或提升速度相匹配，严禁使用超过拌制 2h 以上的浆液。

施工中如因故停浆，在恢复压浆前将钻机提升或下沉 0.5m 后再注浆搅拌施工，以保证搅拌桩的连续性。

6. 搅拌桩搭接

搅拌桩搭接施工过程中，保持搅拌速度，必要时放缓搅拌速度，保证搭接墙体的均匀性和搭接质量，相邻搅拌桩的搭接时间不超过 12h。

**2.4.5 钢拱架＋喷射混凝土支护施工**

钢拱架＋喷射混凝土支护为一种常用的支护形式，通常应用在竖井（工作井）中，以钢拱架＋连接筋＋喷射混凝土作为初期支护。竖井由地面上的锁扣圈梁、井身（井筒）结构（初期支护、二次衬砌）及底板构成，主要作用是为隧道开挖提供工作面，即破除马头门初期支护后进行隧道施工（图 2-21）。常用逆作法施工，其施工步序为：锁扣圈梁→井壁初期支护→封底。

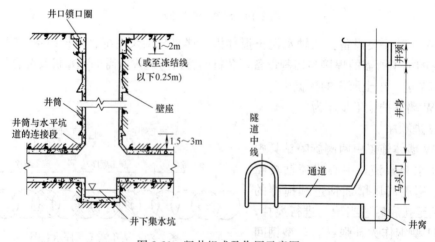

图 2-21 竖井组成及作用示意图

1. 锁口圈梁施工

锁口圈梁内土方开挖采用人工配合机械开挖，开挖至基底上 30cm 时采用人工捡底。锁口圈梁土方开挖完成后绑扎锁口圈梁钢筋，同时预埋工作井竖向连接筋，支模板、浇筑混凝土。

2. 井壁初支施工

开挖采用人工开挖，龙门吊出渣，由上而下逆作施工，每步开挖循环进尺 0.5～0.75m，每一个循环开挖结束后，及时初喷混凝土封闭开挖面，再挂网、架立钢拱架。

3. 封底

竖井挖至设计深度，采用钢筋网或钢拱架＋混凝土进行封底。

### 2.4.6 内支撑体系施工

内支撑适用于采用排桩（墙体）围护结构的基坑工程，一般由钢支撑（型钢撑、钢管撑）、钢筋混凝土撑来支撑基坑侧壁。支撑结构挡土的应力传递路径是围护（桩）墙→冠梁（围檩、腰梁）→支撑。

1. 内支撑构造组成

内支撑体系由支撑、冠梁/围檩/腰梁和竖向立柱、连系杆及附属构件等组成（图2-22）。冠梁是围护结构顶部与围护结构连接的用于传力或增加围护结构整体刚度的水平梁式构件；围檩/腰梁是设置在支护结构顶部以下传递支护结构与内支撑支点力的钢筋混凝土梁或钢梁；立柱是内支撑的临时支撑，防止内支撑因自重而产生较大的挠度，当水平支撑的长度超过25m时，需要设立柱；八字撑宜左右对称，与腰梁之间的夹角宜为60°，提高内支撑的稳定性；连系杆也起到稳定内支撑的作用。此外，为保证支撑的稳定应采取防坠落措施。

图 2-22　内支撑体系组成示意图

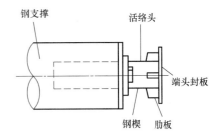

图 2-23　轴心伸缩式活络头

钢支撑与钢腰梁（冠梁）焊接或螺栓连接，当设置端头轴力计时，应在钢支撑的一端设置活络头（图2-23），活络头分为轴心伸缩式和两侧伸缩式，宜选择轴心伸缩式。

2. 支撑材料选择

除了一些小型基坑有时采用木支撑外，一般基坑都采用钢结构或钢筋混凝土结构支撑体系。表2-6给出了钢支撑和钢筋混凝土支撑在变形特性、适应条件、节点的特点和施工方法等方面的区别。

钢支撑和钢筋混凝土支撑的主要区别　　　　　　　　　　　表 2-6

|  | 钢支撑 | 钢筋混凝土支撑 |
| --- | --- | --- |
| 材料 | 采用型钢或钢管 | 钢筋混凝土 |
| 施工方法 | 预支后现场拼装 | 现场浇筑 |

| 节点 | 钢支撑 | 钢筋混凝土支撑 |
| --- | --- | --- |
| | 焊接或螺栓连接 | 一次浇筑而成 |
| 适应性 | 适用于对撑布置方案,平面布置变化受限制;只能受压不能受拉,不宜作为深基坑的第一道支撑 | 易于通过调整断面尺寸和平面布置形式为施工留出较大的挖土空间,既能受压又能受拉,也经得起施工设备的撞击 |
| 对布置的限制 | 荷载水平低,支撑在竖向和水平向的间距都比较小 | 荷载水平高,布置不受限制,可放大截面尺寸以满足较大的间距要求 |
| 支撑的形式 | 安装结束时已形成支撑作用,还可以用千斤顶施加轴力以调整围护结构变形 | 混凝土硬结后才能整体形成支撑作用,混凝土收缩变形大影响支撑内力增长 |
| 重复使用的可能性 | 在等宽度的沟渠开挖时可做成工具式重复使用,但在建筑基坑中因尺寸各异难以实现重复使用的要求 | 无法重复使用 |
| 支撑的利用或拆除 | 拆除方便,但无法在永久性结构中使用 | 在支护结构兼作永久性结构的一部分时钢筋混凝土支撑可以作为永久性构件,但如不作为永久性构件,拆除工作量大 |
| 支撑体系的刚度与变形 | 刚度小,整体变形大 | 刚度大,整体变形小 |
| 支撑体系的稳定性 | 稳定性取决于现场安装的质量,包括节点轴线的对中精度、杆件受力的偏心程度以及节点连接的可靠性,个别节点的失稳会引起整体破坏 | 现浇的钢筋混凝土体系节点牢固,支撑的稳定性可靠 |

3. 支撑体系结构形式

支撑体系的结构形式种类繁多,常见的有以下几种形式。

(1)单跨压杆式支撑

当基坑平面呈窄长条状,短边的长度不很大时,所用的支撑杆件在该长度下的极限承载力尚能满足围护结构的需要,则采用该形式。其具有受力特点明确,设计简洁,施工安装灵活方便等优点(图 2-24)。

(2)多跨压杆式支撑

当基坑平面尺寸较大,支撑杆件在基坑短边长度下的极限承载力尚不能满足围护结构的要求时,就需要在支撑杆件中部设置若干支点,就组成了多跨式压杆式支撑系统(图 2-25),这种形式支撑受力也较明确,施工安装较单跨压杆式复杂。

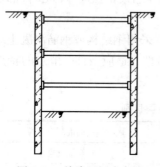

图 2-24 单跨压杆式支撑

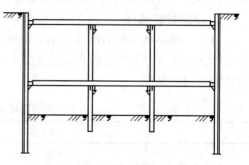

图 2-25 多跨压杆式支撑

此外还有对撑式双向多跨压杆式支撑（图 2-26）和水平封闭框架支撑（图 2-27）。水平封闭框架支撑一般采用现浇钢筋混凝土形成封闭的桁架，具有较高的整体刚度和稳定性。

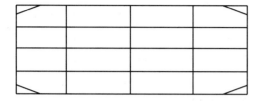 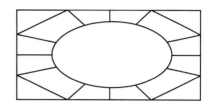

图 2-26　双向多跨压杆式钢支撑　　　　　　图 2-27　水平封闭框架支撑

除水平封闭框架支撑外，以上支撑体系均存在短边方向采用斜（角）撑方法，斜（角）撑是设置在基坑两临边之间的水平受压杆件，有时也用在基坑侧壁与支撑之间。斜（角）撑具有顺向滑移的可能，因此要设置抗剪蹬，抗剪蹬要与围护结构、腰梁/围檩相互连接，抵抗斜撑作用下腰梁/围檩产生的剪力。

4. 内支撑体系布置

内支撑结构布置形式有平面支撑体系、竖向斜撑体系和混合支撑体系。

（1）平面支撑体系

平面支撑体系（图 2-22）直接平衡支撑两端围护结构上所受到的侧压力，整体性好，水平力传递可靠，平面刚度较大，适合于大小深浅不同的各种基坑。

在基坑垂直平面内，根据需要可以设置一道或多道支撑，具体数量应根据开挖深度、地质条件和环境保护要求等因素计算确定。一般来讲，基坑深度小于 8m 时，可设置 1 道支撑；基坑深度为 10～16m 时，可设置 2～4 道竖向支撑；第一道水平支撑宜设置在冠梁上，且不宜低于自然地面以下 3m，水平间距不宜小于 6m，根据周边环境状况也可采用钢筋混凝土支撑；上、下各层水平支撑轴线应尽量布置在同一竖向平面内，竖向相邻支撑净距离不能小于 3m，采用机械挖土时不能小于 4m。

支撑体系布置要求能在安全可靠的前提下，最大限度地方便土方开挖和主体结构的快速施工。

（2）竖向斜撑体系

竖向斜撑体系通常应由斜撑、腰梁和斜撑基础等构件组成。

（3）混合支撑体系

利用两种基本支撑体系，即由钢支撑、钢筋混凝土撑等构成支撑系统。

5. 内支撑体系施工步序

内支撑体系应在土方开挖至其设计位置后及时安装，按设计要求对水平支撑施加预压力并固定牢靠。

单跨压杆式支撑安装工艺流程为：测量定位→支架安装→腰梁安装→支撑安装→预加压力→楔紧固定→验收。

多跨压杆式钢支撑安装工艺流程为：测量定位→立柱之间连系梁安装→支架安装→腰梁安装→支撑安装→预加压力→楔紧固定→验收。

内支撑体系施工中应注意以下问题：

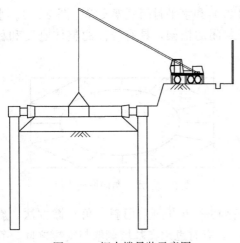

图 2-28　钢支撑吊装示意图

（1）钢腰梁（围檩）与围护结构应密贴，钢腰梁对应围护桩（墙）部位应在挂网喷射混凝土时找平。

（2）吊放钢支撑时（图 2-28），钢支撑的固定端与活动端应沿基坑纵向逐根交替间隔布设，防止碰撞已安装完毕的钢支撑；钢支撑分段之间采用法兰连接（图 2-29）或焊接。

（3）竖向立柱现场安装可采用"地面拼接、整体吊装"的施工方法。

（4）钢支撑预压力值应结合基坑侧壁的变形要求及支护结构的内力情况确定，不应小于支撑设计轴力的 30％，不宜大于 75％，预压力施加设备需经过标定。

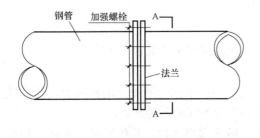

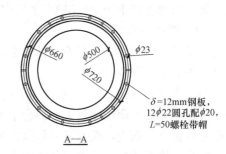

图 2-29　钢支撑法兰连接

（5）钢筋混凝土内支撑结构的架设与拆除时间，应与设计工况一致。

6. 内支撑体系拆除

内支撑拆除按照"先倒撑、后拆除"的顺序进行，施工流程应符合设计计算工况的要求。拆除过程中，应加强基坑的监控量测与现场巡视，发现安全隐患，立即停止拆除作业，待找出原因，隐患排除后方可继续作业，必要时调整拆除方案。

内支撑体系拆除应注意以下问题：

（1）内支撑拆除应自下而上分层进行，拆卸钢支撑时宜用托架托住待拆除的钢支撑，用千斤顶施加预压力卸去活动端的锁定装置，释放支撑轴力，用气焊切开钢支撑端头连接部位，依次吊出钢支撑，拆除钢腰梁。

（2）利用地下结构作为倒撑结构时，倒撑结构混凝土强度应达到设计规定的强度要求。

（3）钢筋混凝土内支撑拆除时应对地下结构采取有效的安全防护措施。

### 2.4.7　土方开挖

土方开挖前提条件是围护结构强度不应小于设计强度的 70％，地下水控制满足开挖要求。土方开挖要与结构施工分段匹配，形成流水作业，土方开挖基本原则为：纵向分段、竖向分层、先撑后挖、先换后拆、严禁超挖。

（1）先撑后挖，内支撑架设完毕后开挖其下部土方；

（2）考虑时空效应，做到限时、分层、分区、均衡、对称，使支护结构受力均匀；

（3）防止损坏支护结构。

土方开挖大体有四种可供选择：分层开挖、分段开挖、盆式开挖、墩式开挖。

1. 分层开挖

这种方法在我国广泛采用，一般适用于基坑较深，且不允许分块分段施工混凝土垫层的，或土质较软弱的基坑。分层开挖可采用人工开挖或机械开挖。挖运土方应根据工程具体条件、开挖方式及挖运土方机械设备等情况采用设坡道、不设坡道和阶梯式开挖三种方法。

（1）设坡道

可设土坡道或栈桥式坡道，俗称马道（图 2-30）。土坡道的坡度视土质、挖土深度和运输设备情况而定，一般为 1：8～1：10，坡道两侧要采取挡土或其

图 2-30　分层开挖的马道

他加固等措施。有的基坑太短，无法按要求放坡，可视场地情况，把坡道设在基坑外，或基坑内外结合等。栈桥式坡道一般分为钢栈桥和钢筋混凝土栈桥两种。

（2）不设坡道

1）搭设钢平台：钢平台根据挖土机械和运输车辆的荷载进行设计。挖土机械用吊车吊下坑底作业，用吊车或铲车出土；或采用抓斗挖掘机在平台上作业，辅以推土机、挖土机等机械或人工集土修坡。这种钢平台作业，虽然造价较高，但施工方便、安全，尤其适合于施工现场狭窄的基坑工程。

2）搭设栈桥：栈桥可分为钢结构栈桥和钢筋混凝土结构，为贯通全基坑的施工平台。可结合基坑围护结构的第一道钢筋混凝土水平支撑，设置十字形的贯通栈桥，作为挖土平台和运输通道，栈桥与支撑合二为一。

（3）阶梯式开挖：在基坑较深，基坑面积较大，土方开挖也可采用阶梯式分层开挖，每个阶梯作为挖土机械接力作业平台，如图 2-31 所示。阶梯宽度要以挖土机械可以作业而定，阶梯的高度要视土质和挖土机臂长而定，一般也以 2m 高为宜，土质好的可以适当高些。采用阶梯式挖土时，应考虑阶梯式土坡留设的稳定性，防止塌方。

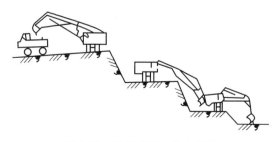

图 2-31　阶梯式接力挖土作业

2. 分段开挖

分段开挖是基坑开挖中常见的一种挖土方式，特别是基坑周围环境复杂，土质较差、基坑开挖深浅不一、基坑较长，或基坑平面不规则的，为了加快支撑的形成，减少时效影响，都可采用这种方式。

中拉槽开挖是分段开挖的一种演变方法，适用于长宽比较大的基坑，如地铁车站

基坑。中拉槽开挖核心技术是拉槽两侧预留土台；纵向分段长度不宜超过 8m，段间边坡坡度不宜大于 1∶1；竖向分层高度为设计工况标注的高度，一般不超过 6m；土台宽度不宜小于 2m，边坡坡度不宜大于 1∶1，土层自稳能力强时可为 1∶0.75，如图 2-32 所示。

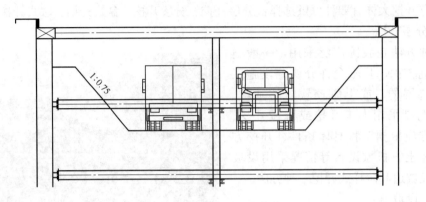

图 2-32　中拉槽开挖示意图

采用中拉槽方式进行土方开挖，应进行试验性施工，并按测试结果制定安全的施工方案后方可进行土方开挖。

3. 盆式开挖

盆式开挖（图 2-33）是首先在基坑中心开挖，而周围一定范围内的土暂不开挖，视土质情况，可按 1∶1～1∶2.5 放坡，或做临时性支护挡土，使之形成对四周围护结构的被动土反压力区，保持围护结构的稳定性。盆式开挖也可设置栈桥作为挖土平台和运输通道。

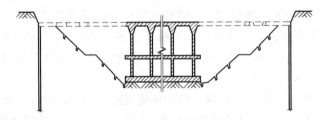

图 2-33　盆式开挖

4. 墩式开挖

在某种情况下，也可视土质与场地情况，采取与盆式开挖法施工顺序相反的做法，称为墩式（或中心岛）开挖法。即先开挖两侧或四周的土方，并进行周边支撑或基础和结构物施工，然后开挖中间残留的土方，再进行地下结构物的施工，如图 2-34 所示。

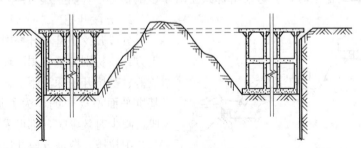

图 2-34　墩式开挖

5. 土方开挖施工要点

基坑开挖时应根据支护结构设计、地下水控制及周边环境要求，确定开挖方案。

（1）基坑周围地面应设排水沟，且应避免雨水、渗水等流入坑内，同时，基坑也应设置必要的排水设施，保证开挖时及时排出雨水。

（2）桩间土体松散、塌方时应处理后进行网喷施工，桩间网喷混凝土应随土方开挖及时施工，钢筋网应与桩体连接牢固。

（3）根据天气情况，特别是在冬期、雨期施工时，应及时调整开挖方案。

（4）基坑周边堆载不得超过设计规定。

（5）采用排桩支护，在桩间进行挂网喷混凝土以保证桩间土稳定。

（6）严禁挖土机械碰撞支撑，支撑表面不允许施加荷载。

发生下列异常情况时，应立即停止挖土，并应立即查清原因，采取措施后，方能继续挖土：

（1）围护结构变形明显加剧；

（2）支撑轴力变化异常；

（3）围护结构或止水帷幕出现渗漏；

（4）开挖暴露出的基底出现明显异常；

（5）边坡出现失稳征兆。

6. 基坑变形控制

基坑开挖时，由于坑内开挖卸荷造成围护结构在内外压力差作用下产生水平向位移，从而引起围护结构外侧土体的变形，造成基坑外土体及周边环境的变形；同时，大范围的开挖卸荷也会引起坑底土体隆起。土方开挖应在保护周边环境的原则下与支护结构施工相配合，以控制基坑变形。控制基坑变形的主要方法有：

（1）增加围护结构本身和内支撑的刚度；

（2）增加围护结构的入土深度；

（3）加固基坑内被动区土体；

（4）挖土应考虑时空效应，做到快挖快撑、随挖随撑，在软土地区尤其有效；

（5）采取措施控制降水对工程自身及周边环境变形的影响。

# 2.5　主体结构施作

主体结构施工包括底板、侧墙、立柱、中板及顶板等结构的施工，在防水层施工完后进行。一般采用顺作法和逆作法施工，目前常用顺作法，其施工程序为自下而上分层、分段施工底板、侧墙、立柱、中板和顶板。

## 2.5.1　底板

底板一般采用地模，地模是将原状土体表面作为模板，主体结构底板纵梁、横梁均可采用地模。土方开挖到预定标高后，土体表面（基面）要夯实、找平，铺设素混凝土完成地模施作；在素混凝土垫层上做防水层后绑扎钢筋并浇筑底板混凝土。

底板结构施工步序：地模→铺设防水层→保护层→绑扎钢筋→浇筑混凝土。

## 2.5.2　立柱

在柱筋扎好后，开始结构柱模板施工。柱模板每隔500～1000mm加柱箍一道，两方向加支撑和拉杆。

### 2.5.3 侧墙

侧墙钢筋绑扎完成后，彻底清理施工缝，随后进行侧墙立模施工，按预定的施工单元进行。

墙体采用两侧支模板时，应采用拉杆螺栓固定；墙体采用单侧支模板时，宜选用三角形单侧模板支撑体系，地脚螺栓埋设应锚固牢固，外露尺寸、位置、角度准确；模板支撑拼装好后逐榀吊装就位。安装模板时，必须支撑、拉接或配重，防止模板倾覆（图 2-35）。

墙体结构施工顺序：钢筋绑扎并验收→弹外墙边线→合外墙模板→单侧支架吊装到位→安装单侧支架→安装加强钢管（单侧支架斜撑部位的附加钢管）→安装压梁槽钢→安装埋件系统→调节支架垂直度→安装操作平台→再紧固并检查一次埋件系统→验收合格后浇筑混凝土→混凝土养护→拆模板。

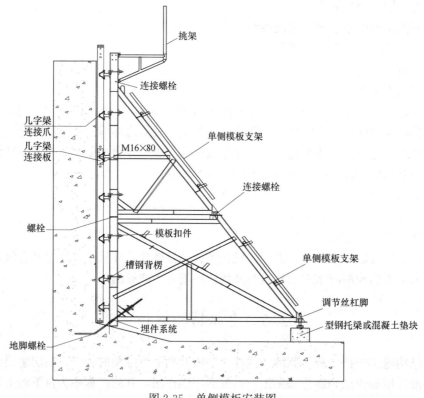

挑架
连接螺栓
几字梁连接爪
几字梁连接板
M16×80
单侧模板支架
连接螺栓
螺栓
模板扣件
单侧模板支架
槽钢背楞
调节丝杠脚
型钢托梁或混凝土垫块
埋件系统
地脚螺栓

图 2-35 单侧模板安装图

### 2.5.4 中板、顶板

中板（顶板）结构施工时应先立支架再铺设模板，并预留 10~30mm 沉落量，墙体可与中板（顶板）一体支模。

施工顺序：搭设板模板的支架、主次龙骨→搭设板模板→绑扎板钢筋→浇筑板混凝土→混凝土养护→拆模板。

主体结构施工应注意以下问题：

（1）支架体系连接应牢固稳定，其验收合格后方可铺设模板。

（2）模板铺设前应清理干净并涂刷隔离剂，铺设应牢固、平整，接缝严密不漏浆，相邻两块模板接缝高低差不应大于 2mm。

（3）混凝土浇筑前应对模板、钢筋、预埋件、止水带、止水细部构造等进行检查，清除模内杂物和积水。

## 2.6　基坑回填施工

主体结构完成后，应及时进行回填，回填时应采用分层夯实，并应满足设计密实度的要求。回填土不得用纯黏土、淤泥、粉砂、杂土，有机质含量大于 8％ 的腐殖土、过湿土、冻土和大于 150mm 粒径的石块。基坑回填碾压过程中，应取样检查回填土压实度；填土密实度应根据工程性质的要求而定，压实系数等于土的控制干密度除以土的最大干密度。

1. 清理基坑

基坑回填前，若基坑中存有积水，首先对存水排除；对基坑中不适合回填的杂物进行彻底清理。

2. 分层压实方法

（1）碾压

碾压法是利用机械滚轮的压力压实土壤，使之达到所需的密实度。碾压机械有平碾及羊足碾等。平碾（光碾压路机）是一种以内燃机为动力的自行式压路机，重量 6～15t。羊足碾单位面积的压力比较大，土壤压实的效果好。羊足碾一般用于碾压黏性土，不适于砂性土。

（2）振动压实

振动压实法是将振动压实机放在土层表面，在振动作用下，土颗粒发生相对位移，而达到紧密状态。在正常条件下，对于砂性土，振动式压实的效果较好。

## 2.7　工　程　案　例

### 2.7.1　工程概况

北京某地铁车站工程为地下双层框架结构，采用明挖施工，总长 130.9m，宽 26.38m（标准段）、31.8m，深度 22～26.2m，基坑采用灌注桩＋内支撑支护体系。根据岩土工程勘察报告（详细勘察），基坑工程地面以下 55m 深度范围内的地层由人工填土层、新近沉积层和第四纪沉积的黏性土、粉土、砂土及碎石土构成。钻孔深度（55.0m）范围内共一层地下水，地下水类型为层间潜水。

### 2.7.2　基坑开挖

1. 基坑开挖施工流程

基坑开挖采用多种机械配合的开挖方案，配置 4 台普通挖机，2 台长臂挖机，1 台小挖机。为提高工效，各种挖机分层配合，采用台阶接力式开挖，距离基坑底面 30cm 时，采用人工开挖及清底。

基坑开挖采取竖向分层、纵向拉槽的方法，开挖工艺流程及开挖横断面见图 2-36、

图 2-37。

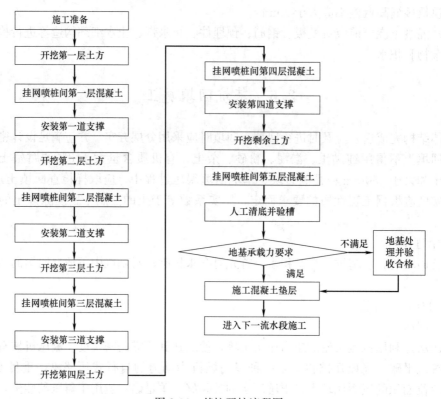

图 2-36 基坑开挖流程图

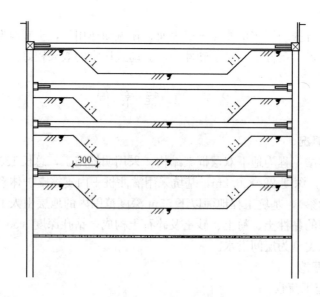

图 2-37 开挖横断面图

2. 基坑土方开挖

基坑开挖从南端向北端顺序开挖，纵向拉槽，两侧预留宽 3m 土台，放坡坡度 1：1。

作业面配置 2 台挖掘机开挖土方，人工配合清底，最后一仓土方采用龙门吊挂土斗配合提升出土。开挖第一层土方时，将第二层的中间部分土体挖除，两侧各留设一个土台，开挖第二层土方时，将第三层的中间部分土体挖除，依此类推（图 2-38）。

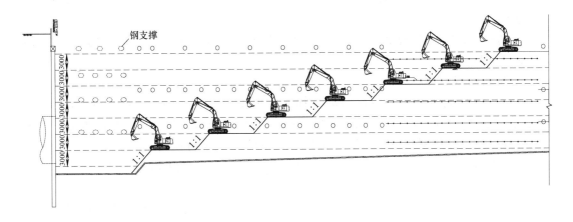

图 2-38　基坑开挖纵向示意图

（1）拉槽开挖试验段

1）试验段情况说明

本工程属于深基坑开挖，地质条件自上而下分层为杂填土、砂质粉土、粉细砂、粉质黏土及卵石圆砾等地层，分层厚度为 0.6~8m，基坑开挖采用中间拉槽自然放坡法施工，坡度为 1：1。在进行基坑开挖里程右 K35＋323.097~右 K35＋340.001 施作试验段。

2）试验段目的

开始进行基坑开挖时，选用第一段作为试验段，通过开挖各个不同地层时对开挖坡面进行观察、巡视及坡面土体的水平、竖向位移量，分析各个地层的土体自稳能力，为后期开挖提供参数及指导。

3）施作方法

中间拉槽土方开挖前，在基坑两侧预留 3m 的工作平台上布置纵向两排临时水平、垂直位移监测点，纵向间距为 3m。开挖过程中每 1h 对预埋监测点进行土体的水平、垂直位移进行监测，直至内支撑架设及支撑应力加设完成。根据不同地层和环境的变化做好详细的监测记录，绘制监测变化曲线，并及时汇报给现场技术负责人、安全负责人及项目总工。根据监测曲线的变化，及时调整开挖深度及边坡的坡度。

（2）基坑开挖技术要点

1）基坑开挖必须在围护结构封闭且钻孔桩、冠梁达到设计强度后进行。围护桩后 2m 范围内严禁任何堆载。基坑两侧 10m 范围内不得存土。

2）土方开挖的顺序、方法必须与设计工况一致。基坑开挖应按照"竖向分层、对称平衡"的原则开挖，分层高度不得大于 3m，以机械开挖为主，人工开挖为辅。基坑开挖至支撑下 0.5m 时必须停止开挖，及时架设钢支撑。

3）基坑纵横向放坡根据地质、环境条件取试验段开挖时的安全坡度，不得陡于 1：1，严防纵向滑坡。

4）基坑开挖时严禁大锅底开挖，开挖至基底以上 0.3m 时，应进行基坑验收，并改用人工开挖至基底，及时封底，尽量减少对基底土的扰动。

5）施工时严禁挖土机械碰撞支撑，支撑表面不允许加荷载。

6）基坑开挖时应及时施作桩间网喷层，保证桩间土体稳定。开挖至基底后及时施作封底垫层。

7）加强基坑稳定的观察和监控量测工作，以便发现施工安全隐患，并通过监测反馈及时调整开挖程序。

3. 桩间网喷混凝土

为了保持桩间土稳定，在桩间进行挂网喷混凝土支护。桩间挂Φ 6.5@150mm×150mm 钢筋网，竖向间距 1000mm 设置Φ16 加强筋，加强筋与网片之间采用电焊点焊固定，加强筋处在每根围护桩中心设置膨胀螺栓，膨胀螺栓采用 M25，L＝285mm，膨胀螺栓与加强筋焊接连接。桩间挂网完成后喷射 100mm 厚 C20 早强混凝土，对桩间土体进行封闭。

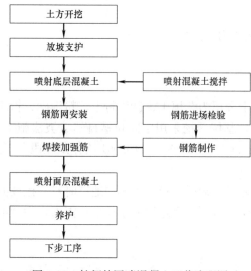

图 2-39 桩间挂网喷混凝土工艺流程图

（1）挂网喷混凝土施工工艺流程图见图 2-39。

（2）桩间喷射混凝土支护施工随土方的开挖分步进行，自上而下、随挖随喷。

### 2.7.3 钢支撑支护

钢管支撑架设是基坑开挖过程中一个极其重要的环节，它对基坑稳定、防止钻孔灌注桩位移变形有着极其重要的作用。

（1）支撑参数

本工程支撑系统由冠梁、钢支撑、钢围檩等组成。支撑采用 Φ800（t＝16mm）钢管支撑，钢围檩为 2 根 56b 组合，钢管支撑之间用法兰盘、螺栓连接。

基坑竖向设置四道支撑，底部增设一道倒撑。第一道支撑间距 7m，第二、三、四道支撑间距 3.5m，斜撑间距 2.121～3.182m。

（2）工艺流程

工艺流程详见图 2-40 支撑安装流程图。

（3）钢支撑、围檩制作、安装

钢支撑由一个固定端，一个活络头和中间段组成，采用厂家定制加工、现场安装，以适应断面宽度变化及斜撑长度要求。钢支撑体系由钢管、钢围檩、三角撑托架及其附属构件组成。第一道支撑通过冠梁上的预埋件固定架设。第二～四道钢支撑通过钢围檩架设，围檩通过三脚架用膨胀螺栓固定在围护桩上。

钢围檩安装前，以 C30 细石混凝土填平桩间凹槽，保证钢围檩与围护桩密切接触。

支撑钢管接长采用法兰盘，使用螺栓拧紧，拼装好的钢支撑应检查其平直度，两端中心连线的偏差度不大于 20mm，经检查合格的钢支撑应按部位进行编号，以免用错。当分

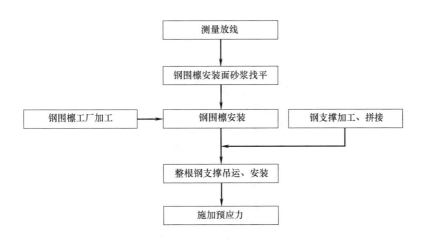

图 2-40 支撑安装流程图

段分层对称开挖土方至钢围檩安装位置下 1m 时，停止当前作业面的土方开挖施工，立即进行该区段的钢围檩安装及钢支撑支护，斜撑安装要做好抗剪蹬。

支撑安装好后，向外施加预加轴力，轴力值应根据地表沉降及桩顶侧移适当调整，控制预加轴力见表 2-7。

预加轴力控制表 　　　　　　　　　　　　　　　　　　　　　表 2-7

| 支撑 | 支撑直径(mm) | 钢管厚度(mm) | 设计轴力(kN) | 预加轴力(kN) |
|---|---|---|---|---|
| 第一道支撑 | 800 | 16 | 1535 | 460 |
| 第二道支撑 | 800 | 16 | 2776 | 840 |
| 第三道支撑 | 800 | 16 | 3146 | 950 |

预加轴力根据施工监测情况分级施加，避免围护桩桩体向基坑外侧产生过大变形。

所有钢支撑端部支托和连接构造均要按照图纸要求设置防坠拉杆或防坠索，防止因压力消减造成的支撑端部移动脱落，如图 2-41 所示。胀锚螺栓施工前应探明桩钢筋位置并进行避让，严禁钻孔破坏桩钢筋。

### 2.7.4 钢支撑拆除

支撑体系拆除顺序严格按照主体结构施工顺序自南向北依此分层分段拆除，严禁提前拆除。设计图纸上设计倒撑位置先进行倒撑安装及预加应力施工，完成后再拆除对应位置上层钢支撑。

钢支撑的拆除施工工艺：支撑起吊收紧→施加预应力→拆去钢楔→卸下千斤顶→吊出支撑。钢支撑拆除要自下而上分段拆除。在结构混凝土强度达到 80% 设计强度后，才可拆除。拆除时应避免瞬间应力释放过大而导致结构局部变形、开裂，可以采用分步卸载钢支撑预应力的办法。

支撑体系的拆除施工注意以下两点：

（1）拆除时应分级释放轴力，避免瞬间预加应力释放过大而导致结构局部变形、

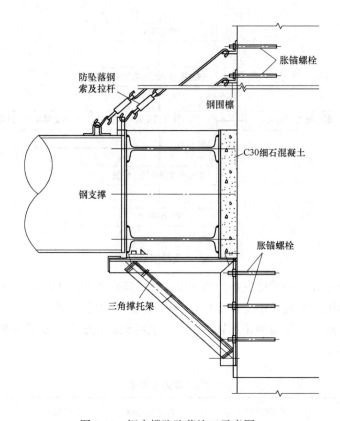

图 2-41　钢支撑防坠落施工示意图

开裂。

（2）利用主体结构换撑时，主体结构的混凝土强度应达到设计要求的强度值。

（3）钢支撑拆除前，检查钢支撑防坠落装置安全可靠性，防止支撑脱落而引发安全事故。

## 案例思考题

1. 背景资料

A公司中标某市地铁车站工程。车站为地下双层三跨箱形框架结构，采用明挖法施工，车站主体基坑长度约212m，宽度约21m，基坑平面呈长方形，开挖深度为16m。基坑所在位置均为现状道路，基坑长边邻近运河，支护结构与河堤最近距离5m，基坑周边存在多条重要地下管线。

事件一：开挖中，监测单位发现有些支撑轴力变为0。

事件二：开挖中，现场巡查发现邻近运河部位基坑侧壁出现地下水渗出。

事件三：地下管线变形较大。

2. 问题

（1）分析基坑的侧壁安全等级。

（2）根据《建筑基坑支护技术规程》JGJ 120—2012，宜选用什么类型的支护结构（围护结构）形式？选择的依据是什么？

（3）内支撑体系如何选用？内支撑如何布置？简述内支撑体系组成及受力形式。

（4）基坑支护结构的上部能否采用土钉墙？简述土钉墙的特点、适用条件及施工要点。

（5）土方开挖的基本原则是什么？该案例如何进行土方开挖？

（6）分析基坑土方开挖施工的技术要点。

（7）分析事件一原因及处理方法；简述内支撑体系架设与拆除施工要点。

（8）分析事件二原因及处理方法。

（9）分析事件三原因及处理方法。

（10）分析本案例的重点与难点。

# 第 3 章 盖 挖 法

本章讲解了盖挖法的基本方法和原理。通过本章学习，掌握盖挖法的含义及优缺点；掌握盖挖顺作法、盖挖逆作法、盖挖半逆作法施工步骤等内容。

## 3.1 概　述

### 3.1.1 盖挖法的含义

盖挖法是以临时路面或结构顶板维持地面交通的畅通，再进行下部结构施作的一种施工方法。盖挖法施工也是明挖施工的一种形式，与常见的明挖法施工的主要区别在于施工方法和顺序不同：盖挖法是先盖后挖，即先以临时路面或结构顶板维持地面畅通再向下施工。

盖挖法施工基本流程：在现有道路上按所需宽度，以定型标准的预制盖板结构（包括纵梁、横梁和路面板）或现浇混凝土盖板结构置于桩（或墙）、中柱结构上维持地面交通，在盖板结构支护下进行开挖和施作防水、主体结构，然后回填土并恢复管、线、路或埋设新的管、线、路；最后恢复路面结构。

路面板可采用钢盖板、混凝土盖板、钢-混结合盖板。

### 3.1.2 盖挖法优缺点

盖挖法具有诸多优点：围护结构变形小，能够有效控制周围土体的变形和地表沉降，有利于保护邻近建筑物和构筑物；基坑底部土体稳定，隆起小，施工安全；盖挖逆作法施工一般不设内部支撑或锚锭，施工空间大；盖挖逆作法用于城市街区施工时，可尽快恢复路面，对道路交通影响较小。

盖挖法也存在一些缺点：盖挖法施工时，混凝土结构的水平施工缝的处理较为困难；盖挖逆作法施工时，暗挖施工难度大、费用高；盖挖法每次分部开挖与浇筑或衬砌的深度，应综合考虑基坑稳定、环境保护、永久结构形式和混凝土浇筑作业等因素来确定。

盖挖法根据结构的施工顺序可以分为盖挖顺作法、盖挖逆作法及盖挖半逆作法。目前，采用最多的是盖挖逆作法。

## 3.2 盖挖顺作法施工

### 3.2.1 盖挖顺作法施工步骤

结构物的施工顺序是在开挖到预定深度后，按底板→侧墙（中柱或中墙）→顶板的顺序修筑，是明挖法的标准方法。

盖挖顺作法是在现有道路上，按所需宽度，由地表面完成挡土结构后，以定型的预制标准覆盖结构（包括纵、横梁和路面板）置于挡土结构上维持交通，往下反复进行开挖和加设横撑，直至设计标高。依序由下而上施工主体结构和防水，回填土并恢复管线路或埋设新的管线路。最后视需要拆除挡土结构的外露部分及恢复道路（图 3-1）。

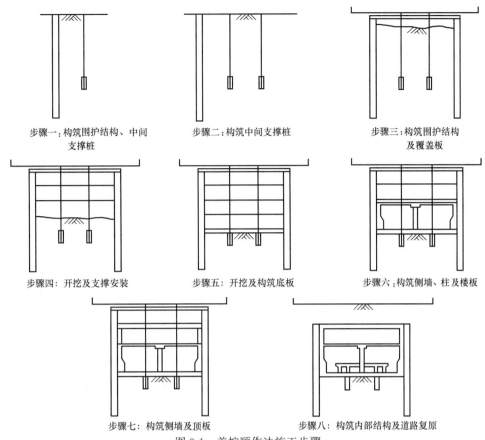

步骤一：构筑围护结构、中间　　　　步骤二：构筑中间支撑桩　　　　步骤三：构筑围护结构
　　　支撑桩　　　　　　　　　　　　　　　　　　　　　　　　　　　　　　及覆盖板

步骤四：开挖及支撑安装　　　　步骤五：开挖及构筑底板　　　　步骤六：构筑侧墙、柱及楼板

步骤七：构筑侧墙及顶板　　　　　　步骤八：构筑内部结构及道路复原

图 3-1　盖挖顺作法施工步骤

### 3.2.2　盖挖顺作法施工技术要点

1. 围护形式的选择

盖挖顺作法主要依靠坚固的挡土结构，根据现场条件、地下水位高低、开挖深度以及周围建筑物的邻近程度可选择钢筋混凝土钻（挖）孔灌注桩或地下连续墙，对于饱和的软弱地层应以刚度大、止水性能好的地下连续墙为首选方案。目前，盖挖顺作法中的挡土结构常用来作为主体结构边墙的一部分或全部。

2. 临时支撑的设置

按照设计要求，随着顶盖下土体的逐层开挖，自上而下设置各道临时横向支撑，以减少围护结构（护壁桩、连续墙）变形和内力；但结构施工中，需拆除临时横向支撑，拆撑过程中应采取措施防止围护结构变形过大。

采用预应力锚索可使内部施工空间开阔，有利于组织施工。但是其缺点是：土体预应力锚索不易回收，而且会入侵地下结构外侧的地下空间，有时不容易得到规划部门的批准。特别是在附近地层中有重要管线存在时，为了避免事故发生，应当慎用。

## 3.3　盖挖逆作法施工

### 3.3.1　盖挖逆作法施工步骤

盖挖逆作法施工时，先施作周边围护结构和主体结构的中间桩柱，然后将结构盖板

（顶板）置于围护结构、中间柱（钢管柱或混凝土柱）上，自上而下完成土方开挖和边墙、中隔板及底板的施工。盖挖逆作法大致可分为两个阶段：第一阶段为地面施工，包括围护结构施工、中间桩柱施工、盖板的土方开挖和结构施工、回填；第二阶段为盖板下施工，包括土方开挖和主体结构施工以及装修、设备安装等。盖挖逆作法施工步骤见图3-2。

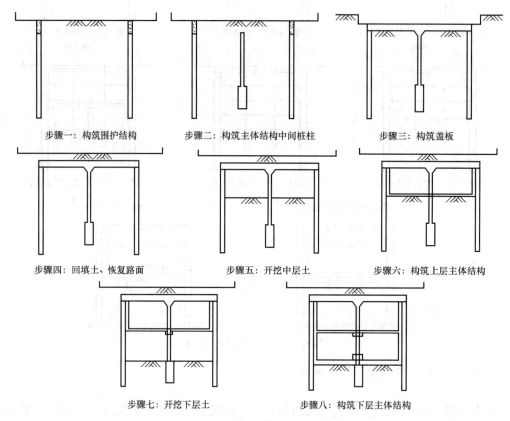

图 3-2 盖挖逆作法施工步骤

盖挖逆作法是在明挖内支撑基坑基础上发展起来的，施工过程中不需设置临时支撑，而是借助结构顶板、中板自身的水平刚度和抗压强度实现对基坑围护结构的支护作用。

主体结构施工步骤为：开挖到预定标高→地模施工→梁板施工→侧墙结构施工。

主体结构各层板中纵梁、横梁均可采用地模。地模施作完成后涂刷隔离剂、绑扎钢筋、浇筑混凝土。

侧墙模板一般采用三脚支架为主要受力体系的组合钢模板；中板层和顶板结构施工一般采用满堂脚手架支模；结构的中间立柱采用定型钢模，板墙腋角采用特制异形钢模。模板及支撑体系均应进行强度及变形验算，并根据验算结果预留适当的变形量。

混凝土浇筑应注意以下问题：

（1）结构板体混凝土采取分层、分幅浇筑，侧墙混凝土的浇筑应分层对称地进行。

（2）混凝土浇筑过程中，定人、定位采用插入式混凝土捣固器振捣。

（3）顶板混凝土浇筑后终凝前进行"提浆、压实、抹光"，消除混凝土凝固初期产生的收缩裂纹，保证结构外防水层粘结牢固。

### 3.3.2 盖挖逆作法施工特点

盖挖逆作法对钢管柱的加工、运输、吊装、就位要求精度极高，不论是旋挖桩钢管基础或条形基础都有一套完整的工艺流程。该工法的特点是：

（1）快速覆盖、缩短中断交通的时间；

（2）自上而下的顶板、中隔板及水平支撑体系刚度大，可营造一个相对安全的作业环境；

（3）占地少、回填量小、可分层施工，也可分左右两幅施工，交通导改灵活；

（4）不受季节影响、无冬期施工要求，低噪声、扰民少；

（5）设备简单、不需大型设备，操作空间大、操作环境相对较好。

## 3.4 盖挖半逆作法施工

半逆作法类似逆作法，其区别仅在于顶板完成及恢复路面过程，盖挖半逆作法的施工步骤见图 3-3。在半逆作法施工中，一般都必须设置横撑并施加预应力。

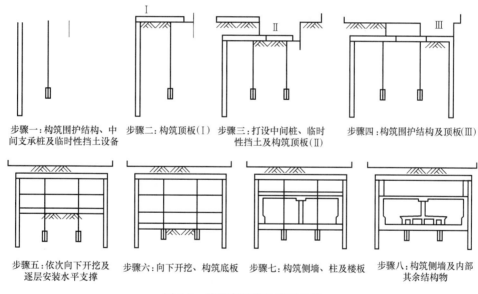

步骤一：构筑围护结构、中间支承桩及临时性挡土设备　步骤二：构筑顶板（Ⅰ）　步骤三：打设中间桩、临时性挡土及构筑顶板（Ⅱ）　步骤四：构筑围护结构及顶板（Ⅲ）

步骤五：依次向下开挖及逐层安装水平支撑　步骤六：向下开挖、构筑底板　步骤七：构筑侧墙、柱及楼板　步骤八：构筑侧墙及内部其余结构物

图 3-3　盖挖半逆作法施工步骤

## 3.5 工程案例

### 3.5.1 工程简介

某地铁车站盖挖逆筑段长 32.5m，位于城市交通主干道下方。先进行一期交通疏解，并施工逆筑段围护结构、钢管立柱及顶板，并将管线改迁至顶板上之后进行路面恢复。盖挖逆筑段基坑围护结构东西侧采用 800mm 厚地下连续墙，中柱采用 Φ800mm 钢管柱，每个钢管立柱下设独立桩基，桩基采用 Φ2000mm 人工挖孔扩底桩。

根据地质勘察钻孔揭示，盖挖逆筑段由地面至下，岩土分层主要为：素填土，中、粗砂、粉质黏土、砾（砂）质黏性土、全风化花岗岩、强风化花岗岩；地下水主要为第四系孔隙水、基岩裂隙水，采用降水井降水。

### 3.5.2 总体施工方案

结构顶板基坑采用挖掘机分层开挖，基坑南侧围护钻孔灌注桩采用冲击钻机钻孔，泥浆护壁，孔口采用钢护筒，钢筋笼在现场整体加工制作，采用履带吊整体吊装。

钢管中立柱在工厂加工制作，现场拼接，双机起吊进行定位、安装。钢管中立柱基础采用人工挖孔桩。

主体结构顶板、中板、底板及下翻梁均采用地模；侧墙采用盖挖顺筑法施工，混凝土浇筑口设置漏斗式入口；钢筋在现场加工制作；混凝土采用商品混凝土，泵送入模，振捣采用插入式振动器，养护采用覆盖洒水的方式。

### 3.5.3 施工方法

1. 施工步骤

（1）放坡开挖至盖挖逆作法顶板下 0.4m 左右；施工顶板、下翻梁及 0.8m 厚的侧墙。

（2）路面恢复后，从盖挖逆筑段两侧的明挖段向盖挖段放坡取土，至中板位置处，施工中板。

（3）从盖挖逆筑段两侧的明挖段向盖挖段放坡取土，至底板位置处，施工底板。

盖挖逆作法施工流程图见图 3-4。

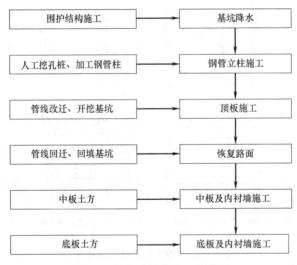

图 3-4 盖挖逆作法施工流程图

2. 主体结构施工

（1）顶板及下翻梁地模施工方法

基坑开挖至顶板底面标高后，及时进行基底地基承载力试验。同时，进行顶板下翻梁基槽的开挖，如基底承载力满足设计要求，则采用 50mm 厚 C15 混凝土封闭基坑，当基底承载力不能满足施工要求时，根据现场实际情况采取换填碎石垫层进行基底处理。下翻梁侧模采用砖砌体，为了保证后期顺利脱模，在其底模上铺设一层 12mm 厚胶合板并涂刷隔离剂。在下翻梁地模完成后，及时进行顶板地模的施工，顶板地模采用 50mm 厚 C15 混凝土垫层，垫层上铺设 12mm 厚木胶合板，地模顶面标高提高 10mm 预留沉降量。开挖过程中应严格控制开挖面标高，尽量减少施工对基底的扰动。

（2）顶板钢筋及混凝土施工方法

① 顶板钢筋与连续墙采用接驳器进行连接。

② 顶板施工缝处钢筋采用预留钢筋接驳器机械连接。

（3）顶板与侧墙先浇与后浇部位施工缝处施工措施

① 顶板施工时，顶板和站厅层内衬墙的先浇段同时施工，先浇段的最小长度应满足后浇段的施工需要，且不小于 0.8m。

② 站厅层内衬墙先浇段的地模施工方法与下翻梁相同。

③ 顶板与站厅层内衬墙接头采用漏斗浇筑法：将先浇段的下方内侧模板做成 25°的倒角，在后浇段的上部设置 20cm 高的漏斗型浇筑口，当混凝土浇筑到此高度时依靠浇筑压力和振动棒振捣将混凝土缝隙填充密实，待漏斗部分的混凝土终凝后，将表面修凿平整。中板与站台层内衬墙接头和顶板与站厅层内衬接头施工措施相同。

④ 施工缝处防水采用一道注浆管，两道水膨性聚氨酯止水胶及施工缝表面涂刷水泥基渗透结晶防水涂料。

（4）钢筋混凝土结构板、梁与钢管柱的连接

① 钢管立柱与顶梁的连接在施工顶梁前进行，钢管立柱顶与柱帽连接处应磨光顶紧，确保其平整度，然后将加工好的柱帽套在钢管柱上，采用焊接在钢管柱上的挡块进行定位，定位后将柱帽与钢管立柱焊接牢固。

② 钢管立柱与中纵梁、板连接时先焊接抗拉钢板支撑板和抗剪牛腿，再焊接抗拉钢板和抗剪钢板。

③ 钢管立柱与底板连接处，同时进行焊接上部抗剪牛腿和抗剪钢板，下部抗拉钢板支撑板和抗拉钢板。

④ 钢管立柱与顶板、中板、底板连接处的抗剪牛腿、抗剪钢板、抗拉钢板支撑板及抗拉钢板等焊缝处焊接要求较高，焊缝等级必须达到 Ⅰ 级焊缝，并在焊接完毕后进行探伤检测。

## 案例思考题

1. 背景资料

某地下工程位于城市交通主干道下，结构主体为三层双跨钢筋混凝土框架结构，东西长 222m，南北宽 18m，高度 15m，采用盖挖法施工。场区土分层主要为：素填土，中、粗砂，粉质黏土，无地下水。

2. 问题

（1）基坑可采用哪种类型支护结构？

（2）本工程能否采用明挖法施作？

（3）阐述盖挖法的优缺点。

（4）本工程采用哪种盖挖法最为适宜？阐述该方法的施工步骤。

# 第4章 矿 山 法

本章讲解了矿山法施工的基本方法和原理。通过本章学习，掌握矿山法的含义特点及分类；掌握初期支护施工的分类及选取原则；掌握特殊部位的施工方法；掌握二次衬砌施工基本要求及施工工艺等内容。

## 4.1 概　　述

### 4.1.1　矿山法的含义及特点

矿山法是一种传统的施工方法，是指在岩土体内采用人工、机械或钻眼爆破等开挖岩土修筑隧道的施工方法，多采用复合式衬砌（图4-1）。复合式衬砌指的是分内外两层先后施作的隧道衬砌，在隧道开挖后，先及时施作初期支护，待围岩变形基本稳定以后再施作内层衬砌（一般是模筑的），也称二次衬砌；两层衬砌之间，根据需要设置防水层。

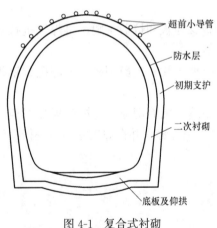

图4-1　复合式衬砌

矿山法是依据新奥法的基本原理，在施工中采用多种辅助施工措施加固围岩，充分调动围岩的自承能力，隧道开挖后及时支护、封闭成环，使其与围岩共同作用形成联合支护体系，有效地抑制围岩过大变形的一种综合配套施工技术。矿山法适用于在第四系无水土质或软弱无胶结的砂、卵石等地层修建隧道；对于较高地下水位的类似地层，采取注浆堵水或降水等措施后仍能适用。

矿山法施工的基本原则可用"管超前，严注浆，短开挖，强支护，快封闭，勤量测"来概括，称为"十八字方针"，具体内容如下：

（1）管超前：指采用超前预支护，提高掌子面的稳定性，防止围岩松弛和坍塌。

（2）严注浆：在超前小导管支护后，立即压注水泥砂浆或其他浆液，填充围岩空隙，使隧道周围形成一个具有一定强度的壳体，以增强围岩的自稳能力。

（3）短开挖：即限制1次开挖进尺的长度，减小对围岩的扰动，从而增加围岩的自稳性。

（4）强支护：在浅埋的松软地层中施工，初期支护必须十分牢固，具有较大的刚度，以控制开挖初期的围岩的变形。

（5）快封闭：在台阶法施工中，如上台阶过长时，围岩变形增加较快，为及时控制围岩的变形，必须采用临时仰拱封闭措施，即要实行开挖1环（1次进尺），封闭1环，提高初期支护的承载能力。

（6）勤量测：隧道施工过程进行经常性的量测，掌握施工动态，及时反馈，以便采取相应的措施，如增加初期支护的刚度等，来保证施工的安全。

矿山法施工的程序如图 4-2 所示。

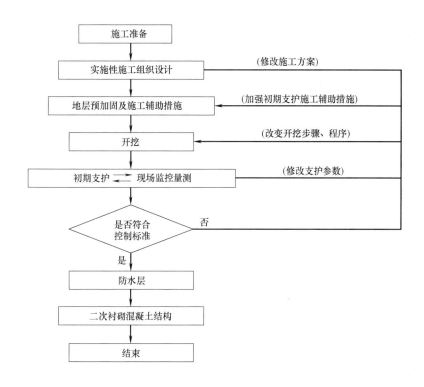

图 4-2　矿山法隧道施工程序

矿山法具有如下特点：

（1）具有高度灵活性，适合各种断面形式（单线、双线及多线、车站等），且易于断面的变化，但临时支撑复杂，特别是大断面隧道需要做支撑体系的受力转换。

（2）通过分部开挖和辅助施工方法，可以有效地控制地表下沉和坍塌，可用于周边环境复杂、对地面沉降要求高的城市地下结构施工。

（3）不允许带水作业，开挖面要求有一定的自稳性。

（4）与盾构法比较，在较短的开挖地段使用，也很经济；与明挖法比较，可以极大地减轻对地面交通和商业活动的影响，避免大量的拆迁。

（5）从综合效益观点出发，是比较经济的一种方法。

### 4.1.2　矿山法的分类

矿山法可分为全断面开挖法和分部开挖法。分部开挖法又可分为台阶法和导洞法；台阶法可分为正台阶法和反台阶法；导洞法可分为 CD 法、CRD 法、双（单）侧壁导坑法、中洞法及 PBA 法。各开挖方法的适用条件及特点见表 4-1。

| 施工方法 | 台阶法 | CD 法 | CRD 法 | 双侧壁导坑法 | 中洞法 | PBA 法 |
|---|---|---|---|---|---|---|
| 示意图 | | | | | | |
| 适用条件 | 适用于较好地层的中小断面，一般断面跨度<8m | 适用于软弱地层的中小断面，一般断面跨度<8m | 适用于软弱地层且地面控制严格的中型断面，一般断面跨度 8～12m | 适用于软弱地层且地面控制严格的中型断面，一般断面跨度>12m | 适用于地层条件差，断面较大的多跨结构 | 适用于地层条件差，断面较大的多跨结构 |
| 特点 | 施工方便，速度较快，可增设临时仰拱和锁脚锚杆，对控制下沉有利，成本低 | 施工方便，速度较快，对控制地面沉降有利，成本较高 | 施工复杂，速度慢，有利于控制地面沉降，成本高 | 施工复杂，速度慢，废弃工程量大，地面沉降大，成本高 | 施工复杂，速度慢，废弃工程量大，地面沉降大，成本较高 | 施工复杂，速度慢，废弃工程量大，地面沉降大，成本高 |

## 4.2　超前预支护及初期支护结构

### 4.2.1　超前预支护

超前预支护是对开挖面前方围岩采取工程措施以改善围岩特性，提高围岩强度和自稳能力，是地层预加固措施。工程措施主要包括超前锚杆、超前小导管、超前管棚等方式。超前锚杆又称斜锚杆，是沿隧道纵向，在拱上部开挖轮廓线外一定范围内向前上方倾斜一定外插角，或者沿隧道横向、在拱脚附近向下方倾斜一定外插角密排的砂浆锚杆，在软弱围岩中较少应用。

1. 超前小导管

超前小导管是沿隧道纵向，在拱上部开挖轮廓线外一定范围内向前上方倾斜一定角度打入的钢管，钢管内注入浆液。超前小导管主要用于自稳时间短的软弱破碎带、浅埋段、洞口偏压段、砂层段、砂卵石段、断层破碎带等地段的预支护，为矿山法隧道常用的支护措施和超前加固措施，能配套使用多种注浆材料，施工速度快，施工机械简单，工序交换容易。

超前小导管前部有注浆孔，孔径 6～8mm，孔间距 100～150mm，呈梅花形布置。前端加工成锥形，尾部长度不小于 30cm 且不钻注浆孔，作为预留止浆段，末端呈铁箍状（图 4-3）。

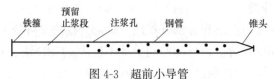

图 4-3　超前小导管

（1）小导管布设

常用设计参数：钢管直径 40～50mm，焊接钢管或无缝钢管；钢管沿拱的环向布置间距为 300～500mm，钢管沿拱的环向外插角度为 5°～15°。小导管长度为台阶高度加 1m，一般为 2～5m（图 4-4）。

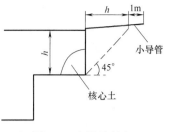

小导管是受力杆件，因此前后两排小导管在纵向应有一定搭接长度，钢管沿隧道纵向的搭接长度一般不小于 1m。

图 4-4　小导管长度

（2）小导管注浆

注浆材料应有良好的可注性，固结后应有一定强度及抗渗、稳定、耐久和收缩小，浆液须无毒。注浆材料可采用改性水玻璃浆、普通水泥单液浆、水泥-水玻璃双液浆（水玻璃浓度应为 40～45 波美度）、超细水泥等注浆材料，严禁使用高分子有机化学材料。一般情况下改性水玻璃浆适用于砂类土，水泥浆和水泥砂浆适用于卵石地层。注浆量 $Q$ 可按下式计算：

$$Q = Vn\alpha\beta \tag{4-1}$$

式中　$V$——被加固的土体体积（$m^3$）；

　　　$n$——地层孔隙率，按地质勘察报告中给出的地层孔隙率取值；

　　　$\alpha$——地层填充系数，深孔注浆宜取 0.6～1.0，小导管注浆及径向注浆宜取 0.2～0.5；

　　　$\beta$——浆液损失系数，宜取 1.2～1.4。

注浆时间和注浆压力应由试验确定，应严格控制注浆压力。一般条件下：改性水玻璃浆、水泥浆初压宜为 0.1～0.3MPa，砂质土终压一般应不大于 0.5MPa，黏质土终压不应大于 0.7MPa。

注浆施工期间应进行监测，监测项目通常有地（路）隆起面、地下水污染等，特别是要采取措施防止注浆浆液溢出地面或超出注浆范围。

（3）超前小导管与钢拱架组成支护系统

超前小导管支护应配合钢拱架使用。超前小导管的外露端通常与支撑于开挖面后方的钢拱架连接，共同组成预支护系统，该系统具有如下特点：

1）比超前锚杆或小导管的支护能力大；

2）比管棚简单易行，但支护能力较弱；

3）格栅钢梁内空间被喷射混凝土填充、覆盖，具有较好的防水性能；

4）填充的喷射混凝土与围岩和钢筋均紧密黏结，形成一个刚度较接近的共同变形体，受力条件合理。

（4）超前小导管施工

小导管安装前应将工作面封闭严密、牢固，清理干净，并测放出钻设位置后方可施工。

1）按施工图小导管布设要求，沿开挖面轮廓线画出小导管孔位。

2）超前小导管的安设采用引孔顶入法，用风钻或风镐把超前小导管打入到设计深度，在小导管尾部安装止浆阀，钢管尾端外露足够长度与钢拱架焊接在一起。

3）小导管安装完成后进行注浆，注浆顺序为由下至上，浆液先稀后浓，注浆量先大后小，注浆压力由小到大。当压力达到设计注浆终压并稳定 10～15min，注浆量达到设计注浆量的 80％以上时，可结束该孔注浆。

2. 超前管棚

超前管棚是为防止隧道开挖引起的地表下沉和围岩松动，开挖掘进前沿开挖工作面的上半断面设计周边打入厚壁钢管，在地层中构筑的临时承载棚防护下，为安全开挖预先增强地层承载力的临时支护方法，与小导管注浆法相对应，通常又称为大管棚超前支护法。在松散破碎的软弱围岩，浅埋地段或隧道围岩变形大时常采用管棚超前支护。

超前管棚的布置形状共 7 种（图 4-5），随隧道开挖面形状而异。

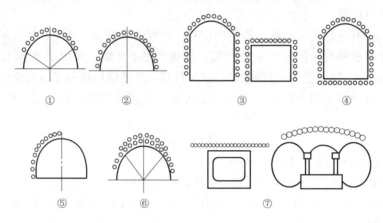

①扇形布设；②半圆形布设；③门形布设；④全周布设；⑤上部一侧布设；
⑥上部双层布设； ⑦"一"字形布设

图 4-5　管棚的布置形状

（1）超前管棚经验参数

1）管棚采用 $\phi70$～180mm 无缝钢管或焊接钢管制作，管材壁厚 4～8mm，溢浆孔直径宜为 6～12mm，管棚管尾部 2m 范围内不应设溢浆孔；管节长度一般情况下短管棚小于 10m，长管棚大于 10m。

2）管棚宜沿隧道拱顶布设，特殊情况下（如隧道有偏压、侧穿风险源等）可延伸到隧道边墙或不对称单边布设，相邻管棚管间的间隙不宜大于 250mm，外插角宜控制在0°～8°。

图 4-6　超前管棚施工

3）管棚钢管环向布设间距对防止上方土体坍落及松弛有很大影响，施工中须根据结构埋深、地层情况、周围结构物状况等选择合理间距。管棚间距一般采用 2.0～2.5 倍的钢管直径。纵向两组管棚搭接的长度应大于 3m。在铁路、公路正下方施工时，要采用刚度大的钢管连续布设。

（2）超前管棚施工

超前管棚施工（图 4-6）工艺流程为：

测放孔位→钻机就位→ 水平钻孔→压入钢管→注浆（向钢管内或管周围土体）→封口→开挖。

1）钻孔精度控制：钻孔开始前应在管棚孔口位置埋置套管，把钢管放在标准拱架上，测定钻孔孔位和钻机的中心，使两点一致。

2）钢管就位控制：钢管的打入随钻孔同步进行，按设计要求接长，接头应采用厚壁管箍，上满丝扣，确保连接可靠。钢管打入土体就位后，应及时隔（跳）孔向钢管内及周围压注水泥浆或水泥砂浆，使钢管与周围岩体密实，增加钢管的刚度。

### 4.2.2 初期支护结构

初期支护是指土方开挖之后立即进行的支护结构（图 4-7）。矿山法施工地下结构需采用喷锚初期支护，可根据围岩的稳定状况，采用一种或几种结构组合。软弱地层隧道采用以钢拱架为主体的刚性支护体系，即钢拱架＋钢筋网喷射混凝土的形式，钢拱架在隧道方向上设置纵向连接筋以增加钢拱架的稳定性，视情况可设锁脚锚管；坚硬地层隧道初期支护可采用钢筋网喷射混凝土、锚杆＋钢筋网喷射混凝土、钢拱架＋钢筋网喷射混凝土等形式，并可作为永久支护结构。

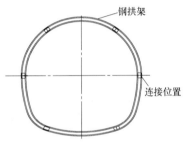

图 4-7　钢拱架初期支护结构

在软弱破碎及松散、不稳定的地层中，隧道初期支护施作的及时性及支护的强度和刚度，对保证开挖后隧道的稳定性、减少地层扰动和地表沉降，都具有决定性的影响。在诸多支护形式中，钢拱架＋钢筋网喷射混凝土支护是满足上述要求的最佳支护形式。

1. 钢拱架

钢拱架可采用钢筋、型钢等材料加工制作，由钢筋加工制作的钢拱架也称为钢格栅，为目前最为常用的支护形式。钢格栅截面形式分为四肢形和三肢形，见图 4-8。

在浅埋、跨度多变、地质条件差的情况下，通常选择的截面形式为四肢形。北京地区钢格栅主要尺寸如图 4-9 所示。

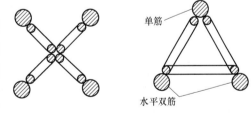

图 4-8　钢格栅截面形式

钢拱架分片制作运输到隧道内连接成一个整体，接头形式分为以下三种：

（1）螺栓连接：连接板焊于主筋上，用螺栓穿过两拱架端头连接板的螺栓孔拧紧。

（2）卡销式连接：提供连锁或卡销装置焊于主筋上，用螺栓或杆锁固定。

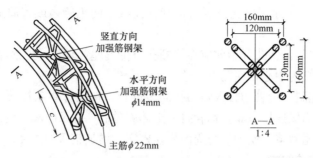

图 4-9 钢格栅主要尺寸示意图

（3）套管螺栓接头：套管螺栓直接套在主筋轴上提供连接作用。

钢拱架在开挖或喷射混凝土后及时架设；超前锚杆、小导管支护与钢拱架、钢筋网要配合使用。

2. 钢筋网

钢筋网材料宜采用直径 6～12mm 的 HPB300 钢筋，网格尺寸 150～300mm，搭接长度应符合规范要求。钢筋网应与锚杆或其他固定装置连接牢固。

3. 纵向连接筋

纵向连接筋需与钢拱架焊接，其对提高初期支护结构的整体性、隧道纵向刚度及对控制变形起到很重要作用。

4. 喷射混凝土

喷射混凝土是指采用混凝土喷射机，按一定的组合程序，将掺有速凝剂的混凝土拌合料与高水压混合，经过喷嘴喷射到岩土表面，并迅速凝固结成一层支护结构，其施工工序见图 4-10。

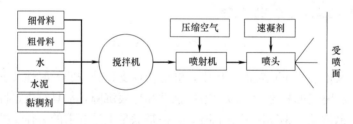

图 4-10 喷射施工工序图

喷射混凝土的作用为封闭岩体、防止风化、粘贴、补强及柔性作用、支承危岩、共同承载等。其优点为速度快、及时、安全；质量好、强度高；操作简单；灵活性大。

对于较好的围岩，喷射混凝土可作为临时和永久性支护；也可与各种形式的支护锚杆、钢拱架等组合使用。

（1）喷射混凝土材料

喷射混凝土应采用早强混凝土，其强度必须符合设计要求，严禁选用具有碱活性集料。可根据工程需要掺用外加剂，速凝剂应根据水泥品种、水灰比等，通过不同掺量的混凝土试验选择最佳掺量，使用前应做凝结时间试验，要求初凝时间不应大于 5min，终凝不应大于 10min。

（2）喷射混凝土方法

喷射混凝土应紧跟开挖工作面，分段、分片、分层，由下而上顺序进行，当岩面有较大凹洼时，应先填平。分层喷射时，应在前一层混凝土终凝后进行，一次喷射厚度边墙 70～100mm，拱顶 50～60mm。喷射混凝土回弹率边墙不宜大于 15%，拱部不宜大于 25%。喷射混凝土的方法主要有：

1）干喷

干喷是用搅拌机将骨料和水泥拌和后，投入喷射机料斗，同时加入速凝剂，将混合料输出，在喷头处加水喷出。该法由于粉尘回弹量大已不采用。

2）潮喷

潮喷法是将骨料预加水，一般加到砂的含水率为 6% 以下、石的含水率为 2% 以下，使集料浸润成潮湿状，用手可握成团而不散，再在喷头处加水喷射，从而可降低在上料和喷射时的粉尘。喷射工艺流程与干喷类似。回弹可控制到 15% 左右。

3）湿喷

湿喷法是用喷射机压将拌和好的混凝土（骨料、水、水泥按设计比例拌和）送至喷头，在喷头处添加速凝剂喷出。

各种喷射方式的特点及粉尘、回弹的比较见表 4-2。

**各中喷射方法比较** 表 4-2

| 项目 | 干喷 | 潮喷 | 湿喷 |
|---|---|---|---|
| 喷射混凝土质量 | 由于在喷嘴处加水与拌料混合，所以质量取决于作业人员的熟练程度和能力 | 由于砂、石料预湿后在喷头处第二次加水，水化较好，所以质量有所提高 | 能事先将包括水在内的各种材料正确计量，充分混合，所以容易控制质量 |
| 作业条件 | 由于供应干混合料，所以供料作业的限制少 | 因在地面对骨料进行预湿，所以供料作业的限制少 | 供料较困难，操作也麻烦，设备所占的空间较大 |
| 一般采用的水平运输距离 | 40～60m | 40m | 20～40m |
| 粉尘 | 多 | 较少 | 少 |
| 回弹 | 较多 | 较少 | 少 |
| 故障处理 | 较容易 | 较容易 | 较困难 |
| 清洗、养护 | 容易 | 较容易 | 麻烦 |

喷射混凝土 2h 后应养护，养护时间不应少于 14d，当气温低于 5℃时，不得喷水养护。

钢拱架应与喷射混凝土形成一体，钢拱架与围岩间的间隙应不小于 30mm 且必须用喷射混凝土充填密实，钢拱架应全部被喷射混凝土覆盖，其保护层厚度不得小于 40mm。

## 4.3 矿山法施工

矿山法施工根据不同的地质条件及隧道断面，选用不同的开挖方法，但其总原则是：预支护、预加固一段，开挖一段；开挖一段，支护一段；支护一段，封闭成环一段。隧道开挖循环进尺，在土层和不稳定岩体中开挖一段宜为 0.5～1m，在稳定岩体中宜为1～1.5m。

### 4.3.1 土方开挖方法

土方开挖是施工过程中的关键工序，是指将土和岩石进行松动、破碎、挖掘并运出的过程。

1. 钻爆法

岩石地层一般需以爆破的方法进行松动、破碎，采用人工或机械化方式出渣。通过钻孔、装药、爆破开挖岩石的方法，简称钻爆法。这一方法从早期由人工手把钎、锤击凿孔，用火雷管逐个引爆单个药包，发展到用凿岩台车或多臂钻车钻孔爆破技术。

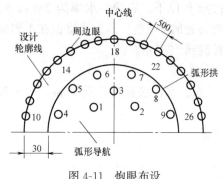

图 4-11　炮眼布设

岩石隧道爆破应采用光面爆破。光面爆破是一种控制岩体开挖轮廓的爆破技术，是通过沿开挖边界布置密集炮孔，采取不耦合装药或装填低威力炸药等措施，使周边眼在主爆区之后起爆的爆破方法。

爆破程序是：在掌子面上布置炮眼（图 4-11），根据设计装药量及起爆顺序将炸药及雷管装入炮眼，做好安全防护工作后，连接回路并起爆。按照爆破顺序，最初的几个炮眼要形成一个槽腔，破岩深度取决于掏槽效果。理想的爆破效果是开挖达到预定的进尺，轮廓壁面及掌子面平整，岩渣块度适宜装运，对围岩的扰动小。

图 4-11 中，1～3 为掏槽眼：开挖断面中部，最先起爆的眼；4～9 为内圈眼：靠近周边眼炮眼，间距一般为周边眼的 1.5 倍；10～26 为周边眼：周边轮廓线上的炮眼。

钻爆法应注意以下问题：

（1）炮眼布置在城区等复杂环境条件下，深度应控制在 1～1.5m；

（2）炮眼装药前应清理干净，周边眼采用低密度、低炸速、低猛度或高爆力炸药；

（3）爆破后应对开挖面进行检查，不得欠挖，岩渣块度不应大于 300mm。

2. 人工开挖法

土层中一般使用锹镐、风镐、风钻等简单工具进行人工开挖。

3. 机械化开挖

目前，矿山法施工主要依靠人工作业，劳动力强度大、施工效率低、安全风险高，且洞内粉尘大、作业环境差。机械化开挖设备能完成超前小导管打设、土方开挖及渣土外运、格栅槽位铣剖、格栅辅助架设等过程，实现了主要工序由机械替代人力进行施工，大大降低了作业人员的劳动强度。

### 4.3.2 全断面开挖法

全断面开挖法采取自上而下一次开挖成形（图 4-12），沿着轮廓开挖，按施工方案一次进尺并及时进行初期支护。

全断面开挖法适用于土质稳定、断面较小的隧道施工，适宜

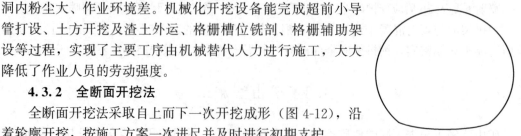

图 4-12　全断面开挖

人工开挖或机械作业。全断面开挖法优点是可以减少开挖对围岩的扰动次数，有利于围岩天然承载拱的形成，工序简便；缺点是对地质条件要求严格，围岩必须有足够的自稳能力。

### 4.3.3 台阶开挖法

台阶开挖法将结构断面分成两个以上部分，即分成上下两个工作面或几个工作面，分步开挖。该法在矿山法中应用最广，可根据工程实际、地层条件和机械条件，选择适合的台阶方式。台阶开挖法的优点是具有足够的作业空间和较快的施工速度，灵活多变，适用性强。

台阶法应用最广的为正台阶法，又称为预留核心土的环形开挖方法，适应的地层条件广泛。

#### 1. 正台阶开挖法

正台阶开挖法（图 4-13）优点很多，能较早地使支护闭合，有利于控制其结构变形及由此引起的地面沉降。根据断面的大小，环形拱部又可分成几块交替开挖，环形开挖进尺为 0.5～1.0m，不宜过长；台阶长度一般控制在 1D 内（D 一般指隧道跨度，下文同此）为宜。

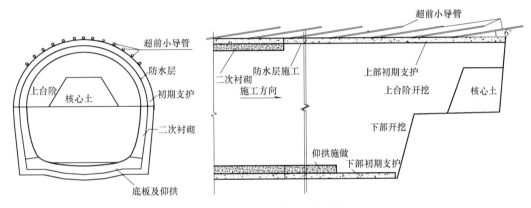

图 4-13　上下两部分正台阶开挖法

开挖过程中因上部留有核心土支承着开挖面（图 4-13），能迅速及时地建造拱部初期支护，所以开挖工作面稳定性好。核心土应留坡度，并不得出现反坡。

#### 2. 正台阶法施工步序

（1）施工步序

正台阶开挖法施工步序见表 4-3。

正台阶开挖法施工步序　　　　　　　　　　　　　　　　　　表 4-3

| 序号 | 图示 | 施工步序说明 |
| --- | --- | --- |
| 1 | 超前小导管　核心土　锁脚锚管 | 上台阶开挖<br>1. 施打拱部超前小导管并注浆；<br>2. 上台阶环形开挖，留设核心土；<br>3. 上台阶挂网，架设钢格栅；<br>4. 纵向连接筋施作；<br>5. 打设锁脚锚管并注浆；<br>6. 喷射混凝土 |

| 序号 | 图示 | 施工步序说明 |
|---|---|---|
| 2 | 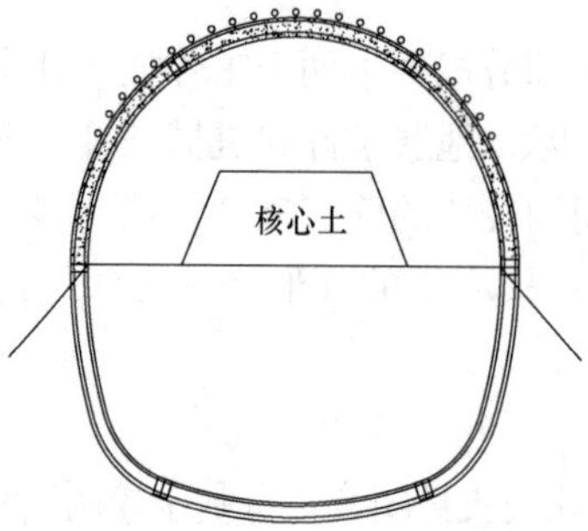 核心土 | 下台阶初期支护<br>1. 上台阶开挖进尺 3～5m,全断面开挖下台阶土体;<br>2. 挂网,架立下台阶钢格栅;<br>3. 施作纵向连接筋;<br>4. 喷射混凝土 |
| 3 | 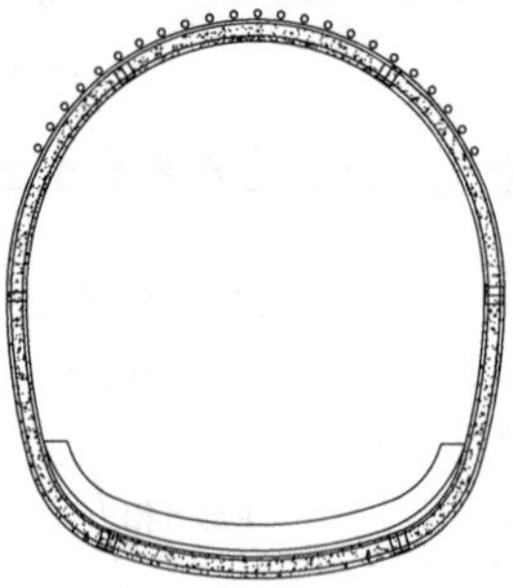 | 仰拱二衬施工<br>1. 隧道初支背后回填注浆;<br>2. 基面处理,施作仰拱防水及防水保护层;<br>3. 绑扎仰拱钢筋;<br>4. 支模板;<br>5. 浇筑仰拱混凝土 |
| 4 | 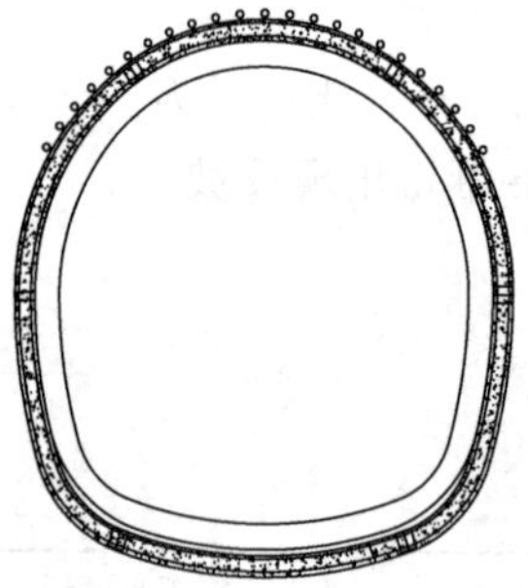 | 拱顶及侧墙二衬施工<br>1. 隧道初支背后回填注浆;<br>2. 基面处理,施作拱墙防水及防水保护层;<br>3. 绑扎钢筋;<br>4. 拼装台车模板;<br>5. 浇筑拱墙混凝土;<br>6. 二衬背后回填注浆 |

**3. 正台阶法施工要点**

正台阶法施工见图 4-14,施工要点为:

(1) 严格控制隧道开挖的中线和水平,开挖轮廓要圆顺,防止超挖,严禁欠挖;

(2) 核心土待拱部初支完成后再挖除;

(3) 钢格栅接头采用连接板和螺栓连接,以方便安装;

(4) 为防止格栅承载下沉,钢格栅下端应设在稳固地层上或垫板上;

（5）为防止开挖下部引起格栅悬空，可在上半断面格栅拱脚施作锁脚锚管并注浆。锁脚锚管类似于超前小导管，区别在于其向斜下方打设；

（6）格栅安装位置要准确、节点要对齐、连接要牢固；

（7）尽快使初期支护闭合，确保格栅可靠受力。

图 4-14　正台阶法施工图

### 4.3.4　中隔壁法和交叉中隔壁法

中隔壁法也称 CD 法，是先开挖隧道的一侧，并施作中隔壁，然后再开挖另一侧，最终封闭成环的施工方法。CD 法主要适用于地层较差和不稳定岩体，且地面沉降要求严格的地下工程施工；当 CD 法不能满足要求时，可在 CD 法基础上加设临时仰拱，即所谓的交叉中隔壁法（CRD 法）。

CD 法和 CRD 法在大跨度隧道中应用普遍，在施工中应严格遵守正台阶法的施工要点，尤其要考虑时空效应，每一步开挖必须快速，必须及时步步成环，工作面留核心土或用喷混凝土封闭，消除由于工作面应力松弛而增大沉降值的现象。

CD 法施工步序见图 4-15。

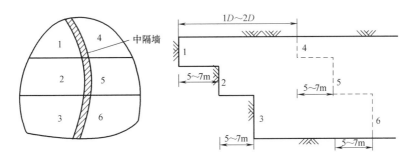

图 4-15　CD 法施工步序图

1. CRD 法施工步序

CRD 法施工步序见表 4-4。

CRD 施工步序图　　　　　　　　　　　　　　　　　　　　　　　表 4-4

| 序号 | 图　示 | 施工步序说明 |
| --- | --- | --- |
| 1 | | 左上①号导洞开挖<br>1. 左上断面拱部打设超前小导管并注浆；<br>2. 左上断面台阶开挖，上台阶预留核心土；<br>3. 挂钢筋网，立拱架格栅Ⅱ；<br>4. 纵向连接筋施作；<br>5. 打设锁脚锚管；<br>6. 喷射混凝土；<br>7. 当开挖过核心土部位后，及时架设临时仰拱，喷锚封闭右上导洞 |

| 序号 | 图　示 | 施工步序说明 |
|---|---|---|
| 2 | 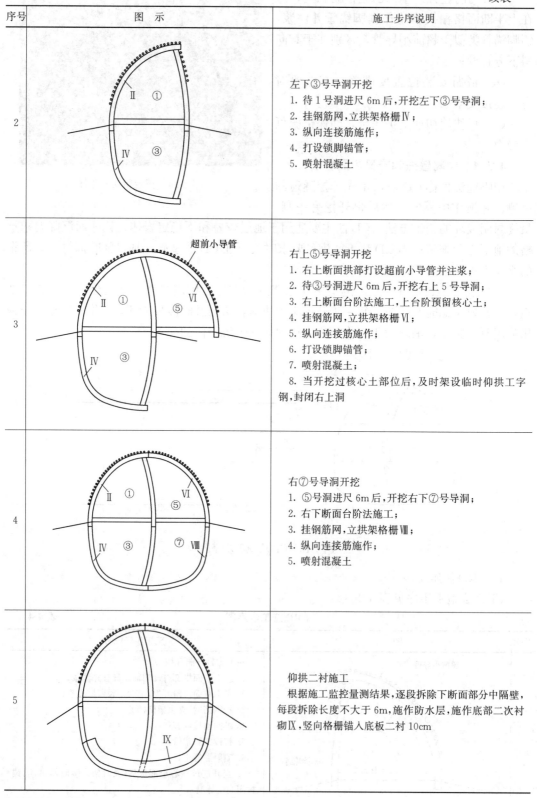 | 左下③号导洞开挖<br>1. 待1号洞进尺6m后,开挖左下③号导洞;<br>2. 挂钢筋网,立拱架格栅Ⅳ;<br>3. 纵向连接筋施作;<br>4. 打设锁脚锚管;<br>5. 喷射混凝土 |
| 3 |  | 右上⑤号导洞开挖<br>1. 右上断面拱部打设超前小导管并注浆;<br>2. 待③号进尺6m后,开挖右上5号导洞;<br>3. 右上断面台阶法施工,上台阶预留核心土;<br>4. 挂钢筋网,立拱架格栅Ⅵ;<br>5. 纵向连接筋施作;<br>6. 打设锁脚锚管;<br>7. 喷射混凝土<br>8. 当开挖过核心土部位后,及时架设临时仰拱工字钢,封闭右上洞 |
| 4 |  | 右⑦号导洞开挖<br>1. ⑤号洞进尺6m后,开挖右下⑦号导洞;<br>2. 右下断面台阶法施工;<br>3. 挂钢筋网,立拱架格栅Ⅷ;<br>4. 纵向连接筋施作;<br>5. 喷射混凝土 |
| 5 |  | 仰拱二衬施工<br>根据施工监控量测结果,逐段拆除下断面部分中隔壁,每段拆除长度不大于6m,施作防水层,施作底部二次衬砌Ⅸ,竖向格栅锚入底板二衬10cm |

| 序号 | 图　示 | 施工步序说明 |
|---|---|---|
| 6 | 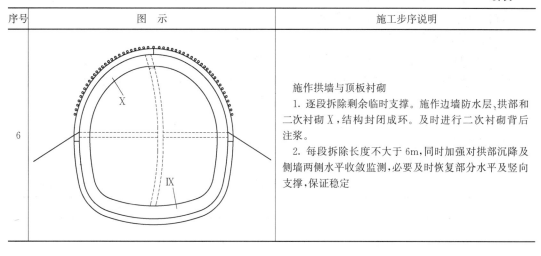 | 施作拱墙与顶板衬砌<br>1. 逐段拆除剩余临时支撑。施作边墙防水层、拱部和二次衬砌Ⅹ，结构封闭成环。及时进行二次衬砌背后注浆。<br>2. 每段拆除长度不大于6m，同时加强对拱部沉降及侧墙两侧水平收敛监测，必要及时恢复部分水平及竖向支撑，保证稳定 |

2. CRD 法施工要点

（1）导洞采用正台阶法施工，台阶长度宜控制在 $D$；两侧先后施工的导洞掌子面错开距离不应小于 15m。

（2）开挖轮廓线充分考虑施工误差、预留变形和超挖等因素的影响。

（3）开挖前应采取超前预支护和预加固措施，做到预加固、开挖、支护三环节紧密衔接。

（4）开挖过程中，上半断面宜采用环形开挖，保留核心土；下半断面开挖时，边墙宜采用单侧或双侧交错开挖，仰拱尽快开挖，缩短全断面封闭时间。

（5）区间隧道不得欠挖，对意外出现的超挖或塌方应采用喷混凝土回填密实，并及时进行背后回填注浆。

（6）开挖过程中必须加强监控量测，应尽可能快的施工临时支撑或仰拱，形成封闭环，控制位移和变形。

### 4.3.5　双（单）侧壁导坑法

单侧壁导坑（洞）法（图 4-16）是将断面横向分成 3 块或 4 块：侧壁导坑（1）、上台阶（2）、下台阶（3）。侧壁导坑尺寸应本着充分利用台阶的支撑作用来确定，一般情况下侧壁导坑宽度不宜超过 0.5 倍洞宽，高度以到起拱线为宜，

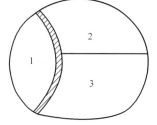

图 4-16　单侧壁导坑法

这样导坑可分两次开挖和支护，不需要架设工作平台，人工架立钢支撑也较方便。

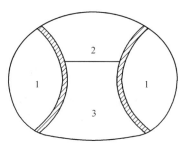

图 4-17　双侧壁导坑法

当隧道跨度很大，地表沉陷要求严格，围岩条件特别差，单侧壁导坑法难以控制围岩变形时，则采用双侧壁导坑法。双侧壁导坑法，又称双侧壁导洞法或眼镜工法，是在软弱围岩大跨度隧道中，先开挖隧道两侧的导洞，并进行初期支护，再分部开挖剩余部分的施工方法。双侧壁导坑法（图 4-17）一般将断面分成四块：左、右侧壁导坑（1）、上部核心土（2）、下台阶（3）。导坑尺寸拟定的原则同前，但宽度不宜超过断面最大跨

度的 1/3。左、右侧导坑错开的距离，应根据开挖一侧导坑所引起的围岩应力重分布的影响不致影响另一侧已成导坑的原则确定。

双侧壁导坑法优缺点：

（1）双侧壁导坑法虽然开挖断面分块多，扰动大，初次支护全断面闭合的时间长，但每个分块都是在开挖后立即各自闭合的，所以在施工中间变形几乎不发展。现场实测结果表明，双侧壁导坑法所引起的地表沉陷仅为台阶法的 1/2。

（2）双侧壁导坑法施工较为安全，但速度较慢，成本较高。

1. 双侧壁导坑法施工步序

双侧壁导坑法施工步序见表 4-5。

表 4-5

双侧壁导坑法施工步序

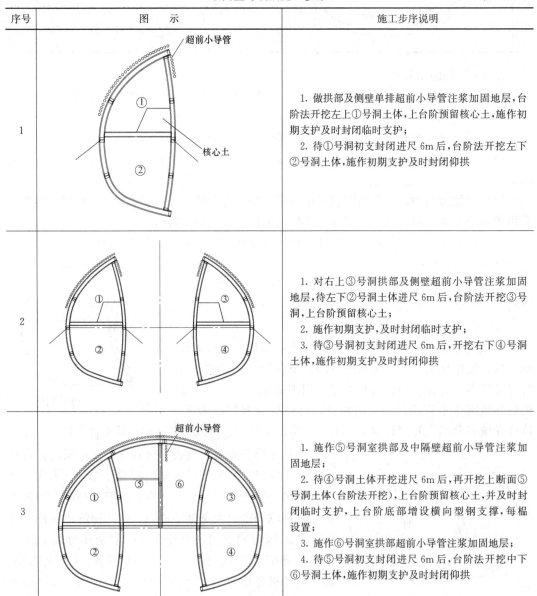

| 序号 | 图　　示 | 施工步序说明 |
|---|---|---|
| 1 | | 1. 做拱部及侧壁单排超前小导管注浆加固地层，台阶法开挖左上①号洞土体，上台阶预留核心土，施作初期支护及时封闭临时支护；<br>2. 待①号洞初支封闭进尺 6m 后，台阶法开挖左下②号洞土体，施作初期支护及时封闭仰拱 |
| 2 | | 1. 对右上③号洞拱部及侧壁超前小导管注浆加固地层，待左下②号洞土体进尺 6m 后，台阶法开挖③号洞，上台阶预留核心土；<br>2. 施作初期支护，及时封闭临时支护；<br>3. 待③号洞初支封闭进尺 6m 后，开挖右下④号洞土体，施作初期支护及时封闭仰拱 |
| 3 | | 1. 施作⑤号洞室拱部及中隔壁超前小导管注浆加固地层；<br>2. 待④号洞土体开挖进尺 6m 后，再开挖上断面⑤号洞土体（台阶法开挖），上台阶预留核心土，并及时封闭临时支护，上台阶底部增设横向型钢支撑，每榀设置；<br>3. 施作⑥号洞室拱部超前小导管注浆加固地层；<br>4. 待⑤号洞初支封闭进尺 6m 后，台阶法开挖中下⑥号洞土体，施作初期支护及时封闭仰拱 |

| 序号 | 图　　示 | 施工步序说明 |
|---|---|---|
| 4 | | 1. 待⑥号洞土体开挖进尺 6m 后,再开挖下断面⑦号洞土体(台阶法开挖),并及时封闭临时支护;<br>2. 待⑦号洞初支封闭进尺 6m 后,台阶法开挖中下⑧号洞土体,施作初期支护及时封闭仰拱 |
| 5 | | 待初支整体封闭后,根据施工步序,分段拆除下部部分临时支护中隔壁,每拆除的长度不超过 4.5m(⑥号导洞双侧壁导坑法每次拆除长度不大于 6m),并根据现场监控量测情况调整,最后施作底板以及部分边墙二次衬砌且在施工仰拱二衬时,将竖向格栅锚入底板 10cm |
| 6 | | 根据施工监测情况,沿隧道纵向分段拆除部分临时仰拱,架设脚手架,敷设防水层,浇筑二衬 |
| 7 | | 根据施工监测情况,沿隧道纵向分段拆除上半断面部分隔壁,敷设防水层,浇筑二衬,闭环 |

| 序号 | 图　　示 | 施工步骤说明 |
|---|---|---|
| 8 | | 逐段拆除该段剩余的中隔壁和仰拱,及时进行二次衬砌背后注浆 |

图4-18　双侧壁导坑法施工图

**2. 双侧壁导坑法施工要点**

双侧壁导坑法施工见图4-18。

(1)双侧壁导坑形状近似椭圆形,导洞断面宽度应为整个断面的1/3。

(2)侧壁导洞及中槽部位一般采用两台阶或三台阶法开挖,各步距离应根据地质条件、隧道埋深、断面大小等因素确定,左右两侧导洞错开距离不宜小于15m;导洞与中间土体同时施工时,导洞应超前30~50m。

(3)侧壁导洞及中槽采用台阶法开挖,台阶长度控制在3~5m之间,及时封闭成环。

(4)全断面初期支护封闭成环后,量测显示支护体系稳定后方可拆除临时支撑,施作二衬。拆除过程中必须加强监测。一次拆除临时支撑长度宜为一个浇筑段。

### 4.3.6　中洞法

当地层条件差、断面特大时,常设计成多跨结构,跨与跨之间有梁、柱连接,一般采用中洞法等施工,其核心思想是变大断面为中小断面,提高施工安全度。中洞法施工就是先开挖中间部分(中洞),在中洞内施作梁、柱结构,然后再开挖两侧部分(侧洞),并逐渐将侧洞顶部荷载通过中洞初期支护转移到梁、柱结构上。该方法适用于地下大空间工程施工,常用于连拱隧道、大跨度车站。

中洞法施工工序复杂,但两侧洞对称施工,比较容易解决侧压力从中洞初期支护转移到梁柱上时的不平衡侧压力问题,施工引起的地面沉降较易控制。中洞法的特点是初期支护自上而下,每一步封闭成环,环环相扣,二次衬砌自下而上施工,施工质量容易得到保证。

**1. 中洞法施工步序**

中洞法施工步序见图4-19。

(1)施工超前大管棚和超前小导管。

(2)采用相应工法施作中洞,按顺序进行分部开挖,各部开挖按工法要求错开距离,并及时封闭初期支护,完成整个中洞的开挖支护。

(3)根据监测情况,拆除中隔墙部分临时支护,施作底板防水层,进行中洞内底板结

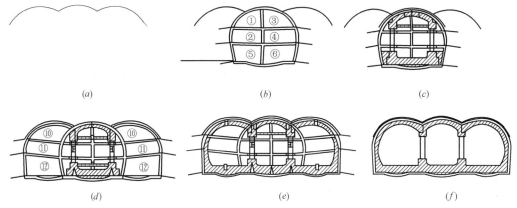

图 4-19　中洞法施工步序

构，底纵梁施工，安装灌注钢管柱，施工中洞顶纵梁，拆除中隔壁时施作拱顶拉压杆与拱顶结构；拆除中板中隔壁临时支护型钢混凝土，保留型钢；施作中板结构。

（4）按顺序对称开挖两侧洞，分部开挖及时封闭初期支护。

（5）拆除中隔壁临时支护；施工仰拱防水层；施作两侧边洞仰拱结构；拆除临时仰拱、中隔壁临时支护；两侧洞侧墙、中板及拱顶结构施工。

（6）拆除剩余临时支护结构，施工主体结构。

2. 中洞法施工要点

中洞法施工见图 4-20。

（1）初支各部开挖断面尺寸大小根据地质情况、施工机具、二衬框架结构等因素确定。一般中洞水平分 2 个断面，竖向分 3～4 层；侧洞水平分 1 个断面，竖向开挖断面划分同中

图 4-20　中洞法施工图

洞。中洞及侧洞开挖按短台阶步距控制，侧洞开挖必须在对应位置中洞二衬结构施工完成并达到设计强度后进行，左右两侧洞应同时对称开挖。先行施工的中洞临时初期支护均应有向外鼓的弧度。

（2）在侧洞开挖之前应在两道顶纵梁之间设拉压杆，以保证结构稳定。

（3）中洞拱部及仰拱钢架安装时要加强测量，确保与侧洞钢架连接后在同一垂直面内，避免钢架扭曲变形。

（4）钢管柱一般采用分段吊装，施工中要加强测量，保证钢管柱定位准确，垂直度符合要求。

（5）临时支护拆除应采用分层分段进行，应先做拆除试验。拆除过程中必须加强监测，如监测结果超标，应及时采取措施，确保安全。拆除分段长度应与结构施工分段相适应，并根据监测结果来确定。

### 4.3.7　PBA 法

PBA 法又称为洞桩法，就是先挖小导洞，在小导洞内施作桩体，梁柱完成后，再施作顶部结构，然后在其保护下进行后续施工。P—桩（pile）、B—梁（beam）、A—拱

（arc），即由边桩、中桩（柱）、顶底梁、顶拱共同构成初期受力体系，承受施工过程的荷载；桩、梁、拱在小导洞内施作，其主要思想是将盖挖及分步暗挖法有机结合起来，发挥各自的优势，在顶盖的保护下可以逐层向下开挖土体，施作二次衬砌；可采用顺作和逆作两种方法施工，最终形成由初期支护和内层二次衬砌组合而成的永久承载体系。

按小导洞的数量，PBA 法分为两导洞式、三导洞式、四导洞式、六导洞式及八导洞式等（图 4-21）。

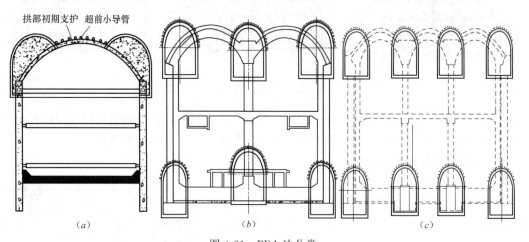

图 4-21　PBA 法分类

（a）两导洞式；（b）六导洞式；（c）八导洞式

1. PBA 法施工步序

PBA 法施工工序见表 4-6（以两导洞为例，顺作法）。

PBA 法施工工序示意　　　　　　　　　　表 4-6

| 序号 | 图　　示 | 施工步骤说明 |
| --- | --- | --- |
| 1 | 小导洞　　小导洞 | 施作车站主体两侧小导洞，正台阶法开挖，采用格栅钢架、网喷混凝土联合支护 |
| 2 | 小导洞　纵梁　　小导洞　纵梁　灌注桩 | 小导洞贯通后，施作灌注桩，浇桩顶纵梁 |

| 序号 | 图　　示 | 施工步骤说明 |
|---|---|---|
| 3 | 素混凝土　超前小导管 | 在导洞内立模板,浇筑两侧小导洞内的主体结构边脚初期支护,用素混凝土回填初期支护后背的空间,施作大管棚或小导管,注浆预加固拱部地层 |
| 4 | 超前小导管 | 弧形导洞开挖,施作拱部初期支护,与初支边脚连成整体 |
| 5 | 拱部初期支护　超前小导管　钢支撑 | 拆除导洞内的模板支架及导洞支护,开挖核心土,安装第一道钢支撑 |

| 序号 | 图　示 | 施工步骤说明 |
|---|---|---|
| 6 | 拱部初期支护　超前小导管<br><br>底板 | 浇筑垫层,铺设防水卷材,施作结构底板 |
| 7 | 拱部初期支护　超前小导管<br><br>侧墙 | 拆除钢横撑,浇筑侧墙混凝土 |
| 8 | 拱部初期支护　超前小导管<br><br>中板 | 拆第二道支撑,施作结构中板 |

| 序号 | 图　　示 | 施工步骤说明 |
|---|---|---|
| 9 | 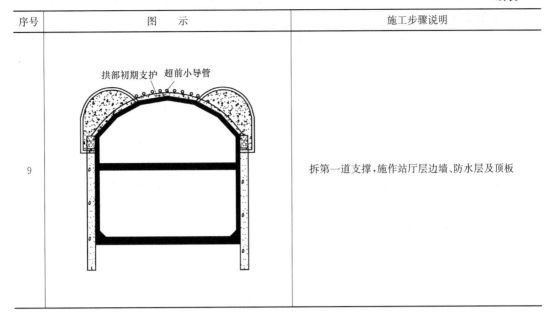 | 拆第一道支撑,施作站厅层边墙、防水层及顶板 |

**2. PBA法施工要点**

（1）小导洞应避免群洞效应，合理安排施工顺序，相邻小导洞施工控制步距一般为8～10m，小导洞开挖用正台阶法。

（2）加强钢管柱安装定位工作，确保安装精度和施工质量。钢管柱定位采用全站仪整体测设方法。中部小导洞内桩为钻孔桩时，钢管柱底部定位宜采用安装自动定位器法。

（3）导洞间的拱部土体开挖应先护后挖，及时支护，必要时采取小导管加密注浆、加密格栅钢架、设双层钢筋网、掌子面注浆、增设临时支撑、调整开挖步骤等措施。拆除临时支撑时，应在对相应部位加强监控量测基础上，分段进行。

（4）在扣拱保护下向下开挖土方，采用竖向分层，纵向分段，逐段封闭的原则施工。逆作梁板结构混凝土强度达到设计强度后才能进行下层土方开挖。开挖过程中应做好桩间钢架网安装及喷射混凝土支护，保证开挖安全。

（5）重视结构防水质量控制，做好施工缝处细部防水及混凝土浇筑质量。

## 4.4　特殊部位施工

特殊部位是指矿山法风险较高的区段工程，如马头门开挖、仰挖或俯挖、平顶直墙、转弯、变断面处等。

### 4.4.1　马头门开挖

马头门一词，来源于矿山井巷施工。由于矿井直径较小，且与竖井相接的运输通道高度不大，为便于长大物件能够顺利由竖井进入运输通道，常将连接竖井处的运输巷道加高成斜坡状，其形状如马头，目前常把竖井或隧道内开洞处均称作马头门。

马头门开挖要破除原有的挡土结构，改变了土体及原结构的受力状态，若施工不当容易造成事故，因此在开洞前要做好土体的加固及受力体系的转换；若具有多个马头门，不能同时开洞施工。

马头门施工主要包括三个步序：土体加固、支挡式结构凿除和马头门进洞段初期支护。

（1）土体加固

土体加固一般采用超前预支护的形式，在开洞处穿过挡土结构朝土层内水平向施作超前预支护并注浆，常用超前大管棚、超前小导管，长度3～5m。土体加固的目的是防止破除挡土结构后土体失稳；根据地层情况，采用拱部加固或全断面加固。

（2）支挡式结构凿除

支挡式结构凿除前，应沿开挖轮廓施作加强环梁。加强环梁在竖井或隧道施工时在支挡式结构、隧道初期支护内施作，形成暗梁，以保证受力传递；必要时，在竖井或隧道内增加临时支撑，以平衡偏压。

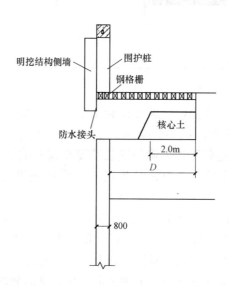

图 4-22　支挡式结构凿除方式

支挡式结构凿除一般采用两种方式（图4-22）：当隧道高度小于3m时，可采用全断面凿除；当隧道高度大于3m时，采用分上下台阶半断面凿除。不论哪种方法，支挡式结构都必须分块凿除。

（3）初期支护施工

马头门支挡式结构凿除到位后，密排布置钢格栅并喷射混凝土（图4-23），尽快封闭成环；上下台阶开挖时在开马头门5m范围内增设临时仰拱。

### 4.4.2　断面变化处施工

断面变化处是指同一条隧道会有不同大小的断面，在不同断面处衔接部位需要考虑断面之间的过渡形式，主要是断面高度及宽度的变化。如地铁工程配线段区间断面，隧道断面形式多，断面变化频繁，工法转换多。工法转换主要考虑各导洞施工顺序的转换，考虑工艺衔接及施工运输等方面的因素。

断面转换有两种形式：大断面隧道向小断面隧道过渡和小断面隧道向大断面隧道过渡。

（1）大断面隧道向小断面隧道过渡比较容易，常规的作法是将大断面全部施作到设计位置后，先施作封端，再破除混凝土进入小断面施工，这样施作工期长，破除量大；可以采用以下方法过渡：当大断面或大断面的某一分部开挖至设计位置，自上而下架设格栅挂网喷混凝土封端，同时架设小断面或小断面的某一分部的格栅，作为开口的环框，直接过渡到小断面隧道。

图 4-23　竖井内马头门首榀格栅安装

（2）小断面过渡到大断面，通过上挑、拓宽实现，采用渐变的方法过渡，将过渡段的格栅钢架制作成特殊型号，每榀格栅钢架向外、向上渐变 0.3～0.4m，逐渐过渡到大断面或大断面的某一部分。图 4-24 为标准断面向 CD 法断面过渡方法。

断面转换施工难度较大、安全风险高，首先要保证断面不侵入限界，第二要保证结构安全及施工安全，第三要便于施工。

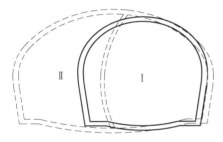

图 4-24　标准断面向 CD 法过渡图

### 4.4.3　转弯段施工

隧道由于路由的选择往往存在转弯段，转弯段有两种情况，即弧形转弯和直角转弯。

**1. 弧形转弯**

隧道弧形转弯（图 4-25）造成初期支护中钢格栅步距在隧道两侧存在差异，使得钢格栅拼装困难，其一般做法为：

（1）根据转折角度和半径进行转角相关数据的计算，外侧转弯钢格栅间距大于内侧钢格栅间距，内侧钢格栅间距应至少保证格栅能够密排。

（2）准确掌握转弯起始点是转弯测量控制的关键。施工前根据折点坐标，精确定位起始点，根据计算榀架间距进行头榀转弯格栅的安装，并以切线支距法进行校核控制，保证转弯弧度的圆顺。

（3）在施工中采用多台激光指向仪控制开挖中线及水平，并定期对指向仪进行复核，确保开挖断面平顺，格栅位置安装准确。

（4）转角施工的小导管及连接筋焊接技术要求同正常段，转折段格栅纵向连接筋间距加密至 500mm，梅花形布置。

（5）转角施工过程中，应做到每步一测量，随时调整隧道中线，防止隧道转角过大或过小，影响隧道正常施工。

**2. 直角转弯**

隧道直角转角采用的方法为局部挑高隧道断面尺寸，并封端，然后开马头门施作直角转弯隧道（图 4-26）。

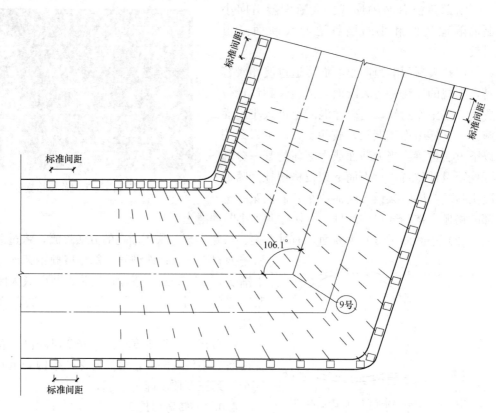

图 4-25　弧形转弯图

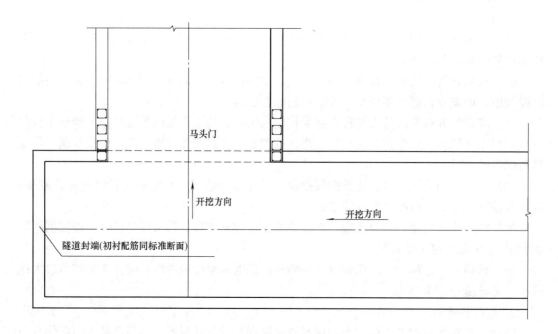

图 4-26　直角转弯图

具体施工做法为：

（1）确定隧道开始转角位置；

（2）在转角位置之前留渐变段，挑高段的挑高角度不宜超过30°，渐变段施作完成进入扩大段施工；

（3）施作扩大段初期支护，完成后采用钢格栅＋网喷进行封端墙的施工；

（4）马头门施作并密排钢格栅。

### 4.4.4 隧道仰挖与俯挖施工

隧道仰挖为斜向向上开挖，俯挖为斜向向下开挖，仰挖比俯挖施工风险更大。在地铁车站出入口往往采用仰挖与俯挖法，其施工要点为：

（1）仰挖开挖施工前，首先进行超前注浆加固，保证开挖面的土方稳定；

（2）开挖过程中架设工人操作平台，开挖时土体通过滑槽向下滑落至平直段再向外倒运，土体下落过程中应布设安全警戒标识；

（3）不得超挖，严格控制开挖步距，格栅顺坡方向位置安装；

（4）拱脚位置布设锁脚锚管并注浆加固，纵向连接筋加密，严禁将拱脚置于虚土上。

# 4.5  二次衬砌施工

二次衬砌相对初期支护而言，指在隧道已经进行初期支护的条件下，用钢筋混凝土材料修建的内层衬砌，以达到加固支护、优化防排水系统、美化外观、方便设置通信、照明、监测等设施的作用。

### 4.5.1 二次衬砌施作基本要求

（1）二次衬砌施作一般在围岩和初期支护变形趋于稳定后进行。

（2）在隧道洞口段、浅埋段、围岩松散破碎段，应尽早施作二次衬砌，并应加强衬砌结构。

（3）初期支护、防水层、环纵向排水系统等均已验收合格，防水层表面粉尘已清除干净。

（4）防水层铺设位置应超前二次衬砌施工。

（5）二次衬砌施工前检查隧道中线、高程及断面尺寸，必须符合设计要求。

（6）二次衬砌作业区域的照明、供电、供水、排水系统能满足衬砌正常施工要求，隧道内通风条件良好。

### 4.5.2 二次衬砌施作

二次衬砌施作包括：模板工程、钢筋工程、混凝土工程，其一般施作过程为：确定分段长度、浇筑顺序、钢筋绑扎、模板搭设、混凝土浇筑、拆模与养护。

二次衬砌混凝土采用泵送预拌混凝土。为保证混凝土的流动性，坍落度宜为180～200mm，粗骨料宜采用5～20mm的级配良好的碎石。混凝土浇筑时由下而上分层对称浇筑，每层浇筑高度不超过400mm，采用模板附着式振动器和插入式振动器充分振捣。每层的浇筑顺序应从混凝土已施工端开始，以保证混凝土施工缝的接缝质量和便于排气。

免振捣混凝土又称自密实混凝土，在基本不用振捣的条件下通过自重实现自由流淌，充分填充模板内的空间形成密实且均匀的结构。免振捣混凝土形成的隧道二次衬砌质量较好，特别是隧道拱部，但成本较高。

隧道的不同开挖方法，二次衬砌施作顺序是不同的。

1. 台阶法隧道二次衬砌施作

台阶法二次衬砌施作顺序为：自下而上，分仰拱、边墙、拱部三部分浇筑混凝土，每部分之间留有施工缝。仰拱混凝土浇筑超前拱墙 40～60m，拱墙混凝土浇筑纵向分段为12m，以形成流水作业。

仰拱首先施作，混凝土浇筑应包括墙脚转角部位的边墙，以利于拱墙混凝土采用组合式模板或模板台车，转角部位需采用定型钢模。仰拱混凝土为非承重结构，强度达到2.5MPa 即可拆模，拆模后立即覆盖洒水养护，防水混凝土养护不少于 14 天。

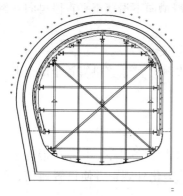

图 4-27　组合模板示意图

（1）组合式模板体系

组合模板体系由钢模板＋脚手架支撑组成，如图4-27所示。

脚手架支撑体系采用扣件式或碗扣式满堂红支撑体系。立柱要垂直，确保立柱两端在同一竖向中心线上，横杆支撑在侧墙模板主楞上，架杆端部安装 U 形托与主楞顶紧。横向、纵向、水平向均设置剪刀撑，水平向剪刀撑跨距 3600～4000mm，连续布置；纵向剪刀撑跨距为3600～4000mm，连续布置。

（2）模板台车

模板台车（图 4-28）为走行式的，长度一般为 12m。台车的拱模、侧模、底模均采用液压油缸伸缩调整模板，以保证模板精确就位。台车设一对同步电机驱动行走，行走速度 6～8m/min，行走钢轨采用 24kg/m 标准轨。

图 4-28　模板台车

模板台车上设置纵向三组、环向五排共 15 个浇筑窗口。拱顶的前后两个浇筑口为设置闸板的浇筑管以便于和混凝土输送管连接，并控制封口。其余浇筑口采用活动盖板，可灵活打开或关闭，既可作浇筑口又可作振捣口和观察口使用。所有浇筑口和台车连接处要作加强处理，与台车的接缝严密，确保二次衬砌成形效果。模板台车上设置附着式振动器，用于密实混凝土。

2. CD法、CRD法、双侧壁导坑法隧道二次衬砌施作

CD法、CRD法、双侧壁导坑法施工时由于隧道内存在临时支护，空间较小无法使用模板台车，因此主要使用组合式模板支撑体系。施作顺序为：仰拱、边墙、拱部。CD法、CRD法、双侧壁导坑法在施作二次衬砌过程中，需要拆除临时支撑，如中隔墙、仰拱等，拆除过程中具有较大安全风险，因此必须分段拆且要加强拆除过程中的监测工作。

3. 中洞法隧道二次衬砌施作

中洞法在中洞初期支护形成后，首先在中洞内施作梁、柱、拱结构，然后再开挖两侧部分导洞，导洞施作完成后再施作二次衬砌，并与中洞内已形成的二次衬砌连接，最后成环。

4. PBA法隧道二次衬砌施作

PBA法在上部导洞初期支护扣拱完成后，采用顺作法或逆作法施作二次衬砌，初期支护扣拱需要拆除小导洞的初期支护，风险较大，需分段拆除。

顺作法是初期支护扣拱完成后，由上往下开挖土方至底板，过程中需要架设临时横向支撑以稳定结构，底板结构施作完成后再施作边墙、拱部二衬结构。

逆作法（图4-29）是初期支护扣拱完成后，先施作拱部二次衬砌，然后由上往下开挖土方，边开挖边施作结构至底板。

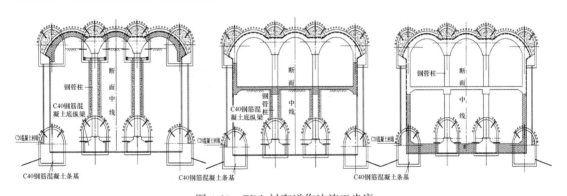

图4-29 PBA衬砌逆作法施工步序

# 4.6 初期支护、二次衬砌背后充填注浆

初期支护背后填充注浆的目的是充填初期支护背后的空隙和被扰动的土体，以减少地层移位和地表沉降、控制初期支护变形，并作为封堵地下水的一道防线。二次衬砌背后充填注浆是指初期支护和二次衬砌之间的充填注浆，主要是充填二次衬砌混凝土收缩造成的空隙，使结构受力均匀，同时阻塞地下水通道，防止地下水沿隧道流动。

## 4.6.1 初期支护背后充填注浆

1. 注浆管的安设

注浆管采用直径32mm、壁厚 $t = 2.75$mm 的钢管，初支内露100mm，初支外露500mm。注浆孔沿隧道拱部及边墙布置，环向间距：起拱线以上为2.0m，边墙为3.0m；

纵向间距为 3.0m，梅花形布置，如图 4-30 所示。

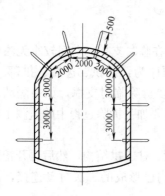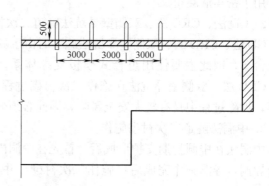

图 4-30　注浆管的布设

2. 填充注浆施工

初支背后充填注浆一般在距初支封闭成环后 5m 处进行，注浆施工应及时跟进。注浆深度为初支背后 0.5m，浆液采用水泥浆，注浆压力不大于 0.5MPa，注浆压力及具体配比根据现场试验可适当调整。当注浆压力稳定上升，达到设计压力并持续稳定 10min，不进浆或进浆量很少时，即可停止注浆，进行封孔作业。

填充注浆应根据实际情况布设在位移变化较大处或渗漏水处，也可针对性地对某位置用风钻钻孔布管注浆。

### 4.6.2　二衬背后充填注浆

1. 注浆管的安设

充填注浆孔布设在隧道拱部，环向间距 3m（起拱线以上布置 3～5 个孔），纵向间距 5m，梅花形布设。注浆管用 $\phi32$ 或 $\phi20$ 钢管制成，长度等于衬砌厚度加 200mm。

2. 填充注浆施工

回填注浆压力不宜太高，一般不大于 0.2MPa，浆液扩散范围为 2～3m；回填注浆压力达到 0.2MPa，即可结束本次注浆。注浆材料采用强度较高的微膨胀水泥砂浆，有特殊要求的地段可采用强度高、流动性好的自流平水泥浆；微膨胀水泥砂浆是由普通硅酸盐水泥、细砂、外掺剂和水搅拌的浆液。

## 4.7　工 程 案 例

### 4.7.1　工程概况

以北京某地铁区间隧道为例对矿山法施工进行说明。本隧道区间设计里程包括区间正线段及区间附属结构（停车线段、迂回风道、联络通道）。正线段区间、迂回风道、联络通道采用正台阶法施工。本段隧道穿越卵石圆砾层、粉细砂层、粉质黏土、黏土层、粉土层、细中砂层；区间地层含水主要为潜水。隧道底板主要位于粉质黏土层。

隧道采用复合衬砌，初期支护为网喷混凝土＋钢格栅联合支护，二次衬砌为防水钢筋混凝土。初期支护、二衬之间设置柔性全包防水层。

为了更好控制施工引起的地表沉降，保证结构安全、内实外美，在施工过程中将采用小导管超前注浆加固、小导管回填注浆、湿喷混凝土施工、地下工程小型机械配套施工、防水板铺设、钢套筒冷挤压连接、免振高性能混凝土施工、组合模板施工、大型模板台车衬砌施工等技术。

### 4.7.2 正台阶法土方开挖与初期支护施工

施工中严格遵循"管超前、严注浆、短开挖、强支护、快封闭、勤量测"的施工原则。

（1）区间地质情况较好，台阶长度取 3～5m，上下台阶的分界线在隧道的起拱线位置，先开挖上台阶土方并喷射混凝土支护，再开挖下台阶土方并支护，支护封闭成环，如图 4-31 所示。

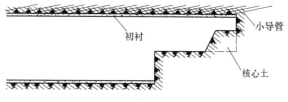

图 4-31　台阶法施工示意图

（2）超前小导管注浆加固地层

开挖之前先进行超前小导管注浆加固地层，加固范围拱顶120°，浆液采用水泥、水玻璃浆液。小导管选用 $\phi$32 钢花管，长 3m，环向间距 0.5m，外倾角 12°～15°。每架设一榀格栅钢架进行一次小导管打设。

（3）上台阶开挖及支护

上台阶施工顺序：封闭掌子面→超前小导管打入→超前小导管注浆加固地层→留核心土开挖上台阶土方→测量开挖断面轮廓→初喷混凝土 8cm→安装格栅钢架→打入锁脚锚管→挂钢筋网→复喷混凝土至设计厚度。

上台阶中间留核心土，开挖上台阶的弧形导坑，弧形导坑完成后即初喷混凝土 8cm，每次开挖 0.6m，然后架立格栅钢架，挂钢筋网，喷射 250mm 厚混凝土。核心土的形状在保证维持掌子面稳定的前提下，兼作为工作平台，以便于进行格栅安装、喷射混凝土。

（4）下台阶开挖及支护

下台阶施工顺序：左侧边墙土方开挖→测量开挖断面轮廓→初喷混凝土 8cm→安装格栅钢架→挂钢筋网→复喷射混凝土至设计厚度→右侧边墙土方开挖→测量开挖断面轮廓→初喷混凝土 8cm→安装格栅钢架→挂钢筋网→复喷混凝土至设计厚度→仰拱土方开挖→测量开挖断面轮廓→初喷混凝土 8cm→安装格栅钢架→挂钢筋网→复喷混凝土至设计厚度。

（5）土方开挖及运输

采用人工挖土，辅助风镐等工具松动土体，人工装车。上台阶土方先用手推车倒运至下台阶，再由人工装入运土车运送至施工竖井，提升至地面。

### 4.7.3 初期支护背后注浆

（1）初期支护背后充填注浆动态管理

初衬背后充填注浆是控制围岩变形，减小地面沉降的一项重要措施，实际施工时应根据开挖断面大小、形式、施工方法、掘进速度、开挖时的超挖量、是否塌方、工作面的地层情况、地下水状况等情况灵活调整注浆压力、注浆量和注浆时机三大参数，对注浆过程进行动态管理。

施工前，先进行注浆试验，以地表沉降及洞内变形监测数据为依据，根据不同的土层、不同的断面形式、不同施工方法分别进行注浆压力、注浆量和注浆时机三个参数的试验，根据试验结果得出最佳注浆压力、注浆量、注浆时机的标准数值，以此数值指导注浆施工。

（2）初期支护背后注浆

注浆填充材料采用水泥浆，初衬背后回填注浆设备选用100/15（c-232）型注浆泵。注浆管采用Φ32钢管，在初衬施工时提前预埋到衬砌壁内。注浆管在拱部中央和两侧墙各设一根，注浆管纵向间距5m，拱顶的注浆管与边墙的注浆管错开布置，形成梅花状。每成洞5m做一次回填注浆，注浆点距开挖工作面1～1.5倍洞径。注浆分两次进行，第一次注浆，注浆压力达到0.2MPa并稳压10min后停止；待一段时间后进行二次补浆，二次补浆稳压压力应达到0.3MPa。

<h3 style="text-align:center">案例思考题</h3>

1. 背景资料

某公司承建城市地铁某标段，包含1段双线区间和1个车站及4个出入口，区间隧道、车站及出入口均采用矿山法施工。区间为标准断面，跨度约6m，出入口为L形，跨度约5m，车站跨度约20m、埋深约4m。在区间轴线上方某个位置有一6层建筑物，条形基础，埋深2m。区间隧道拱顶为砂层，砂层以下为粉质黏土。施工日志记录如下事件：

事件一：出入口设计图纸为俯挖法，项目部为了方便改为仰挖法。

事件二：马头门开挖时出现了地面塌方事故。

事件三：区间隧道内出现小型塌方，超前小导管的纵向搭接长度为0.5m。

事件四：项目部采用干喷方案，没有采用投标施工方案中的湿法喷射混凝土方案，被质量监督部门要求暂停喷射混凝土施工。

事件五：车站地面出现隆起、冒浆现象。

2. 问题

（1）该标段可以采取哪些方法施工？下穿建筑物可采用什么方法？

（2）本标段可采用的土方开挖方法有哪些？

（3）该标段可采取哪些超前预支护措施？

（4）出入口是什么类型的转弯？施工中应注意哪些问题？

（5）事件一中，项目部的做法对吗？为什么？仰挖与俯挖法有哪些施工要点？

（6）分析事件二的原因及应采取的正确作法。

（7）分析事件三的原因，超前小导管的搭接长度正确吗？假如台阶的高度为2.5m，超前小导管的长度是多少？

（8）分析事件四的原因及应采取的正确作法。

（9）分析事件五的原因及应采取的正确作法。

# 第5章 盾 构 法

本章讲解了盾构法施工的基本方法和原理。通过本章学习，了解盾构法的特点、优缺点及分类，掌握其构造组成；掌握管片种类、接头形式及拼装工艺过程；掌握盾构工作原理及选型；掌握盾构法施工的工序及始发与接收工艺过程、掘进参数计算、壁后注浆原理、渣土改良等；了解盾构技术的发展。

## 5.1 概　　述

### 5.1.1 盾构法的含义

盾构法是指在岩土体内采用盾构开挖岩土修筑隧道的施工方法。盾构是一种全断面推进式隧道机械设备，其在钢壳体保护下完成隧道的掘进、出渣、管片拼装等作业，由主机和后配套台车组成。盾构集机械、液压、电器、传感信息技术于一体，具有测量导向纠偏、开挖切削岩土体、拼装管片、输送渣土等功能，各部分设备之间相互关联，内部各区域设备复杂且集成程度高。盾构法施工具有以下特点：

（1）盾构为定制设备，使用的灵活性差

盾构是根据施工隧道的断面大小、埋深条件、围岩的基本条件进行设计、制造的，所以是适合于某一区间的专用设备。当将盾构专用于其他区段或其他隧道时，必须考虑断面大小、开挖面稳定机理、围岩等基本条件是否相同，有差异时要进行改造。

（2）对施工精度的要求高

区别于一般的土木工程，盾构法施工对精度的要求非常高：管片的制作精度几乎近似于机械制造的精度；由于断面不能随意调整，对隧道轴线的偏离、管片拼装精度也有很高的要求。

（3）盾构不可后退

盾构法施工一旦开始，盾构就无法后退。由于管片外径小于盾构外径，如要后退必须拆除已拼装的管片，这是非常危险的；另外盾构后退也会引起开挖面的失稳、盾尾止水损坏等一系列的问题。

盾构法适用于松软含水地层、相对均质的地质条件，覆土深度宜不小于 6m；从经济角度讲，连续的盾构施工长度不宜小于 300m。

### 5.1.2 盾构法优缺点

1. 优点

盾构法开挖快、优质、安全、经济、有利于环境保护和降低劳动强度，在相同条件下，其掘进速度为常规矿山法的 4～10 倍，甚至更高。其优点主要表现在：

（1）施工作业除盾构工作井外均在地下进行，不影响地面交通及附近居民；

（2）主要工序循环进行，易于管理且作业人员少；

（3）安全性高、施工速度快，在长大隧道施工优越性突出；

（4）适宜于建造覆土较深的隧道；

（5）施工不受风雨等气候条件影响；

（6）当隧道穿越河底或其他建筑物时，不影响施工。

2．缺点

（1）当隧道曲线半径过小时，施工较为困难；

（2）在陆地或水下建造隧道时，若覆土太浅，则施工难度大且不安全；

（3）盾构法产生的地表沉降尚难完全防止，特别是在饱和含水松软的土层中；

（4）在饱和含水地层中，隧道整体结构防水的技术要求较高；

（5）对于隧道断面变化多的地段，适应能力差。

## 5.2 盾构类型、构造组成与选型

### 5.2.1 盾构类型

按盾构断面形状划分，有圆形和异型盾构两类，其中异型盾构指多圆形、马蹄形和矩形。按开挖面与作业室之间隔板构造分为敞开式（全敞开式、半敞开式）和密封式（图5-1）。

图 5-1　盾构类型

1．全敞开式盾构

全敞开式是指没有隔板，大部分开挖面呈敞露状态的盾构。根据开挖方式不同，又分成手掘式、半机械式及机械式。其适用于开挖面自稳性好的围岩。当开挖面围岩自稳性比较差时，需要结合各种辅助工法以防开挖面坍塌。

（1）手掘式盾构的正面是开敞的，通常设置防止开挖顶面坍塌的活动前檐及上承千斤顶、工作面千斤顶及防止开挖面坍塌的挡土千斤顶。开挖采用铁锹、镐、碎石机等开挖工具，人工进行。

这种盾构适应的围岩稳定性强的洪积层压实的砂土、砂砾和黏土等。对于开挖面自稳性差冲积层软弱砂土、粉砂和黏土，施工时必须采取稳定开挖面的辅助施工法，如压气施工法、改良地层、降低地下水位等措施。目前手掘式盾构一般用于开挖断面有障碍物、巨砾石等特殊场合，而且应用逐年减少。

（2）半机械式盾构进行开挖及装运石渣都采用专用机械，配备液压铲土机、臂式刀盘等挖掘机械和皮带运输机等出渣机械，或配备具有开挖与出渣双重功能的机械，可以降低劳动强度。

为防止开挖面顶面坍塌，盾构内装备了活动前檐和半月形千斤顶。由于安装了挖掘机，再设置工作面千斤顶等支挡设备较困难。

与手掘式盾构一样，采用确保开挖面稳定的措施。适宜土质以洪积层的砂、砂砾、固结粉砂和黏土为主，也可用于软弱冲积层，但需同时采用辅助施工方法，如压气施工法、降低地下水位、改良地层等。

（3）机械式盾构前面装备有旋转式刀盘，增大了盾构的挖掘能力，开挖的土砂通过旋转铲斗和斜槽装入皮带输送机。由于围岩开挖和排土可以连续进行，缩短了工期，减少了作业人员，降低了人工费。

在开挖自稳性好的围岩时，机械式盾构适应的地层与手掘式盾构、半机械式盾构一样，需采用压气施工法、降低地下水位、改良地层等辅助施工方法。

2. 半敞开式盾构

半敞开式是指挤压式盾构，其特点是在隔板的某处设置可调节开口面积的排土口。开挖面的稳定是靠调节孔口大小和排土阻力，使千斤顶推力和开挖面土压力达到平衡来实现的。

由于适用的地层条件范围小，目前采用这种盾构机的工程较少。

3. 密封式盾构

密封式是指在机械开挖式盾构内设置隔板，开挖出的岩土体进入刀盘和隔板间的空腔内，该空腔称为泥水仓或土仓；由泥水压力和土压提供足以使开挖面保持稳定的压力。密封式盾构又分成泥水式盾构和土压式盾构，是目前最为常用的盾构。

（1）泥水式盾构

泥水式盾构是在机械式盾构刀盘后面有一个密封隔板，隔板的前面为泥水仓，隔板后面装备有输送泥浆的送泥管、排泥管和千斤顶等，其构造组成及工作原理如图 5-2 所示。

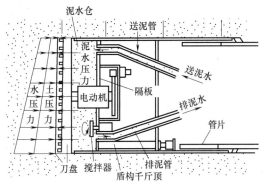

图 5-2　泥水式盾构构造组成及工作原理

开挖面稳定原理是将泥水送入泥水仓内，切削下来的土与泥水混合成泥浆，并在开挖面上形成不透水的泥膜，通过该泥膜来平衡作用在开挖面上的土压力和水压力。开挖出的土体呈泥浆形式，通过处理设备离析为土粒和泥水，分离出的渣土经处理后外运，而泥水再输送到泥水仓内，继续循环使用。一般泥浆处理设施设置在地面，故泥水盾构比其他施工方法需要更大的用地面积并要排出废弃泥浆，这是泥水盾构在城市区域应用的不利因素。

（2）土压式盾构

土压式盾构同样在刀盘后面设置一密封隔板，隔板的前面为土仓，隔板后面装备有螺旋输送机和千斤顶等，其构造组成及工作原理如图 5-3 所示。

土压式盾构是将刀盘开挖的土体充满土仓，依靠盾构千斤顶的推力给土仓内的土体加压，通过土仓内的土压平衡作用在开挖面上的土压力和水压力，同时由螺旋输送机进行排土。

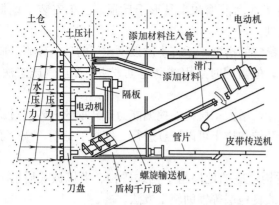

图 5-3　土压式盾构构造组成及工作原理

泥水加压式盾构与土压平衡式盾构是目前世界上最先进的盾构，泥水平衡式盾构适用于以砂性土为主的洪积地层，也适用于以黏性土为主的冲积地层，施工时地表沉降可以控制在 10mm以内，但泥水处理费用较高。土压平衡式盾构适用于软弱冲积土层，也适用于砂土及砾石土层，施工时引起的地表沉降可控制在 20mm 以内，但土仓压力的控制较困难。

### 5.2.2　构造组成

盾构大致由两部分构成，即主机和后配套台车（图 5-4）。以某土压平衡式盾构为例，主机总体外形尺寸：Φ6280×75000mm，总重量为 520t；后配套台车长度约 70m。

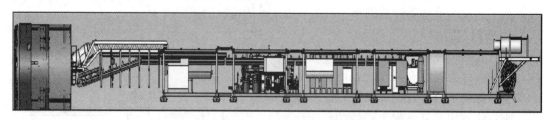

图 5-4　土压式盾构全貌示意图

1．主机构造

盾构主机（图 5-5）包括刀盘、盾构壳体（前盾、中盾、盾尾）及安装在内部的刀盘驱动系统、管片拼装机、推进系统、出土系统等零部件。土压平衡盾构出土系统由螺旋输送机和皮带运输机构成；泥水平衡盾构的出土系统由泥浆泵和送排泥管路构成。

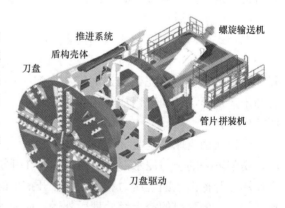

图 5-5　土压式盾构主机构造组成示意图

（1）刀盘与刀具

刀盘是盾构的核心部件，由钢结构焊接而成。刀盘的强度和整体刚度都直接影响到施工掘进的速度和成本，并且出了故障维修困难。刀盘结构形式与地层密切相关，不同地层应采用不同的刀盘结构形式。

1）刀盘结构形式

① 刀盘纵断面形状

目前广泛使用的刀盘，其纵断面形状有垂直平形、抽芯形和鼓筒形等。如图 5-6（a）所示的垂直平形刀盘以平面状态切削和稳定开挖面。

抽芯形刀盘的形状，如图 5-6（b）所示，在刀盘中心装备有突出的刀头，"抽芯"就是为了提高开挖性能和方向性能而采用的形状。

鼓筒形刀盘的形状如图 5-6（c）所示，引入了岩石掘进机的设计思路，主要用于巨砾层和岩石。

② 刀盘正面形状

刀盘正面形状有面板形、辐条形及介于二者之间的辐板形（图 5-7）。

面板形：面板直接支撑开挖面土体，有挡土功能，有利于开挖面的稳定。开挖黏性土时，黏性土易在面板上结成泥饼，妨碍刀盘旋转，影响土体切削质量。

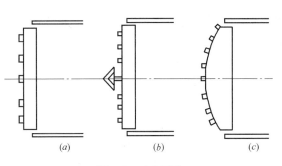

图 5-6　刀盘形状
（a）垂直形；（b）抽芯形；（c）鼓筒形

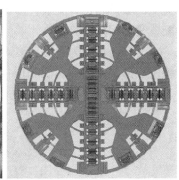

图 5-7　刀盘正面形状
（左：面板形；中：辐条形；右：辐板形）

辐条形：辐条形刀盘切削扭矩小，排土容易，土仓压力能有效作用于开挖面。但在有地下水情况下，易出现开挖面坍塌。

一般来讲，土压平衡式盾构可采用面板形、辐条形及辐板形；泥水平衡式盾构采用面板形、辐板形。

③ 刀盘开口率

刀盘开口率指刀盘开口区域面积与刀盘总面积的比值，这个值关系到刀盘与地层的适应性。一般地，复合地层，或者硬岩地层，或者需要布置大量刀具的地层，需要配置小开口率的刀盘，一般为 10%～35%。均一性较好的软土地层，比如砂层、黏土层等配置大开口率的刀盘，一般为 40%～75%。

2）刀盘的支承方式

刀盘的支承方式有三种（图 5-8）：中心轴支承式、中间支承方式及周边支承式。

① 中心轴支承式

刀盘由中心轴支承，滑动部位的密封短，扭矩损失小。由于构造简单、制

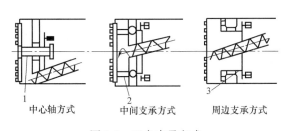

中心轴方式　　中间支承方式　　周边支承方式

图 5-8　刀盘支承方式
1—轴；2—横杆；3—框架

造方便，这种方式常用于中小直径的盾构机，其缺点是除去驱动部件所占空间之外机内所剩空间狭小，难以处理大砾石。

② 中间支承方式

用多根横梁支承刀盘，常用于大中直径的盾构机；用于小直径盾构机时，横梁间隔变窄，土砂难于流动，必须防止横梁附近附着黏性土。

③ 周边支承方式

刀盘用框架支持，机内中心部位的空间变宽，对处理大砾石及障碍物有利；但是必须充分研究土仓内土砂容易同时旋转的问题，应注意防止切削刀周边的土砂附着和固结。

3）刀具

刀具附着在刀盘上，一般采用螺栓连接或直接焊接方式。刀具的结构、材料及其在刀盘上的数量和位置关系直接影响到掘进速度和使用寿命，不同的地层条件对刀具的结构和配置是不相同的。

刀具通常分为滚刀（滚动型刀具，图 5-9）和切削刀（切削型刀具，图 5-10）。为改善中心部位土体的切削和搅拌效果，在中心部位有一把尺寸较大的鱼尾刀（又称为中心刀）；还可以安装超挖刀或仿形刀，用于超挖、转弯、纠偏等。

单刃滚刀　　　　　双刃滚刀　　　　　三刃滚刀

图 5-9　滚刀

  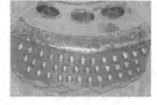

切刀(后者带合金头和耐磨层)　　　　　　　　　周边刮刀

图 5-10　切削刀

盾构的掘进主要依靠刀具在刀盘上的布置实现，根据不同的地质条件选用不同的刀具类型及组合，实现盾构的高效掘进。刀具配置的基本原则为：

① 刀具覆盖整个断面，保证掘进直径；

② 使刀盘受力均衡、振动小、运转平稳；

③ 尽量使刀具磨损均匀；

④ 方便排出岩土；

⑤ 便于装拆和检查维修。

（2）前盾

前盾（图5-11）位于盾构的最前端、刀盘的后面，是泥水仓、土仓位置。隔板上焊有安装主驱动、螺旋输送机及人员舱（检修口）的法兰支座和搅拌棒，还设有螺旋机闸门机构。此外，隔板上还有安装土压传感器、通气通水等的孔口。

（3）中盾

中盾又叫支承环（图5-12），是盾构的主体结构，承受作用于盾构上的全部载荷。中盾内圈周边布置有盾构千斤顶和铰接油缸，中间有管片拼装机和部分液压设备、动力设备、螺旋输送机支承及操作控制台。

图5-11　前盾

图5-12　中盾

（4）盾尾

盾尾（图5-13）主要用于掩护隧道管片拼装工作及盾体尾部的密封，通过铰接油缸与中体相连。盾尾为一圆筒形薄壳体，要能同时承受土压和纠偏、转弯时所产生的外力。铰接油缸和盾尾需要安装密封装置，主要目的是防止水、土及压注材料从盾尾进入盾构内。盾尾还布置有同步注浆管路与盾尾油脂管路（图5-14），在盾尾与中盾接触的位置通常要采取密封措施，防止泄漏。

盾尾密封（图5-14）主要用来封堵盾尾与管片之间的空隙，即建筑间隙。由于其使用频率高因此要求

图5-13　盾尾

弹性好、耐磨、防撕裂，一般采用钢丝刷加钢片压板结构形式，又称为盾尾刷。钢丝刷中充满油脂，既有弹性又有塑性。盾尾密封的道数要根据隧道埋深、水位高低来定，一般为2～4道。在地下水丰富的地层，常常还安装有止浆板与钢丝刷，与盾尾刷一起起到密封作用。

（5）推进系统

盾构掘进的动力是若干个千斤顶（又称为推进油缸）提供的，千斤顶安装在中体内四周，靠液压装置驱动。液压装置由输油泵、高压油泵、控制油泵及一系列管路和操纵阀件构成。

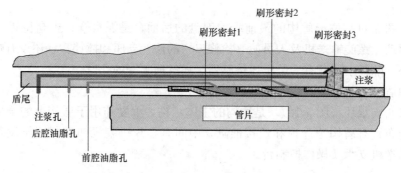

图 5-14　盾尾密封示意图

盾构千斤顶是盾构推进和调整方向的主要设备，必须具有足够的顶进能力，以克服盾构推进时所遇到的阻力。千斤顶的选择和配置应根据盾构的灵活性、管片的构造、拼装衬砌的作业条件等决定，千斤顶的行程应考虑盾尾管片的拼装和曲线施工等因素，通常取管片宽度加上 100～200mm 的富余量。

千斤顶的数量根据盾构直径、千斤顶推力、管片或砌块的分块、隧道轴线的情况综合考虑，一般至少为管片数目的两倍或按管片的偶数倍增加，以便在盾构推进时保证管片均匀受压。

千斤顶的数量可按下式计算：

$$n = \sum F / F_0$$

式中，$\sum F$ 为盾构总推力；$F_0$ 为单只千斤顶推力。

一般情况下，中小型盾构每只千斤顶的推力为 600～1500kN，大型盾构中每只千斤顶的推力为 2000～4000kN。

（6）排土机构

1）土压平衡盾构

螺旋输送机（图 5-15）是土压平衡盾构机的重要部件，既要出土效率高，又要在喷涌时起到土塞作用，螺旋器的结构按有无中心轴分为有轴式和无轴式，按数量分为单螺旋与双螺旋。螺旋输送机作用是：

① 掘进渣土排出的唯一通道；

② 掘进时通过螺旋机内形成的土塞建立密封前方土仓内的压力，有效地抵御地下水。

图 5-15　有轴式螺旋输送机示意图

皮带机用于将螺旋输送机输出的渣土传送到盾构后配套的渣土车里。

2）泥水平衡盾构

开挖下来的渣土与泥水混合后形成泥浆，由泥浆泵输送到泥水分离站进行渣土与泥浆的分离，分离出的泥水可重复利用。

① 通过一级初筛，分离大部分的固体石块和泥块。

② 第一级分离后，大部分 3mm 以上的砂石土块被分离出去，分离的泥浆流到集浆槽中，再由泥浆泵抽送到二级旋流器进行分离。

③ 二级分离的精度在 70～74μm，二级分离后，泥浆再被抽到三级旋流器进行分离。

④ 三级旋流器分离精度达 20～25μm，三级分离后泥浆流回制浆池，制浆后通过泥浆泵输送到开挖面进行置换。

⑤ 废浆根据需要通过压滤机进行压滤分离后，泥浆中大于 5μm 的泥浆颗粒基本被分离出来，再经过沉淀能满足排放要求。

（7）管片拼装机

管片拼装机（图 5-16）由大梁、支承架、旋转架及拼装头组成。管片拼装机的控制方式有遥控和线控两种，均可对每个动作进行单独灵活的操作控制。管片拼装机按管片抓举形式分为两种，分别通过抓举头或真空吸盘来抓举管片；抓举管片后，将其安装到准确的位置。

图 5-16　管片拼装机示意图

（8）盾构机基本尺寸

1）盾构外径

盾尾的内径要比隧道的外径略大，盾尾与管片之间形成的建筑间隙，主要是考虑了盾构制造与管片拼装之间产生的可能误差。这个间隙能使盾构在线路曲线部分旋转和使盾构具有与隧道纵剖面相应的坡度，并能矫正盾构的位置。但如果这种间隙过大，势必增大盾构直径，必然会引起衬砌背后空隙体积的增加，也使注浆量增加，因此应使建筑间隙尽可能地小。

考虑到盾构建筑间隙，盾构外径可按下式求得：

$$D = d + 2X + 2\delta \tag{5-1}$$

式中，$d$ 为管片衬砌外径；$X$ 为建筑间隙；$\delta$ 为盾壳厚度。

2）盾构机长度

盾构长度的确定必须综合考虑地层特点及操作等方面。一般来说，盾构的长度由前檐部、前体、中体、盾尾几部分组成，可用以下公式表示：

$$L = L_c + L_g + L_r \tag{5-2}$$

式中　$L$——盾构的长度；

　　　$L_c$——前体部分长度；

　　　$L_g$——中体部分长度；

　　　$L_r$——盾尾部分长度。

3）盾构外径与长度的关系

为了提高盾构推进操纵的灵活，盾构直径与长度应具有一定的比例关系，这个比例通常称为盾构的灵敏度。普通圆形盾构的长度可按下式考虑：

$$D = 2～3m, \quad L = 0.75D$$
$$D = 3～6m, \quad L = 1.00D$$
$$D = 6～12m, \quad L = 1.50D$$

这些数据是根据施工实际统计得到的，它除了能保证灵敏度外，还能保证推进时的稳定性。

2. 后配套台车

后配套台车为盾构主机的配套设备，用以安放控制室、液压泵站、注浆泵等设备。后配套台车由若干节拖车构成，拖车呈门架结构，行走在钢轨上，拖车之间用拉杆相连，盾构主机与后配套台车用连接桥连接。每节拖车上的安装设备见表5-1（以5节拖车为例）。

后配套台车及主要设备 表 5-1

| 拖车号 | 主要安装设备 |
|---|---|
| 1 | 控制室、注浆泵、砂浆罐、小配电柜、泡沫发生装置 |
| 2 | 主驱动系统泵站、膨润土罐及膨润土泵 |
| 3 | 主配电柜、泡沫箱及泡沫泵、油脂站 |
| 4 | 两台空压机、风包、主变压器、电缆卷筒 |
| 5 | 内燃空压机、水管卷筒、通风机、皮带机出料装置 |

### 5.2.3 盾构选型与配置

盾构选型与配置为盾构法施工一个极为重要的内容，是能否安全、快速、优质完成隧道施工的关键工作之一，其任务为：盾构类型选择、关键部件配置、技术性能分析。

1. 盾构选型基本原则

盾构选型依据主要有：工程地质与水文地质条件、隧道断面形状、隧道外形尺寸、隧道埋深、地下障碍物、地下构筑物、地面建筑物、地表隆沉要求等，经过技术、经济比较后确定。盾构选型基本原则为：

（1）适用性原则

盾构的断面形状与外形尺寸适用于隧道断面形状与外形尺寸，盾构类型与性能要满足工程地质与水文地质条件、隧道埋深、地下构筑物与地面建筑物安全、地表隆沉等要求。

（2）技术先进性原则

技术先进性要以可靠性为前提，要选择经过工程实践验证、可靠性高的先进技术。技术先进性有两方面含义：一是不同种类盾构技术先进性不同，二是同一种类盾构由于设备配置与功能的差异而技术先进性不同。

（3）经济合理性原则

所选择的盾构及其辅助工法用于工程项目施工，在满足施工安全、质量标准、环境保护要求和工期要求的前提下，其综合施工成本合理。

2. 盾构配置及性能要求

盾构配置包括刀盘、主驱动、推进液压油缸、管片拼装机、螺旋输送机、泥水循环系统、铰接装置、渣土改良系统和注浆系统等。

（1）刀盘

刀盘具有三大功能：开挖功能、开挖面稳定功能、渣土搅拌功能，其配置应满足下列要求：

1）刀盘结构的强度和刚度应满足工程要求；

2）刀盘结构形式应适应地质条件，刀盘面板应采取耐磨措施，刀盘开口率应能满足盾构掘进和出渣要求；

3）刀具的选型和配置应根据地质条件、开挖直径、切削速度、掘进里程、最小曲线半径及地下障碍物情况等确定；

4）刀盘添加剂喷口的数量及位置应根据地质条件、刀盘结构、刀盘开挖直径等确定。

（2）主驱动

1）刀盘主驱动形式应根据地质和环境要求确定，最大设计扭矩应满足地质条件和脱困要求；

2）刀盘转速应根据地质条件和施工要求确定，转速应可调；

3）刀盘驱动主轴承密封应根据覆土厚度、地下水位、添加剂注入压力、掘进里程等确定。

（3）推进液压缸

推进液压缸应采取分区控制，每个分区液压缸应具备行程监测功能。总推力应根据推进阻力的总和及所需的安全系数确定。

（4）管片拼装机

管片拼装机的自由度应满足拼装要求，各动作应准确可靠，操作应安全方便。

（5）螺旋输送机

螺旋输送机的结构和尺寸应根据工程地质和水文地质条件、盾构直径和掘进速度等确定。后闸门应具有紧急关闭功能。

（6）泥水循环系统

泥水循环系统应根据地质和施工条件等确定，并应具备掘进模式和旁通模式，流量应连续可调，可配置渣石处理装置。

（7）铰接装置

铰接装置应满足隧道轴线曲率半径的要求，最大推力应大于前后壳体姿态变化引起的阻力，每组铰接液压缸应具备行程监测功能。

（8）渣土改良和注浆系统

渣土改良系统和注浆系统应与地质条件相适应。注浆系统应具备物料注入速度和注入压力调节功能。

此外，盾构主机和后配套设备结构应满足导向系统的安装和通视要求，盾构掘进管理系统应与导向系统实现数据交互。

以土压平衡式盾构为例，其配置及技术性能参数见表5-2。

**某型号土压平衡式盾构配置及技术性能参数** 表5-2

| 主部件名称 | 细目部件名称 | 参数配置 | 备注 |
|---|---|---|---|
| 工程概述 | 地质类型 | 黏土、中风化灰岩 | |
| | 管片内径 | 5500mm | |
| | 管片外径 | 6200mm | |
| | 管片宽度 | 1200mm/1500mm | |
| | 管片分块 | 3+2+1 | |

| 主部件名称 | 细目部件名称 | 参数配置 | 备注 |
|---|---|---|---|
| 总体设计 | 整机设计寿命 | ≥10km | |
| | 盾体长度 | 约8.13m | |
| | 整机长度 | 约83m | |
| | 整机总重 | 约480t | |
| | 适应最小平曲线半径 | 250m | |
| | 适应最大坡度 | 35‰ | |
| 刀盘 | 结构形式 | 复合式 | |
| | 开挖直径 | 6440mm | |
| | 开口率 | 35% | |
| | 双联中心滚刀 | 4把(刀高187.5mm,刀间距90mm) | |
| | 正面滚刀 | 22把(刀高187.5mm,刀间距95mm) | 18″刀圈 |
| | 边缘滚刀 | 12把 | 18″刀圈 |
| | 切刀 | 36把(刀高130mm,刀间距220mm) | |
| | 贝壳刀 | 4把 | |
| | 边缘刮刀 | 8对,刀高130mm | |
| 主驱动 | 主轴承直径 | 3020mm | |
| | 主轴承设计寿命 | ≥10000h | |
| | 驱动形式 | 变频电机驱动 | |
| | 最大扭矩 | 8360kN·m | |
| | 主轴承密封形式 | 外密封4道唇形密封,内密封为2道唇形密封 | |
| 盾体 | 前盾直径、钢板厚度/材质 | Φ6410mm,50mm/Q345B | |
| | 中盾直径、钢板厚度/材质 | Φ6400mm,40mm/Q345B | |
| | 盾尾直径、钢板厚度/材质 | Φ6390mm,40mm/Q345B | |
| | 盾尾间隙 | 30mm | |
| | 盾尾密封 | 3道钢丝刷＋1道止浆板 | |
| 推进系统 | 推进油缸数量 | 32 | |
| | 推进油缸规格 | 220/180-2100mm | 缸径/杆径-行程 |
| | 位移传感器数量 | 4 | 内置式 |
| | 额定推力 | 36494kN@300bar | |
| | 最大推力 | 42575kN@350bar | |
| | 最大推进速度 | 80mm/min | |
| 铰接系统 | 铰接油缸数量 | 14 | |
| | 铰接油缸规格 | 200/100-150mm | 缸径/杆径-行程 |
| | 水平最大转向角度 | 1.3° | |
| | 垂直最大转向角度 | 1.3° | |

| 主部件名称 | 细目部件名称 | 参数配置 | 备注 |
|---|---|---|---|
| 人舱 | 舱室数量 | 2个 | |
| | 容量 | 3＋2人 | |
| | 直径 | 1600mm | |
| | 舱门数量 | 3个 | |
| 盾尾密封油脂系统 | 泵站形式 | 气动 | 进气压力为6bar时 |
| | 管路数量 | 2×8根 | |
| | 注入点分布 | 8处 | |
| | 供脂流量 | 175mL/次 | |
| | 供脂压力 | 39MPa | |
| 螺旋输送机 | 类型 | 轴式 | |
| | 筒体内径 | 820mm | |
| | 最大扭矩 | 178kN·m | |
| | 最高转速 | 19rpm | |
| | 最大能力 | 350m³/h | |
| | 节距 | 630mm | |
| | 出渣方式 | 下部出渣 | |
| | 出渣门形式 | 双闸门 | |
| | 允许最大通过粒径 | 300mm×570mm | |
| 皮带输送机 | 皮带宽度 | 800mm | |
| | 皮带长度 | 约145m | |
| | 速度 | 3m/s | |
| | 最大能力 | 500m³/h | |
| 同步注浆系统 | 盾尾上管路布置形式 | 内置式 | |
| | 注浆管路数量 | 2×4＋2根 | 4用6备 |
| | 注浆泵数量 | 2台双柱塞泵 | |
| | 注浆泵型号 | 施维英KSP12 | |
| | 能力 | 2×10m³/h | |
| 二次注浆系统 | 流量 | ≤120L/min | |
| | 压力 | ≤7MPa | |
| 泡沫系统 | 管路注入口数量 | 刀盘8个＋螺旋输送机8个＋隔板2个 | |
| | 泡沫发生器数量 | 8个 | |
| | 最大泡沫注入量 | 8×1.2m³/h | |
| | 控制方式 | 自动/手动 | |
| 膨润土系统 | 刀盘上注入点 | 和泡沫注入点一致 | |
| | 膨润土泵数量 | 1个 | |
| | 膨润土泵流量 | 15m³/h | 活塞泵 |
| | 膨润土罐容量 | 6m³ | |

| 主部件名称 | 细目部件名称 | 参数配置 | 备注 |
|---|---|---|---|
| 管片拼装机 | 类型 | 机械抓取 | |
| | 额定抓举能力 | 120kN@130bar | |
| | 驱动方式 | 液压驱动 | |
| | 移动行程（隧道轴向） | 2000mm（满足更换前两道盾尾刷） | |
| | 提升行程（隧道径向） | 1200mm | |
| | 控制方式 | 无线控制（预留有线接口） | |
| 导向系统 | 形式 | 激光靶式（DDJ） | 配置自动选点功能 |
| | 自动全站仪 | Leica TS15-A | |
| | 测量精度 | 2s | |
| 监视系统 | 摄像头数量 | 6个 | |
| | 显示屏数量 | 1个 | |
| 后配套 | 拖车数量 | 1节连接桥＋6节拖车 | |
| | 连接桥长度 | 12.6m | |
| | 允许列车宽度 | 1500mm | |
| | 后配套拖车 | 轨行式，轨距2524mm | |

### 5.2.4 盾构掘进参数计算

盾构掘进参数主要有泥水仓（土仓）压力、盾构推力、刀盘扭矩、出土量等。

1. 泥水仓（土仓）压力

盾构掘进过程中，泥水仓（土仓）压力应与其前方的水、土压力达到相对平衡状态，该平衡状态是保证盾构掘进的前提条件。为使开挖面稳定，土压（泥水压）变动要小；变动大的情况下，表明开挖面不稳定。

泥水仓（土仓）压力有上限值和下限值，一般按下式进行计算：

$$\begin{cases} P_{max} = P_水 + P_{\pm 0} + P_预 \\ P_{mim} = P_水 + P_{\pm 1} + P_预 \end{cases} \quad (5\text{-}3)$$

式中，$P_水$ 为地下水压；$P_{\pm 0}$ 为静止土压；$P_{\pm 1}$ 为主动土压或松弛土压；$P_预$ 为预备压。

地下水压可从钻孔数据正确掌握，但要考虑季节性变动。地下水压可采用下式计算：

$$P_水 = \beta \gamma_w h_w \quad (5\text{-}4)$$

式中，$\gamma_w$ 为水的重度；$h_w$ 为水位差；$\beta$ 为地下水影响折减系数，应依据工程地质实况实测，但要考虑季节性变动。

土压有静止土压、主动土压和松弛土压，要根据地层条件区别使用。按静止土压设定土压，是开挖面不变形的最理想土压值。主动土压是开挖面不发生坍塌的临界压力，土压最小。地质条件良好、覆土深、能形成土拱的场合，可采用松弛土压。土压计算方法参照表5-3。

| 基准荷载 | 土压类型 | 计算公式 | 适用土质 |
|---|---|---|---|
| 全部覆盖土层的荷载（竖直土压力）$\gamma \cdot H$ | 主动土压 | $\gamma H \tan^2(45°-\varphi/2)-2c\tan(45°-\varphi/2)$<br>$\gamma H \tan^2(45°-\varphi/2)$ | 黏土<br>砂土 |
| | 静止土压 | $\gamma H(1-\sin^2\varphi')$<br>（$\varphi'$为有效内摩擦角） | 黏土 |
| 松弛土块荷重 | 松弛土压 | $\dfrac{K_a B\left(\gamma-\dfrac{c}{B}\right)}{K\tan\varphi}(1-e^{-K\tan\varphi \cdot \frac{H}{B}})+K_a W_0 e^{-K\tan\varphi \cdot H/B}$ | 砂土、硬黏土 |

土压计算方法　　　　　　　表 5-3

预备压是用来补偿施工中的压力损失，土压式盾构通常取 $10\sim20kN/m^2$，泥水式盾构通常取 $20\sim50kN/m^2$。

2. 盾构推力

盾构向前行进是靠千斤顶顶力，各个千斤顶合力就是盾构的总推力，在计算推力时，要将工程的施工全过程中对盾构可能产生的阻力都要计算在内。盾构的总推进力必须大于各种阻力的总和，否则盾构无法向前推进。盾构的各种推力和计算公式如下：

（1）$F_1$——盾构外壁周边与土体之间的摩擦力或粘结阻力

① 砂性土 $\qquad\qquad\qquad F_1=\mu_1(\pi DLP_w+W) \quad (kN)$ （5-5）

② 黏性土 $\qquad\qquad\qquad F_1=c\pi DL \quad (kN)$ （5-6）

（2）$F_2$——推进中切口插入土壤的贯入阻力

$$F_2=lTK_p P_w \quad (kN)$$ （5-7）

（3）$F_3$——工作面正面阻力

$$F_3=P_f \pi D^2/4 \quad (kN)$$ （5-8）

① 盾构在人工开挖、半机械化开挖时为工作面支护阻力；

② 盾构采用机械化开挖时，为作用在切削刀盘上的推进阻力。

（4）$F_4$——管片与盾尾之间的摩擦力

$$F_4=\mu_2 G_2 \quad (kN)$$ （5-9）

（5）$F_5$——变向阻力（曲线施工、纠偏等因素的阻力）

$$F_5=RS \quad (kN)$$ （5-10）

（6）$F_6$——后方台车的牵引阻力

$$F_6=\mu_3 G_1 \quad (kN)$$ （5-11）

式中　$\mu_1$——钢与土的摩擦系数；

$\quad\mu_2$——钢与钢或混凝土的摩擦系数；

$\quad\mu_3$——车轮与钢轨之间的摩擦系数；

$\quad D$——盾构直径（m）；

$\quad L$——盾构长度（m）；

$\quad W$——盾构重量（kN）；

$\quad G_1$——后方台车重量（kN）；

$\quad G_2$——管片（成环）重量（kN）；

$\quad P_w$——作用在盾构上的平均土压（kPa）；

$P_f$——工作面正面压力（kPa）；

$c$——黏聚力（kPa）；

$K_p$——被动土压力系数；

$R$——地层抗力（承载力、被动土压力等）（kPa）；

$l$——工作面周边长度（m）；

$T$——刃脚贯入深度（m）；

$S$——抵抗板在推进方向的投影面积（m²）。

总推力 $\qquad\qquad \sum F = F_1 + F_2 + F_3 + F_4 + F_5 + F_6 \qquad\qquad$ (5-12)

最终盾构总推力 $F$ 由总推力再乘以 1.5～2 求出。

此外，盾构总推力一般按经验公式求得：

$$F_j = P_j \pi D^2 / 4 \qquad\qquad (5\text{-}13)$$

式中 $\quad F_j$——盾构的总推力（kN）；

$P_j$——开挖面单位截面积的推力（kN）。

（1）人工开挖、半机械化开挖盾构：

$$P_j = 700 \sim 1100 \text{kPa}$$

（2）土压平衡式盾构、泥水加压式盾构：

$$P_j = 1000 \sim 1300 \text{kPa}$$

### 3. 刀盘扭矩

盾构刀盘扭矩由刀盘的切削扭矩、刀盘自重产生的旋转阻力矩、刀盘的推力荷载产生的旋转阻力矩、密封装置产生的摩擦力矩、刀盘前表面上的摩擦力矩、刀盘圆周面上的摩擦反力矩、刀盘背面的摩擦力矩、刀盘开口槽的剪切力矩、刀盘土腔室内的搅动力矩等部分组成。

估算刀盘扭矩的经验计算公式为：

$$T = \alpha D^3 \quad (\text{kN} \cdot \text{m}) \qquad\qquad (5\text{-}14)$$

式中，$\alpha$ 为扭矩系数，$\alpha$ 一般取值为 8～25。

### 4. 出土量

盾构开挖理论出土量可由下式计算：

$$q = \frac{\pi}{4}(D^2 V)\xi \qquad\qquad (5\text{-}15)$$

式中，$V$ 为盾构最大掘进速度；$\xi$ 为渣土松散系数（砂土、卵石一般取 1.06～1.28，黏性土一般取 1.14～1.37）。若按单位掘进循环（一般按一环管片宽度为一个掘进循环）计算开挖土量，$V$ 用环宽 $S_t$ 代替。当使用仿形刀或超挖刀时，应计算开挖土体积增加量。

土压平衡盾构采用螺旋输送机出土，螺旋输送机的出土能力按下式计算：

$$q_1 = \frac{\pi}{4}\left[(D_1^2 - D_2)L\right]n\alpha t \qquad\qquad (5\text{-}16)$$

式中，$D_1$ 为螺旋输送机内径；$D_2$ 为螺旋输送机中轴直径；$L$ 为螺旋节距；$n$ 为螺旋输送机转速；$\alpha$ 为螺旋输送机充盈系数，一般取 0.8；$t$ 为排土时间，若计算每环出土量，则 $t = S_t / V$。

螺旋输送机的出土能力应大于盾构开挖理论出土量。

5. 注浆量

盾构注浆量主要指同步注浆和二次注浆的注浆量，是衡量盾构注浆能力的指标，与注浆泵的流量密切相关。

注浆量通常指掘进一环的量，注浆量 $Q_1$ 可按下式计算：

$$Q_1 = \alpha\pi(r_1^2 - r_2^2)L \tag{5-17}$$

式中，$r_1$ 为盾构开挖半径；$r_2$ 为管片外圆半径；$L$ 为盾构掘进 1 环长度；$\alpha$ 为注入率，一般取 1.3～2.5。

此外，注浆量与注浆泵的能力有关，当考虑注浆泵的注浆能力时，注浆量 $Q$ 采用以下公式计算：

$$Q = Q_0 nt \tag{5-18}$$

式中，$Q_0$ 为注浆泵注浆能力，即每小时的最大流量；$n$ 为注浆泵数量；$t$ 为注浆时间。

一般要求注浆泵的能力要大于理论注浆量。

# 5.3　管片衬砌

盾构法隧道结构有三大类，即预制装配式单层衬砌（又称为一次衬砌或管片）和必要时在管片内模筑钢筋混凝土（二次衬砌）组成的整体式衬砌，以及挤压混凝土整体式衬砌。一次衬砌直接承受隧道上的全部荷载，还要承受千斤顶推力及壁后注浆压力；二次衬砌是为隧道的防水、防腐蚀、防震、抗浮以及补强加固而修筑的；挤压混凝土衬砌就是随着盾构向前掘进，用一套衬砌施工设备在盾尾同步灌注的混凝土或钢筋混凝土整体式衬砌，其灌注后即承受盾构千斤顶推力的挤压作用。

管片为隧道预制衬砌环的基本单元，其宽度（环宽）一般在 1200～2000mm 之间，厚度一般为管片外径的 5％～6％。通常情况下，衬砌环由 A 型管片（标准块）、B 型管片（邻接块）及 K 型管片（封顶快）组成（图 5-17），A 型、B 型及 K 型管片在环向连接构成衬砌环，各衬砌环之间在纵向上连接构成整个隧道结构。

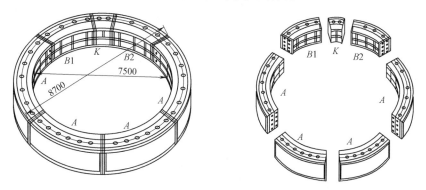

图 5-17　管片分类示意图

## 5.3.1　管片的种类与接头

管片按材料分为钢筋混凝土管片、纤维混凝土管片、钢管片、铸铁管片和复合型管片，复合型管片为由钢材与钢筋混凝土（SRC）或钢材与素混凝土（SC）组合而成的管片。

管片按形状可分为箱形管片、中子形管片及平板形管片，其各部位名称见图 5-18，目前最常见的为钢筋混凝土的平板形管片。

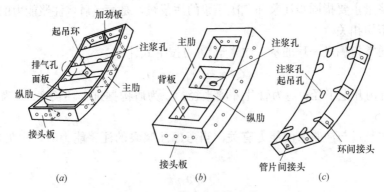

图 5-18　管片各部位名称

(*a*) 箱形管片；(*b*) 中子形管片；(*c*) 平板形管片

　　管片之间的接头分为沿圆周方向连接起来的管片接头和沿隧道纵向连接起来的管环接头，按力学特性可分为柔性连接和刚性连接。前者允许相邻管片间产生微小的转动和压缩，使衬砌环能按内力分布状态产生相应的变形，以改善衬砌环的受力状态；后者不允许相邻管片间产生变形，接缝处的刚度与管片本身相同。实践证明，刚性连接不仅拼装麻烦、造价高，而且会在衬砌环中产生较大的次应力，带来不良后果，因此，目前较通用的是柔性连接，常用的有：单排螺栓连接、销钉连接及无连接件等。

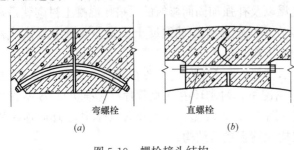

图 5-19　螺栓接头结构

(*a*) 弯螺栓连接；(*b*) 直螺栓连接

　　(1) 单排螺栓连接

　　螺栓有弯螺栓和直螺栓两种(图 5-19)。弯螺栓主要用于平板形管片，刚度较大，对管片的削弱较小，与直螺栓相比用料较多，加工与安装精度要求较高，手孔较小。直螺栓具有较好的抗弯刚度，省料，但手孔大，对管片的削弱较为明显。

　　(2) 销钉连接

　　插入式销钉连接如图 5-20 所示，有时称为抗剪销，其作用是防止接头面错动。同螺栓连接相比，销钉连接时要求衬砌内壁光滑，连接省时省力，可以用较少的材料、简单的工序达到较好的效果。

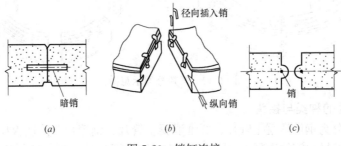

图 5-20　销钉连接

(*a*) 暗销接头；(*b*) 纵、径向销接头；(*c*) 套合接头

（3）无连接件

无连接件包括铰接头连接、榫接头和楔形接头，是依靠本身接头面形状的变化而无需其他附加构件连接的方式，一般用于地基条件良好的环境。如榫接头，设有凹凸，通过凹凸的啮合作用进行力的传递。

### 5.3.2 管片的生产

管片的强度、抗渗性能、几何尺寸和外观质量都有极高的要求，因此其生产工艺控制极严格。管片的生产是将混凝土浇筑在管片模具中经养护成形而成的，模具应具有足够的承载能力、刚度、稳定性和良好的密封性能，并应满足管片尺寸和形状等质量要求。

管片制作工艺流程包括：模具组装→模具调校→钢筋入模及预埋件安装→混凝土浇筑振捣成形→蒸汽养护脱模→成品检验、修补及标志。

生产出的管片不应存在露筋、孔洞、疏松、夹渣、有害裂缝、缺棱掉角、飞边等缺陷，麻面面积不大于管片面积的 5%，且在生产现场需要预拼装，合格后方可运输至施工场地。

## 5.4 盾构法施工

### 5.4.1 盾构法施工基本原理

在拟建隧道处修建一工作井（始发井），盾构从始发井出发，在地层中沿着设计轴线，向另一工作井（接收井）推进（图 5-21）；盾构推进过程中，在盾壳的掩护下，刀盘切削土层掘进并排出土或泥浆，一次掘进相当于一环管片的宽度，同时在盾尾拼装管片形成永久衬砌，并将建筑间隙用浆填实，防止周围地层的变形；盾构推进依靠盾构内部设置的千斤顶，千斤顶顶在反力架或拼装完成的管片衬砌环上，掘进一环管片后缩回千斤顶，为下一环管片衬砌拼装创造条件。盾构法施工中切削土、掘进、排泥排土、管片拼装和壁后注浆交替循环进行，最终完成整个隧道的修筑。

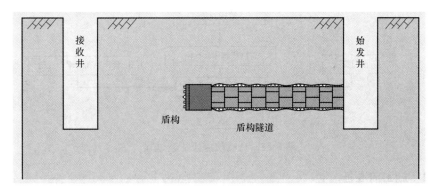

图 5-21 盾构法施工原理

盾构工作井是盾构组装、解体、掉头、运输管片及出渣的竖井，一般设置在靠近车站的端头处，与车站共建，其结构形式与车站的相同。此外也可独立设置，其结构必须满足井壁支护及盾构推进的后座强度和刚度要求，多采用混凝土灌注桩和地下连续墙。

盾构法施工工艺过程如图 5-22 所示。

（1）施工准备：工作井端头土体加固、始发及接收托架安装、洞门密封、反力架安装、盾构机吊装下井并组装调试。

（2）始发：依靠盾构千斤顶推力将盾构从始发工作井的井壁开孔处（洞门）推出，同时切割洞门处围护结构、拼装负环管片及管片。

（3）掘进：建立起土（泥水）压后进行试掘进，长度50～200m；盾构在地层中沿着设计轴线推进，在推进的同时不断出土和安装衬砌管片并及时地向衬砌背后的空隙注浆，防止地层移动和固定衬砌环位置。

（4）接收：距离接收工作井100m进入接收区，控制轴线，切割接收井洞门围护结构，到达接收架，吊出并解体。

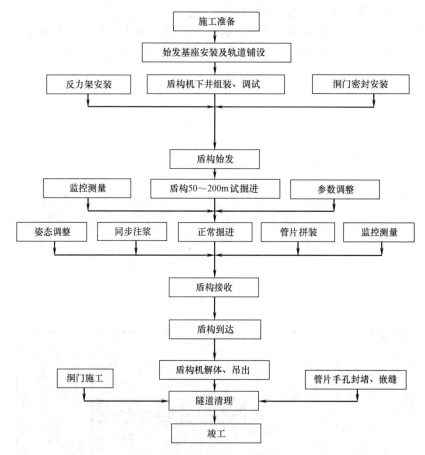

图 5-22　盾构法施工工艺过程

### 5.4.2　施工前准备

1. 工作井端头土体加固

常规盾构始发需要拆除洞门处支挡土体的围护结构，该阶段盾构难以建立土压和泥水压，拆除中会导致洞口土体失稳、地下水涌入，造成事故，因此应采取加固措施。目前常用的方法有素桩法、高压喷射搅拌法、注浆法及冻结法等。一般来讲，纵向加固长度自洞门沿掘进方向不小于盾构机的主机长度，水平加固范围为盾构隧道轮廓线左右各3.0m，竖向加固范围为盾构隧道结构轮廓线上下各3.0m。加固完成后需要对加固效果进行检测，需满足设计要求。

2. 始发托架安装

工作井底部采用钢结构或混凝土结构作为盾构始发托架（或始发基座），位置按设计标高准确放样，要确保盾构掘进方向符合隧道设计轴线。

3. 反力架安装

反力架（图5-23）是为盾构机始发掘进提供反力的支撑装置，反力架须具有足够的刚度和强度及稳定性，保证负载后变形量满足盾构掘进方向要求。反力架根据盾尾、管片宽度以及负环管片环数进行精确定位。

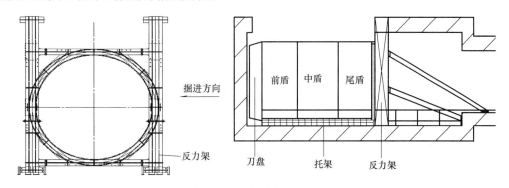

图 5-23 盾构反力架示意图

4. 洞门密封装置安装

预留洞门与盾构外径有一定的间隙，地下水、土体从该间隙会流入工作井内，有可能造成洞门土体坍塌，因此在洞门周围安装由橡胶帘布、环形板等组成的密封装置，并增设注浆孔作为洞门的防水措施（图5-24）。

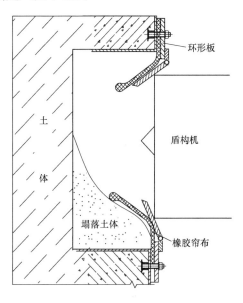

图 5-24 洞门密封装置示意图

洞门防水装置安装顺序为：洞门预埋钢环→安装双头螺栓→帘布橡胶板→圆环板→扇

形折页压板→垫圈→螺母。

5. 盾构吊装与组装调试

（1）盾构吊装

盾构吊装是指将盾构分块吊运至工作井洞门处始发托架上的过程。根据盾构的具体分块尺寸及重量，选用不同吨位的吊运车辆。盾构吊装分为主机吊装和后配套台车吊装，吊装过程中完成盾构的组装。

（2）盾构调试

盾构各组成部件在工作井内正确就位并组装完毕后，进行试运转及调试，当各项指标都满足要求时，才可开始盾构的始发掘进，此时刀盘离洞门1.0～1.5m。主要调试内容为：配电系统、液压系统、润滑系统、冷却系统、控制系统、注浆系统、出渣系统以及各种仪表的校正。

盾构组装调试完成后应进行现场验收，满足盾构设计的主要功能和工程使用要求后方可进行盾构始发。

### 5.4.3 盾构始发

盾构始发是指盾构自始发工作井内盾构基座上开始推进到完成试掘进段（通常为50～200m），也可划分为：洞口土体加固段掘进、初始掘进（试掘进）两个阶段。

盾构始发按隧道轴线方向可分为直线始发和曲线始发；按主机与后配套台车吊装顺序可分为整体始发与分体始发（图5-25）。整体始发是将盾构及后配套台车同时吊装至始发部位，需要较大的地下空间；分体始发是先将盾构主机吊装至始发部位，后配套台车随着盾构的掘进分批吊入，需要的地下空间较小。

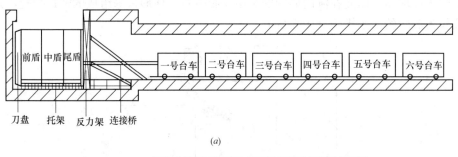

*(a)*

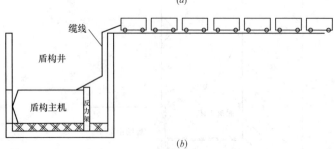

*(b)*

图 5-25 整体始发与分体始发
（*a*）整体始发；（*b*）分体始发

1. 盾构始发方法

盾构始发是盾构法施工的关键环节之一，是盾构从非平衡模式进入平衡模式的掘进过程，施工技术难度大。盾构始发可分为常规始发、无障碍始发、钢套筒始发等方法。

（1）常规始发

常规始发是指利用反力架提供反作用力，先将盾构推进到洞门处并停机，然后人工凿除洞门处的钢筋混凝土支挡结构，盾构继续前移进入土体内，同时切削土体，并在土仓或泥水仓建立土压和泥水压的过程。常规始发要人工凿除洞门处的钢筋混凝土支挡结构，人工凿除过程中洞门处土体暴露（图5-26），易出现地表坍塌、涌水涌砂、地下管线破裂等工程事故，盾构为断续掘进，工效低，适用于无地下水且土层自稳能力强的工程。

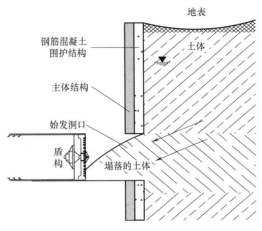

图 5-26　常规始发洞门处土体坍塌示意图

（2）无障碍始发

为了避免凿桩带来的风险，在洞门处用玻璃纤维筋混凝土支挡结构替代钢筋混凝土支挡结构，盾构刀具能够直接切割破碎玻璃纤维筋混凝土支挡结构。无障碍始发是指利用反力架提供反作用力，将盾构推进到洞门处的同时，切削支挡结构和土体，边切削边掘进并在土仓或泥水仓里快速建立土压和泥水压的过程（图5-27）。无障碍始发在盾构组装调试完毕后可实现连续掘进并快速建立土压，该方法国外称为"soft eye"。该方法适用于各种地层条件，在洞门密封良好的情况下可适用于各种地下水环境，且可大幅度减少洞门土体加固范围。

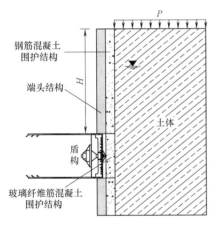

图 5-27　无障碍始发示意图

盾构无障碍始发过程中，控制好盾构的主要参数是保证始发掘进安全的关键因素。盾构始发切割洞门处玻璃纤维筋混凝土支挡结构时，应缓慢进行，掘进速度过快会造成掘进扭矩的上升。

从盾构始发受力情况来看，盾构推力通过刀盘作用在玻璃纤维筋混凝土支挡结构上，然后力又传递至支挡结构背后的土体里，若推力过大，会引起地表隆起，但过大的推力可使玻璃纤维筋混凝土支挡结构发生压剪破坏，利于始发，因此在满足地表隆起与沉降要求的基础上可使用较大的推力。

盾构始发切割玻璃纤维筋混凝土支挡结构应满足下列要求：

1）盾构掘进的单位面积推力不宜大于300kN。

2）盾构刀具贯入度不宜超过5mm，采用碾压、慢磨的切割方式使玻璃纤维筋及混凝土破碎。

3）采用泥水平衡式盾构时，应及时、定期反循环冲洗泥浆泵，防止切削的玻璃纤维筋碎屑漂浮在泥浆上方堵塞泥浆泵。

（3）钢套筒始发

钢套筒始发是指利用反力架提供反作用力，在钢套筒内将盾构推进到洞门处的同时，切削支挡结构和土体，边切削边掘进并在土仓或泥水仓里快速建立土压和泥水压的过程（图 5-28）。钢套筒（图 5-29）一般采用 20mm 厚的钢板制作，长度根据需要确定，分为若干段，每段分成上下两半圆，每段筒体的端头和上下两半圆结合面均采用圆法兰焊接；筒体内径大于盾构直径。盾构的组装调试、负环拼装等工作均在钢套筒内进行。

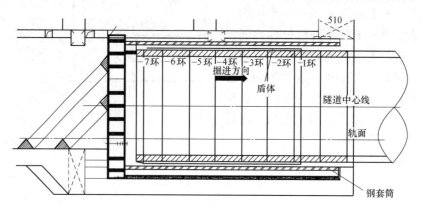

图 5-28　钢套筒始发示意图

钢套筒始发是为了在高水压地层确保洞门密封不漏水的一种措施，一般不需要进行土体加固，始发中应注意以下问题：

图 5-29　钢套筒分段与连接

1）始发装置密封

钢套筒与洞门处预埋钢板、负环之间的密封极为关键，若密封不好会引起钢套筒压力泄漏，导致内外水土压力不平衡，发生渗水，进而引起地面与周边建（构）筑物沉降。

2）钢套筒自身密封

钢套筒为钢结构拼装设备，采用高强度螺旋连接，在钢套筒吊入组装、平移和抬升下降的过程中不可避免地造成拼装接缝变形。这些变形在地下水压力作用下会使钢套筒漏水，将使土仓（泥水仓）压力难以建立，出现安全事故。

3）盾构机"叩头"

始发推进后，在盾构脱离钢套筒内轨道时容易出现盾构机"叩头"的现象。为此，通常采用抬高盾构高程、合理安装始发导轨以及快速通过的方法尽量避免或减少此现象。

2. 负环管片拼装

负环管片是为盾构始发掘进传递推力的临时管片。根据洞门至反力架距离及盾构机的长度，确定是否进行负环的拼装。首环负环拼装需单独固定，必须由下至上依次拼装。负环拼装时应注意以下问题：

（1）根据洞门至反力架距离及管片宽度，确定所需负环数量及拼装点位；

（2）保护好盾尾刷；

（3）注意控制油缸的行程，尽量保证盾构处于匀速推进状态；

（4）在盾构两侧架设三角横支撑，待管片推出盾尾后采取措施防止下沉失稳；

（5）对拼装结果做出充分估计，力求较高的组装精度；

（6）用钢丝绳对每环负环管片进行箍紧加固。

负环管片拼装参见图5-30，钢套筒始发负环管片拼装参见图5-29，拼装方法与普通管片一致。

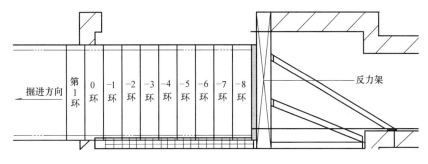

图5-30　负环管片拼装图

3. 盾构始发关键问题

盾构始发施工应注意以下关键问题：

（1）安装负环管片时，必须保证其椭圆度，并采取措施防止其受力后旋转、径向位移与开口部位（上部预留运输通道）变形。

（2）盾尾进入洞门后，将洞门密封与封闭环管片贴紧，以防止泥水与注浆浆液从洞门泄漏。

（3）防止盾构旋转、上飘。由于盾构与地层间无摩擦力，盾构易旋转，宜加强盾构姿态测量，如发现盾构有较大转角，可以采用大刀盘正反转的措施进行调整。

（4）加强观测工作井周围地层变形、盾构基座、反力架、负环管片和管片上部轴向支撑的变形与位移，超过预定值时，必须采取有效措施后，才可继续掘进。

4. 试掘进

试掘进长度一般为50～200m，其主要目的为：

（1）对盾构机各部件、管路的工作状态进行调整；

（2）收集盾构掘进数据（推力、刀盘扭矩等）及地层变形量测量数据，判断土压（泥水压）、注浆量、注浆压力等设定值是否适当；

（3）通过测量盾构与衬砌的位置，及早把握盾构掘进方向控制特性，为正常掘进控制提供依据。

### 5.4.4　盾构掘进

在完成试掘进段后转入正常掘进，拆除负环管片及反力架，盾构推力的反力由已拼装完成的管片提供。

1. 渣土改良

土压平衡盾构机掘进过程中，为保证土仓内土压力的稳定性和出渣土的顺畅，需要改善渣土的和易性，一般使用膨润土泥浆、泡沫及高吸水性树脂系和水溶性高分子系，可单独或组合使用。渣土改良后具有如下特性：塑性变形好（流塑至软塑状）、内摩擦小、渗透性低。其主要作用为：

① 降低土体的内摩擦角从而降低刀盘的扭矩；

② 减少土体与盾构机刀盘间的粘着力；

③ 降低土体的渗透性，增加保水性；

④ 降低土体间的粘着力，减少土仓中土体压实结密的可能性；

⑤ 增强土体的流动性，从而使其容易充满土仓和螺旋输送机的全部空间，对开挖面实行密封，以维持开挖面的稳定性。

2. 出土、泥量控制

（1）出土量控制

土压式盾构排土量控制方法分为重量控制与容积控制。重量控制有检测运土车重量、用计量漏斗检测排土量等方法；容积控制一般采用比较单位掘进距离开挖土砂运土车台数和根据螺旋输送机转数推算的方法。我国目前多采用容积控制方法。

土压式盾构的出土运输（二次运输）一般采用轨道运输方式。

（2）出泥量控制

泥水式盾构排土量控制方法分为容积控制与干砂量（干土量）控制。

容积控制方法为：检测单位掘进循环送泥流量 $Q_1$ 与排泥流量 $Q_2$，按下式计算排土体积 $Q_3$：

$$Q_3 = Q_2 - Q_1$$

对比 $Q_3$ 与 $Q$（开挖土计算体积，$m^3$），当 $Q > Q_3$ 时，一般表示泥浆流失（泥浆或泥浆中的水渗入土体）；当 $Q < Q_3$ 时，一般表示涌水（由于泥水压低，地下水流入）。正常掘进时，泥浆流失现象居多。

3. 管片拼装

盾构每推进一定距离，必须迅速地完成管片的拼装，使盾构随时处于进行下一次推进的状态。管片的拼装是由拼装机来完成的，其拼装工艺过程为：

（1）从隧道底部标准块（A 型）管片开始，依次左右两侧交替安装标准管片，然后拼装邻接（B 型）管片，最后安装楔形（K 型）管片。K 型管片拼装有隧道内侧向半径方向插入和由隧道轴向插入两种方式。

（2）每装一块管片，立即将管片纵环向连接螺栓插入连接。采用扭矩扳手紧固，先紧固环向（管片之间）连接螺栓，后紧固轴向（环与环之间）连接螺栓。

（3）管片安装到位后，及时伸出相应位置的推进油缸顶紧管片，而后移开管片拼装机。拼装时，若盾构千斤顶同时全部缩回，则在开挖面土压的作用下盾构会后退，开挖面将不稳定，管片拼装空间也将难以保证。因此，应随管片拼装顺序分别缩回盾构千斤顶。

（4）一环管片拼装后，利用全部盾构千斤顶均匀施加压力，再次紧固轴向连接螺栓，以减少管片拼装的张角和喇叭口。

管片可通缝拼装，也可错缝拼装，如图 5-31 所示。通缝拼装是每环管片的纵向缝环环对齐；错缝拼装是每环管片的纵向缝环环错开 1/2～1/3 宽度。目前错缝拼装较为普遍，错缝拼装提高了隧道结构纵向、横向的整体刚度，可减小纵向不均匀沉降，具有通缝拼装难以比拟的优点，但拼装较为麻烦。

拼装管片时，要采用真圆器对管片进行位置矫正，以保持管片的圆度。保持管片的圆度对确保隧道断面尺寸、提高施工速度及防水效果、减少地面下沉极为重要。

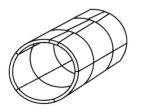 

通缝拼装管片　　　　　　　错缝拼装管片

图 5-31　管片通缝拼装与错缝拼装

管片及拼装质量对隧道工程质量至关重要，将影响到隧道的使用寿命及防水效果，具有缺角、损边、麻面等缺陷的管片不得拼装。管片拼装质量缺陷最常见的是错台，即相邻管片接缝处的偏差，管片拼装质量要求及检验方法见表 5-4。

管片拼装允许偏差和检验方法　　　　　　　　　　表 5-4

| 检验项目 | 允许偏差 | | | | | | 检验方法 | 检验数量 | |
| --- | --- | --- | --- | --- | --- | --- | --- | --- | --- |
| | 地铁隧道 | 公路隧道 | 铁路隧道 | 水工隧道 | 市政隧道 | 油气隧道 | | 环数 | 点数 |
| 衬砌环椭圆度（‰） | ±5 | ±6 | ±6 | ±8 | ±5 | ±6 | 断面仪、全站仪测量 | 每10环 | — |
| 衬砌环内错台（mm） | 5 | 6 | 6 | 8 | 5 | 8 | 尺量 | 逐环 | 4点/环 |
| 衬砌环间错台（mm） | 6 | 7 | 7 | 9 | 6 | 9 | 尺量 | 逐环 | |

一条隧道往往有直线段和曲线段，盾构法通过不同管片的组合完成隧道施工。一种是标准环管片，即在直线段使用直线段管片，在曲线段使用左转弯管片或者右转弯管片；另外一种是通用型管片，即每一环管片都是一样的，通过封顶块位置的调整形成不同的楔形量，来拟合不同的曲线，如在深圳地铁一期工程盾构区间隧道，首次采用了通用管片环。楔形管片安装在邻接管片之间，为了不发生管片损伤、密封条剥离，必须正确地插入楔形管片。

4. 壁后注浆

壁后注浆分为同步注浆与二次注浆。

管片是在盾尾内部拼装起来的，所以当盾构推进时，围岩与管片间的建筑间隙若不及时处理，将使围岩不可避免地产生沉降，从而导致地面沉降，严重的地面沉降会危及建筑物及地下管线的安全。同步注浆（图 5-32）是盾构掘进施工中的一道重要工序，是利用盾构设备中的注浆系统，对随着盾构向前推进、管片衬砌逐渐脱出盾尾所产生的建筑间隙进行及时充填浆液的过程。

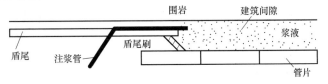

图 5-32　同步注浆示意图

二次注浆是在同步注浆结束后利用管片吊装孔对隧道围岩进一步充填密实的注浆，该注浆不仅能使围岩填充密实还能起到保护周边环境的作用。作为同步注浆的补充，二次注浆采用区别于同步注浆系统的另一套注浆系统，二次注浆的注浆量和注浆压力应根据周边环境条件和监测结果确定。

（1）壁后注浆目的

1）注浆使管片背后的建筑间隙全部填实，防止治围岩松弛下沉，确保其早期强度，防止管片发生位移变形，控制地面变形。

2）浆液将管片与地下水隔开，成为隧道的第一层防水带，可避免或减少地下水对管片的侵蚀，提高其耐久性。

3）注入的浆液凝固后具有一定的耐久性和强度，可作为衬砌的加强层。

4）浆液能使盾构的方向容易控制，管片环及时稳定。

（2）注浆材料

注浆材料可选用单液或双液注浆材料；根据地层条件和掘进速度，通过现场试验加入促凝剂等外加剂来调整胶凝时间，固结体单轴抗压强度 1d 不小于 0.2MPa，28d 不小于 2.5MPa。

（3）注浆控制

注浆控制分为压力控制与注浆量控制。影响注浆量的因素较多，如地层渗透和泄漏、曲线掘进、超挖和浆液种类等，一般按经验公式确定。注浆压力应根据土压、水压、管片强度、盾构形式与浆液特性等综合判断决定，一般为 0.1～0.3MPa。

5. 盾构隧道线形控制

盾构隧道线形控制的主要任务是通过控制盾构姿态，使构建的衬砌结构几何中心线线形顺滑，且位于偏离设计中心线的容许误差范围之内。盾构隧道线形控制是整个盾构施工过程中的一个关键环节，盾构在施工中大多数情况下不是沿着设计轴线掘进，而是在设计轴线的上、下、左、右方向上摆动，因此在盾构掘进中控制好盾构姿态，以防止隧道轴线偏离。

（1）影响盾构掘进姿态的因素

① 地层土质变化

盾构掘进在黏性土层时，姿态较易控制；在砂土等粗颗粒地层中往往容易造成偏离；软硬不均地层中，盾构往往偏向松软土体的一边。

② 推进速度的大小

推进速度过快，盾构姿态不易控制。

③ 拼装管片的环面平整度

如果环面平整度太差，会造成盾构掘进困难，影响姿态。

④ 转弯管片的拼装

随着盾构掘进，通过调整相邻环之间的转角拟合出一条光滑的曲线，尽量使其与掘进半径相同，并保证必要的盾尾间隙量；否则管片与盾尾相互制约，推力增大。

⑤ 同步注浆位置的改变

如果注浆位置在左侧，可使该环位置右移，换之则相反。

⑥ 施工连续性

盾构在土质比较松软或砂土地层中掘进时，如果停机时间过长，易造成盾构下沉或"抱死"，影响盾构掘进姿态。

（2）盾构姿态控制方法

盾构姿态可通自动导向系统和人工测量复核来监控。该系统配置了导向、自动定位、掘进程序软件和显示器等，能够全天候在盾构主控室动态显示其当前位置与隧洞设计轴线的偏差以及趋势。

盾构姿态调整与控制可通过分区调整千斤顶油缸压力来实现，主要方法为：

① 竖直方向纠偏

控制盾构方向的主要因素是千斤顶的单侧推力，当盾构出现下俯时，可加大下侧千斤顶的推力；当盾构出现上仰时，可加大上侧千斤顶的推力来进行纠偏。同时还必须综合考虑刀盘前面地质因素的影响来调节，从而到达一个比较理想的控制效果。

② 水平方向纠偏

与竖直方向纠偏的原理一样，左偏时应加大左侧千斤顶的推进压力，右偏时则应加大右侧千斤顶的推进压力，并兼顾地质因素。

此外，盾构刀盘转动时会引起盾构本体的滚动，从而出现姿态的变化，可通过转换刀盘旋转方向来实现。

6. 开仓作业

开仓作业是指盾构停止掘进后，工作人员进入开挖仓（土仓或泥水仓）施工作业的过程，包括常压作业和气压作业。工作人员在开挖仓内作业时，如拆装刀具或更换油管时，易出现事故甚至危及工作人员的安全。作业前应进行开挖仓内有害气体检测并对开挖面的稳定性进行判定；作业过程中，开挖仓内应持续通风。

### 5.4.5 盾构接收

盾构接收是指盾构到达接收工作井内接收基座上的施工过程。当盾构正常掘进至离接收工作井一定距离（通常 50～100m）时，盾构进入到达掘进阶段。到达掘进是正常掘进的延续，是保证盾构准确贯通、安全到达的必要阶段。盾构接收工作内容包括：盾构定位及接收洞门位置复核测量、土体加固、安装洞门密封装置、安装接收基座、接收掘进等。

1. 盾构接收前的准备工作

（1）盾构定位及接收洞门位置复核测量

在盾构推进至距离接收工作井 100m 时，要对盾构姿态进行测量和调整，同时对接收洞门位置进行复核测量。在考虑盾构的贯通姿态时注意两点：一是盾构贯通时的中心轴线与隧道设计轴线的偏差，二是接收洞门位置的偏差。

（2）接收基座的安装

接收基座的中心轴线应与隧洞设计轴线一致，同时还需要兼顾盾构出洞姿态。接收基座的轨面标高除适应于线路情况外，适当降低 20mm，以便盾构顺利上基座。

接收工作井洞门土体加固、洞门密封的安装与盾构始发类似。

2. 盾构接收方法

盾构接收也是盾构法施工的关键环节之一，施工技术难度大。盾构接收可分为常规接收、无障碍接收、钢套筒接收等方法。

（1）常规接收

常规接收是指利用已拼装管片提供反作用力，先将盾构推进到洞门处，然后人工凿除洞门处的钢筋混凝土支挡结构，盾构继续前移进入接收井内的接收基座上。常规接收仍然要凿除洞门处的钢筋混凝土支挡结构，洞门处土体暴露后，仍然易出现工程事故。

（2）无障碍接收

无障碍接收是指利用已拼装管片提供反作用力，掘进到达洞门后连续作业，切削土体和支挡结构，在盾构的推力作用下进入接收井内的接收基座上。盾构接收时，支护结构的受力状态与始发截然不同，此时土（泥水）仓内有压力，随着盾构接近支护结构其压力逐渐减小；在盾构刀盘贴近支护结构时，盾构推力过大则会引起玻璃纤维筋支护结构剪切破坏而向井内临空侧倒塌。

盾构到达接收工作井 20m 内应控制掘进速度和土（泥水）仓压力，切割玻璃纤维筋混凝土支挡结构应满足下列要求：

1）盾构掘进的单位面积推力不宜大于 240kN；

2）盾构刀具贯入度不宜超过 4mm，采用碾压、慢磨的切割方式使玻璃纤维筋及混凝土破碎；

3）盾构开始切割围护结构时，应降低油缸推力，满仓缓慢掘进，待刀盘完全进入围护结构后方可进行清仓工作，直到盾构安全到达接收基座上；

4）盾构切割围护结构过程中，洞口附近应设置安全警戒线，洞口附近严禁人工作业。

采用泥水盾构切割玻璃纤维筋混凝土支护结构时，与始发一样应及时、定期反循环冲洗泥浆泵，防止切削的玻璃纤维筋碎屑漂浮在泥浆上方堵塞泥浆泵。

（3）钢套筒接收

钢套筒接收（图 5-33）是指在钢套筒内将盾构推进到洞门处连续作业，切削土体和支挡结构，在盾构的推力作用下进入钢套筒内的接收基座上。钢套筒内填筑土料并与洞门预埋钢环焊接形成一个密封的整合体，盾构切割完支挡结构后在钢套筒内的填土里掘进，直至整个主机落在接收基座上。由于接收端为临空侧，为了防止钢套筒发生位移，需要在钢套筒外增设受力架，在钢套筒端部安装受力架，保证接收过程的安全。

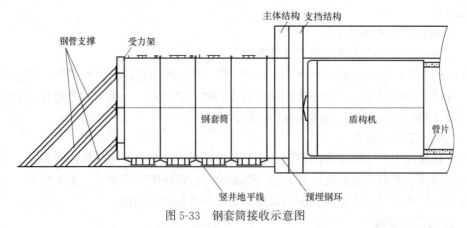

图 5-33　钢套筒接收示意图

钢套筒接收中应注意以下问题：

1）严格控制盾构姿态，保证盾尾间隙的均匀；

2）接收过程连续、均衡施工，防止盾构抬头上浮；

3）根据钢套筒顶部安装的压力表的读数，及时调整推进压力，避免推进压力过大使钢套筒出现渗漏状况；

4）首先进行钢套筒上半部的拆除，然后进行盾构解体，最后进行钢套筒下半部的拆卸（图5-34）。

（4）盾构接收关键问题

1）盾构暂停掘进，准确测量盾构机坐标位置与姿态，确认与隧道设计中心线的偏差值；继续掘进时，及时测量盾构机坐标位置与姿态，并依据到达掘进方案及时进行方向修正。

图5-34　钢套筒拆除示意图

2）进入土体加固区后，及时降低土（泥水）压力设定值至0、降低盾构推力，同时降低掘进速度；适时停止加泥、加泡沫（土压式盾构）、停止送泥与排泥（泥水式盾构）、停止注浆，并加强工作井周围地层变形观测，超过预定值时，必须采取有效措施后，方可继续掘进。

3）观察洞门处玻璃纤维筋支护结构开裂情况，加设防护措施，防止其突然倒塌。

4）拼装完最后一环管片，将洞口段数环管片纵向临时拉紧成整体。

5）提高对盾构姿态的测量频率，及时调整以保证盾构到达轴线的准确性。

盾构在到达接收基座预定位置后，将盾构主体与后配套台车分离，盾构机解体、吊装、出井，并运送至基地。

3. 盾构法施工注意事项

掘进过程中遇到下列情况时，应及时处理：

（1）盾构前方地层沉降超过30mm或接近既有物变形超限；

（2）盾构遇到障碍物；

（3）盾构壳体滚转角大于等于3°；

（4）盾构轴线偏离隧道轴线大于等于50mm；

（5）盾构推力与预计值相差较大；

（6）盾构掘进扭矩发生异常波动；

（7）动力系统、密封系统、控制系统等发生故障。

### 5.4.6　盾构法施工地层变形控制措施

1. 地层变形原因

盾构法施工会引起地层变形，进而会对周边环境产生不利影响，因此，必须考虑控制影响区域的地层变形，采取有效的措施。地层变形的原因有很多，但大体可分为以下4类：

（1）地层应力释放产生的弹塑性变形，导致地层反力降低；

（2）土压增大产生的压缩变形，导致垂直土压增大或地层反力降低；

（3）附加土压产生的弹塑性变形，导致作用土压增大；

（4）伴随土的物理性能变化产生的弹塑性变形以及徐变变形，导致地层承载能力降低。

以上为地层变形的直接原因，此外还有覆土厚度、盾构直径、隧道线形、衬砌背后间隙、衬砌种类等方面。

2. 地层变形控制

盾构掘进地层变形时间曲线与盾构掘进过程中所处位置有关，可划分为 5 个阶段（图5-35）。

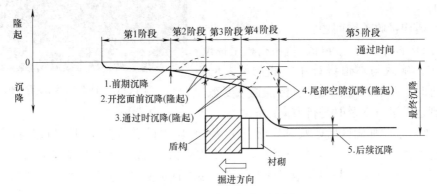

图 5-35　地层变形规律示意图

第 1 阶段为前期沉降。主要表现为地下水位降低产生的固结沉降。前期沉降控制的关键是保持地下水压，即合理设定土压（泥水压）控制值并在掘进过程中保持稳定，以平衡开挖面土压与水压；土压式盾构重点是渣土改良效果，泥水式盾构需关注泥浆性能。

第 2 阶段为开挖面前沉降（隆起）。若盾构控制土压（泥水压）不足或过大，则开挖面正前方土体弹塑性变形引起地层沉降或隆起。开挖面前沉降（隆起）与前期沉降控制方法类似。

第 3 阶段为通过时沉降（隆起）。由于超挖、纠偏、盾构外周与周围土体的摩擦等原因而发生地层沉降或隆起。控制措施主要为注意盾构姿态，避免不必要的纠偏作业。

第 4 阶段为尾部空隙沉降（隆起）。若建筑间隙的空隙填充不及时将造成地层应力释放，则土体的弹塑性变形会引起地层沉降；若衬砌背后注浆压力过高，则附加土压也会引发地层隆起。控制的关键是采用适宜的衬砌背后注浆措施。

第 5 阶段为后续沉降，盾构掘进造成的地层扰动、松弛等引起的后续沉降，在软弱黏性土地层中施工表现最为明显，而在砂性土或密实的硬黏性土中施工基本不会发生。控制的关键是在盾构掘进、纠偏、注浆等作业时，尽可能减小对地层的扰动，若后续沉降过大，不满足地层沉降要求时，可采取向特定部位地层内注浆的措施。

### 5.4.7　盾构施工管理

盾构掘进技术管理的目的是确保开挖面稳定的同时，构筑隧道结构，维持隧道线形，及早填充盾尾空隙。因此，开挖管理、一次衬砌管理、线形管理和注浆管理构成了盾构掘进技术管理四要素。施工前必须根据地质条件、隧道条件、环境条件、设计要求等，在试验的基础上，确定具体管理内容与管理参数；施工中根据包括监控量测的各项数据调整管理参数，才能确保实现施工安全、质量、工期与成本的预期目标。密闭式盾构掘进技术管理的具体内容见表5-5。

密闭式盾构掘进技术管理内容

表 5-5

| 控制要素 | | 控制内容 | 相关参数 |
|---|---|---|---|
| 开挖 | 泥水式 | 开挖面稳定 | 泥水压、泥浆性能 |
| | | 排土量 | 排土量 |
| | 土压式 | 开挖面稳定 | 土压、塑流化改良 |
| | | 排土量 | 排土量 |
| | | 盾构参数 | 总推力、推进速度、刀盘扭矩、千斤顶顶力等 |
| 线形 | | 盾构姿态、位置 | 倾角、方向、旋转 |
| | | | 铰接角度、超挖量、蛇行量 |
| 注浆 | | 注浆状况 | 注浆量、注浆压力 |
| | | 注浆材料 | 稠度、泌水、凝胶时间、强度、配比 |
| 一次衬砌 | | 管片拼装 | 椭圆度、螺栓紧固扭矩 |
| | | 防水 | 漏水、密封条压缩量、裂缝 |
| | | 隧道中心位置 | 蛇行量、直角度 |

## 5.5 盾构技术发展

盾构法施工由于其安全、高效，已广泛地应用于城市轨道交通、铁路、公路、市政基础设施等领域隧道工程的建设中。盾构问世至今近200年历史，始于英国，发展于日本、德国，壮大于我国。

1825年英国人布鲁洛在蛀虫钻孔的启示下，提出了盾构法建设隧道的方法，并于1825～1843年完成了全长458m的第一条盾构法隧道——穿越泰晤士河的隧道。

1874年格雷塞德较完整地提出了气压盾构法的施工工艺，并且首创了在盾尾后面的衬砌外围环形空隙中注浆的施工方法，为盾构法发展起了巨大的推动作用。

20世纪初，盾构施工法已在美、英、德、苏、法等国家开始推广，并广泛应用于修建水下公路隧道、地下铁道、水工隧道及小断面市政隧道等工程。

20世纪60年代初期，英国、日本和德国先后开发了泥水加压盾构施工工艺。1974年在日本首先研究开发了一台直径3.72m的土压平衡盾构，在含水砂层中修建隧道取得成功。20世纪70年代后期，土压平衡盾构技术日趋完善，并得到广泛应用，成为现代化城市暗挖隧道的一个主要施工方法。

在我国，1956年首先在东北阜新煤矿用直径2.6m的盾构机及小型混凝土预制块修建疏水巷道。上海自20世纪60年代开始研究用盾构法修建黄浦江江底隧道及地下铁道试验段，北京尝试研制敞开盾构，压缩混凝土衬砌、局部气压试验。1967～1969年，采用直径10m的盾构机及单层钢筋混凝土管片建成了上海第一条黄浦江越江道路隧道。20世纪80年代末期，我国开始使用泥水加压式盾构，并在1994年成功地完成了上海延安东路南线越江隧道工程。进入21世纪，随着国家经济、城镇化发展的需求，我国进入了盾构事业发展的新时代，逐步成为应用和制造盾构的大国。直接参与盾构工程建设的人员近 10 万，盾构施工企业百余家，每年完成的盾构隧道超过 1000km。近年来，我国研发了双模式盾构，该盾构融合泥水、土压两种模式，根据施工需要进行模式转换，已成功应用在地铁隧道的建设中。

### 5.5.1 复圆形断面盾构

20 世纪 80 年代～90 年代，以日本为代表，开发出特殊断面盾构（异形断面），主要表现为断面上的多元化，从常规的圆形到双圆形、三圆形断面。这些新型技术满足了在城市繁华地区及一些特殊工程的施工要求。

1. 双圆形盾构

双圆形盾构（图 5-36）可用于一次修建双线地铁隧道、综合地下管廊等。上海轨道交通 6 号线，两个区间均采用双圆形土压平衡盾构进行施工，主要穿越土层为：灰色黏质粉土夹粉质黏土层、灰色淤泥质粉质黏土层、灰色淤泥质黏土层。盾构尺寸为：外径 6520mm，宽度 11120mm，盾构主机长 7880mm，盾尾间隙 35mm，盾尾密封采用 3 道钢丝刷。

2. 三圆形盾构

三圆形盾构（图 5-37）主要用于修建地铁车站。日本清澄地铁车站就是采用三圆泥水式盾构进行施工的，采用钢筋混凝土管片。

图 5-36 双圆形盾构

图 5-37 三圆形盾构

### 5.5.2 其他异形断面盾构

其他异形断面（图 5-38），如椭圆形、矩形或类矩形、马蹄形断面。此类盾构的断面空间利用率大，相同覆土条件下较圆形隧道有较好的适用性，且有造型美观等特点。

矩形盾构

椭圆形盾构

马蹄形盾构

图 5-38 异形盾构

### 5.5.3 球体盾构

球体盾构（图 5-39）是利用球体本身可自由旋转的特点，将一球体内藏于先行主机盾构的内部，在球体内部又设计一个后续次级盾构。先行盾构完成前期开挖后，利用球体的旋转改变隧道的推进方向，进行后期隧道的开挖（图 5-40）。改向后盾构机刀具交换和维修非常方便。

图 5-39　球体盾构

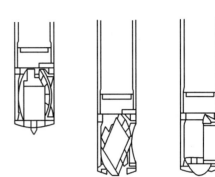

图 5-40　球体盾构

### 5.5.4 我国盾构施工现状及发展

当今我国已是世界上隧道及地下工程规模最大、数量最多、地质条件最复杂、修建技术发展速度最快的国家，用于城市轨道交通和其他领域地下空间建设的盾构机保有量已超1500 台，位居世界第一。

盾构法施工的广泛应用，带动了盾构相关行业的快速发展。由盾构机制造、盾构工程设计施工及监理、盾构设备维保及再制造、盾构机配件、耗材生产及辅助设备等各行业构成的有机链接，已经在我国形成了一个庞大的盾构产业。另外，在盾构施工方面，我国积累了很多在复杂地质环境、建（构）筑物密集和穿越大江大河等各种风险条件下的施工经验，并取得了大量创新型的成果，其中很多成果已经达到和超过世界先进水平。

1. 我国盾构研发、制造发展现状

近年来，国内各重型机械制造企业纷纷通过与国外盾构机制造商合作、合资或自主研发及并购国外公司，开始进入盾构制造领域，中国制造的盾构产品开始在市场上占据主要地位。

目前，国内已有近 30 家企业进入盾构制造行业，已经生产了近千台盾构，30％出口国外。主要盾构制造企业具有自主开发、设计、制造、成套以及施工的能力和水平，正逐步实现自主化、本土化、产业化、市场化，取得了丰硕的成果；研发、制造的盾构已经达到了国际先进水平。目前越来越多工程开始使用我国自主制造的盾构。经统计我国盾构工程中，国产盾构占有率已超 60％，国外品牌以德国和日本为主。

国内盾构制造企业在盾构各个系统中，如刀盘系统、输送系统、液压冷却系统、管片系统和自动导向系统等方面，基本已经具有了相关技术并达到了自主生产。但是对于刀盘主驱动系统、注浆系统和构件密封系统国产化程度还很低。

2. 盾构再制造的必要性和重要意义

在我国盾构产业快速发展的同时，也出现一些令人担忧的问题。

（1）盾构报废问题

盾构价格昂贵，不同规格的每台售价一般在2000万～8000万人民币，硬岩掘进机与过江过海隧道用泥水平衡盾构售价在1亿～2亿元人民币，超大直径盾构售价更高。盾构作为一种隧道掘进的专用工程机械，是具有使用寿命的，目前规定达到设计使用寿命的盾构必须作报废处理。据调研统计，全国每年将有近25%～30%的盾构达到设计使用寿命而面临报废和淘汰。

这些盾构机如何处置？若报废处理，不仅要损失大量的资金和资源，而且还要耗费大量的能源。对报废盾构机的钢材等金属材料进行回炉和对没有回收价值的材料进行垃圾处理，不可避免地又一次对环境造成污染，不符合我国建设循环经济的方向。

（2）盾构超期服役问题

我国盾构还存在超期服役的情况，即存在"报废盾构"继续使用的问题，如某施工企业盾构机，已经掘进了10km，按要求达到使用寿命，但由于某些原因，一直在使用，目前已掘进16km，该盾构的使用存在较大安全隐患。

盾构再制造是解决上述问题的最佳方法。通过再制造，可以将"报废盾构机"充分利用，从而起到节约能源、物资和材料的目的，同时还可以降低施工成本，是一个利国、利民的新型工程。盾构再制造与汽车再制造、机床再制造及内燃机等其他装备再制造相比，具有大体量、多系统及高附加值的特点，经济效益、社会与环境效益都十分明显。

3. 盾构健康状态检测与评估

一台拟报废的盾构是否具备再制造的价值，是在对盾构进行检测分析和科学评估的基础上进行的，是盾构再制造首先要解决的核心问题。通过盾构检测和评估来评价盾构的目前健康状态，以判定盾构整机再制造、零部件再制造或报废。

盾构健康状态检测与评估，不仅能够为盾构的再制造提供基础，而且为盾构使用过程中的健康状态评价也具有重要意义。盾构为各零部件的集合体，零部件的使用寿命不同，发生故障的概率相差很大。近年来，由于盾构故障而造成的工程事故在我国频繁出现，因此在盾构进场验收前对盾构关键零部件、整机性能进行检测评估具有重要意义。

4. 盾构施工技术

盾构施工中，盾构选型是盾构隧道能否优质、安全、快速建成的关键内容之一，而选型的重要依据是地层条件。砂卵石地层是北京的典型地层，这种地层在我国北方地区很常见同时也很难处理；上海具有代表性的地层是软土地层，上海作为沿海城市的代表在很多隧道开挖都是在水下进行了，在这方面上海积累了很多经验；广州地层的特点是上软下硬的复合地层，同时还有可能遇到大孤石，这种地层在我国的南方非常典型。

北京、上海、广州作为中国经济最发达的城市，在地下空间的建设方面也走在了我国的前列，取得了瞩目的成就，在盾构机的使用量和掘进里程上在我国都名列前茅，有很多典型成果值得借鉴。

5. 我国盾构产业发展展望

到目前为止，我国无论是盾构保有量，已完成和在建的地铁和城市地下空间工程量，还是规划中的地铁和地下空间工程量，都已经高居世界首位，已经成为名副其实的盾构产业大国，从我国盾构制造、再制造以及施工、耗材生产等企业的概况可略见一斑。我国盾构制造企业并购国外企业，为中国盾构制造走向全球奠定了坚实基础，预示着我国盾构产业相关行业会得到突飞猛进的发展。

（1）国内多家盾构制造企业已经拥有了核心竞争力，借鉴外资品牌盾构机的优点，在保持迅猛发展势头的同时研发出超大直径盾构，并能在核心零部件的研发与生产上获得突破，进一步提升国产化进程。

（2）盾构产业从"生产、消费、废弃"的单向型直线产业模式向"资源—产品—失效—再制造"的节约型、循环型产业模式转变，完成盾构检测、评估标准体系，建立盾构再制造的技术体系，实现整机再制造。

（3）利用信息化技术提升盾构隧道施工水平，建设盾构施工管理平台。未来3D打印、BIM、VR虚拟现实互联网＋以及盾构智能建造等新技术将全面渗透至盾构施工中，实现盾构施工的标准化、精细化管控，并在深埋隧道、高水压隧道及海底隧道的施工技术中取得全面性突破。

（4）城市地下综合管廊和海绵城市的建设将极大促进我国小型、异形盾构的研发与制造，国家"一带一路"建设以及发达城市深层空间的开发，将会对我国盾构研发与制造、设计与施工、盾构耗材的生产与辅助装备以及盾构的再制造提出更高要求，盾构工程向大埋深、大直径、复合地层等更复杂的超级工程发展，这些也将促使我国盾构工程科技大步迈向世界。

随着我国"资源节约型、环境友好型"社会建设的发展和"中国制造2025"规划的推进，我们坚信，只要坚定贯彻中央"十三五发展规划"中提出的"创新发展、协调发展、绿色发展、开放发展、共享发展"五大发展理念，全行业行动起来，努力奋斗，着力创新，在不久的将来，一定会将盾构产业打造成走向世界的国际品牌产业。

# 5.6 工程案例

### 5.6.1 盾构选型与配置案例

1. 工程条件

盾构区间主要穿越中密卵石土、密实卵石土地层，卵漂石含量70％～90％，卵石粒径一般为20～200mm，漂石含量10％～25％，漂石粒径200～300mm，最大为900mm，抗压强度41～299MPa。

区间地层为富水、高强度、无胶结的漂卵石，该区间卵漂石最大粒径为900mm，超过刀盘及螺旋输送机的通过粒径，大粒径漂石需在刀盘前方破碎。如刀盘无法及时破碎大粒径漂石，将会有多个漂石在刀盘前方堆积，造成刀盘启动扭矩增大，掘进缓慢，严重情况下将导致刀盘卡死或无法推进。

2. 盾构选型及配置

综合考虑盾构各个系统的动力匹配、刀盘扭矩、转速及驱动功率储备、螺旋输送机形式以及各个部件的耐磨措施，使盾构机能够在该地层下高效掘进。最终选定土压平衡盾构机。

该盾构主要配置及技术参数如下：

（1）刀盘与刀具

刀盘正表面布置CAT特种耐磨合金板，侧面布置镶嵌式耐磨合金条；刀盘布置7个渣土改良注入口，均采用单管单泵的形式。刀盘的耐磨性主要通过两个方面控制，一是主体耐磨材料的选择，二是通过有效的渣土改良系统对土体进行改良，降低其磨损性。刀盘开口率34%（中心开口率50%），刀盘开口率与最大刀具布置数量成反比，对于该区间的卵漂石地层，34%的刀盘开口率比较适宜。

刀盘配备33把17寸单刃滚刀，4把17寸中心双联滚刀（均可更换为18寸刀圈），用于破碎卵漂石；正面刮刀80把，周边刮刀24把。

（2）刀盘主驱动

刀盘主驱动为6台200kW水冷变频电机，刀盘额定扭矩6300kN·m，额定扭矩转速范围0～1.8转/分钟，最高转速3.2转/分钟；脱困扭矩8300kN·m。在应对该区间的大粒径卵漂石地层，刀盘动力储备更足，极限扭矩高，主轴大，扭矩强，在遇到地层突变、扭矩剧烈变化时，刀盘不会出现变形，刀盘开挖系统可靠性高。

（3）螺旋输送机

螺旋输送机内径850mm，最大通过粒径300mm（直径）×500mm（长度）。更高的推进速度使盾构具备快速通过恶劣地层的能力，降低单位时间内刀盘对单位长度内土体的扰动，有效降低上方岩层塌落，减小地面沉降。

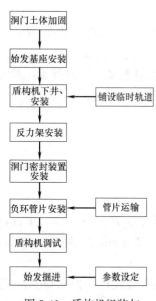

图 5-41　盾构机组装与
盾构初始掘进施工流程

### 5.6.2　盾构无障碍始发案例

1. 工程条件

北京地铁某盾构区间采用普通衬砌环形结构，环宽1200mm，区间上覆土层厚12.16～17.07m。区间隧道结构所在土层主要为粉土、粉质黏土、粉细砂。粉土和粉细砂层均为饱水层，局部具有承压性，因此围岩稳定性差，无法形成自然应力拱，易坍落，容易出现涌水、流砂现象。

根据地层特点，采用土压平衡盾构机，盾构主机外径6140mm，重2690kN，总推力40000kN，推进速度80mm/min。

盾构始发工作井基坑深度约28m，围护结构采用φ800@1500的钻孔灌注桩＋内支撑形式，盾构始发预留洞门采用玻璃纤维筋桩作为支挡结构，每个洞门处直接切削玻璃纤维筋桩有6根。

2. 盾构始发

盾构始发施工流程如图5-41所示。

（1）盾构始发洞门端头土体加固

盾构始发井洞门外侧施作2排素混凝土咬合桩作为端头土体加固措施，桩径φ800mm，素混凝土咬合桩布置如图5-42所示。

素混凝土咬合桩加固范围小，加固效率高，施工速度快，成本低，对周围环境影响小。

（2）始发基座安装

始发基座的安装定位决定了盾构的始发姿态，安装的允许误差：基座安装轴线应与设计始发轴线一致，方向偏移不大于16″，始发洞门处水平偏差为－5～5mm，竖直方向的偏差为－5～8mm。始发基座采用定做的基座，为防止盾构始发磕头，实际基座安装高程

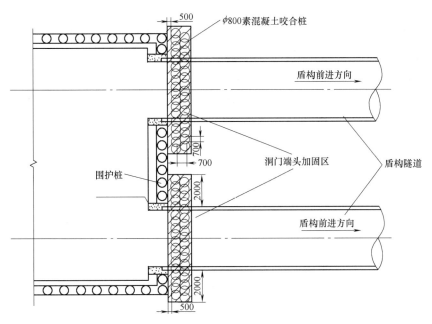

图 5-42 洞门处土体素桩加固示意图

比设计上抬 20mm。始发基座轨道中心线高程的理论计算公式为：

$$H = h - h_1 \tag{5-19}$$

式中 $h$——始发基座处隧道中心线高程；

$h_1$——隧道中心线至始发基座轨道平面中心线的高差，根据直角三角形直边计算公式得：$h_1 = (R_{盾}^2 - (L_{轨距}/2)^2)^{1/2}$；

$R_{盾}$——盾体外壳半径；

$L_{轨距}$——始发基座两条轨道中心线的水平距离。

实际施工中为了防止地表沉降和刀盘下沉的影响，始发架基座比理论标高提高 3cm。始发基座示意图见图 5-43。

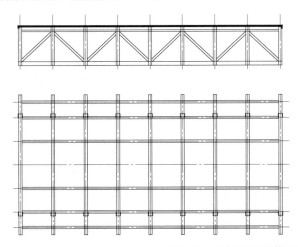
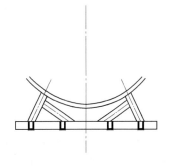

图 5-43 盾构基座安装平面图、侧视图

（3）盾构下井、组装

1）盾构机在工厂由供应商进行主要部件组装及调试后，分成几个大的部分运往施工现场。主要包括前盾、中盾、尾盾、刀盘、管片安装机以及后配套系统等。

2）盾构机组装采用吊装方式进行，吊装时注意下列事项：

① 履带吊机工作区铺设 20mm 厚钢板，防止地层不均匀沉陷；

② 组装前应对始发基座（始发托架）进行精确定位；

③ 大件组装时应对始发井端头墙进行严密的观测，掌握其变形与受力状态；

④ 大件吊装时用汽车吊辅助空中翻转。

3）组装分为两部分：

① 盾构机主体及拖车的吊装；

② 盾构机各部件的连接及各种管线（电、液、气、水等）系统的安装。

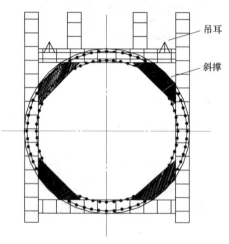

图 5-44　盾构始发反力架示意图

（4）反力架安装

当盾构顶进千斤顶向前推进时，反力架需给千斤顶提供足够的反力，千斤顶的反作用力是通过临时钢管片及其他构件传递给反力架的，反力架将这部分力传递到车站结构底板上。安放反力架之前，先对底板进行清理，再对反力架进行精确定位，使之与盾构机的中心轴线保持垂直。由于始发基座和反力架为盾构始发时提供初始的推力及初始的空间姿态，在安装时，反力架左右偏差控制在 ±10mm 以内，高程偏差在 ±5mm 以内。反力架主要采用 20mm 厚钢板制作，立柱一侧顶在扩大端与标准段接头侧墙处，另一侧通过焊接斜撑固定在标准段底板上的预埋件上。反力架整体通过 M24 螺栓（8.8 级）连接，各部件内部通过焊接连接而成，出厂前均要做二级探伤试验保证合格。反力架示意图见图 5-44。

（5）洞门密封装置安装

由于始发井洞门预埋钢环与盾构机外壳及管片外壳之间均存在一定的间隙，为了防止盾构始发时水土从间隙中流入竖井，引起工作面土体坍塌，需在洞门环圈处设置密封装置。常用的橡胶帘板式密封装置由洞门预埋钢环、橡胶帘板、翻板及连接螺栓组成。

橡胶帘板、翻板严格按设计要求在专业加工厂制作，误差符合设计要求。安装要求：密封装置中心应位于盾构实际始发中心线上，误差不大于 10mm，橡胶帘板、翻板与始发洞门圈梁紧密连接，螺母紧固有效。

盾构始发刀盘顶到围护桩时，洞门密封橡胶帘板和翻板仍搭接在刀盘上，刀盘转动掘进过程中周边刀会对翻板造成损害，直接影响对刀盘的密封效果。出现这种情况是因为橡胶帘板和翻板处于密封状态时距离刀盘太近，为避免刀盘切削桩体时橡胶帘板和翻板搭接在刀盘上造成损害，可以采取以下处理措施。

1）减小橡胶帘板和翻板的长度。适当减小橡胶帘板和翻板的长度可以避免周边刀转动时对翻板的损害，但翻板长度减小会对其自身强度和刚度提出更高的要求，很难保证对刀盘的密封效果。

2）根据盾构的结构尺寸及洞门密封橡胶帘板、翻板的尺寸规定，增加始发洞门端侧墙的厚度。增加侧墙厚度可以达到始发时保护翻板和橡胶帘板的目的，但临时增加侧墙厚度给施工带来很大困难，增加施工成本，同时会延长工期，这种方法同样不是最优的。

（6）安装负环管片

为实现盾构在车站内的前移，需将千斤顶的反作用力传递到反力架上。盾构始发推进时，需利用车站内临时拼装的负环管片作为后背向前推进。始发阶段负环管片全为封闭管片，负环管片之间采用通缝拼装，有利于及时、快速的拆除负环管片，便于尽早利用盾构井进行出渣、吊放管片及其他材料，为防止临时钢管片在受力时发生失稳现象，对负环管片进行加撑保护，随着管片相对盾体后移，管片慢慢脱离盾尾，需在脱出管片与始发基座之间用钢锲及方木锲子锲紧，并且在每环管片外围通过钢丝绳环绕一周，通过倒链拉紧固定，保证整个反力系统稳定。负环管片拼装后示意图如图5-45所示。

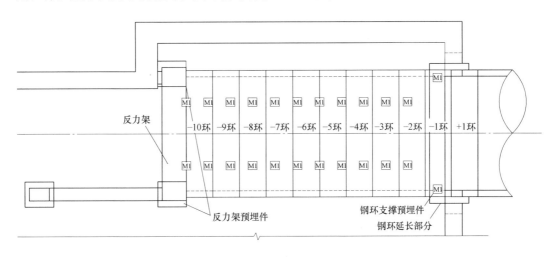

图 5-45　负环管片拼装后示意图

（7）盾构机调试

1）空载调试

盾构机组装和管线连接完毕后，即可进行空载调试。空载调试的目的主要是检查设备是否能正常运转。主要调试内容为：配电系统、液压系统、润滑系统、冷却系统、控制系统、注浆系统、出渣系统，以及各种仪表的校正。

2）负载调试

空载调试证明盾构机具有工作能力后，即可进行盾构机的负载调试。负载调试的主要目的是检查各种管线及密封设备的负载能力，对空载调试不能完成的工作进一步完善，以使盾构达到满足正常生产要求的工作状态。

（8）始发掘进

在盾构始发时，根据洞门端头围护结构平整度和盾构始发空间的需要，可采取措施对始发掌子面进行抹平或凿除找平处理。如果掌子面比较平整，能够使刀盘平面受力均匀，则可直接将盾构机刀盘推至掌子面，用刀盘对围护桩（墙）直接进行切割，达到顺利始发的目的。如端头围护结构局部不平整，影响受力且盾构井空间较大，可通过经济、安全分析采取抹平处理。在抹平桩体后，盾构机刀盘直接推至端头围护结构，在常压状况下进行始发，对围护桩桩体直接切削掘进。为避免刀盘损坏洞门密封装置，在翻板和侧墙之间加设外延钢套环。当盾尾脱出工作井壁后，调整洞圈止水装置中的弧形板，并与洞门特殊环管片焊接成一体，以防止土体从间隙中流失而造成地面的塌落。

盾构始发过程中，控制好盾构的主要参数是保证始发掘进安全的关键因素，盾构的主要参数包括总推力、掘进速度、扭矩和刀盘转速等。盾构总推力取决于盾构的千斤顶条数和油压，可通过调整油量的方法得到所需的推力。一般盾构推力的设定主要考虑以下几个因素：

1）作用于切削刀盘上的土压、水压；

2）地层与盾构外壳的摩擦力；

3）管片与盾构内周的摩擦力；

4）盾构后续设备的牵引力；

5）盾构推进偏离盾构轴线中线引起的偏离荷载等。

盾构始发切割玻璃纤维筋桩，此时由盾构掘进速度控制推力。洞门切削应缓慢进行，掘进速度过快会造成掘进扭矩的上升。盾构通过玻璃纤维筋围护结构和端头加固区域，按照如下盾构参数进行掘进：

1）盾构总推力：最大不宜超过 1000t；

2）推进速度：5mm/min；

3）刀盘转速：0.5～1.5rad/min；

4）刀盘扭矩：3600～4000kN·m。

盾构全部进入土体时，及时将洞门与管片环间的间隙密封，并从地面和洞口端面同时进行补注浆，控制洞口后期沉降，也有利于洞口段隧道的防水。

## 案例思考题

1. 背景资料

某地铁隧道盾构法施工，隧道穿越土层砂土，砂土重度 22kN/m³，内摩擦角为 $\phi=25°$；地下水为潜水，水位差 5m，地下水影响折减系数为 1。隧道覆土厚度 8m，采用土压平衡盾构施工，盾构外形尺寸：Φ6280×75000mm，总重量为 520t，已掘进 8km，设计使用寿命为 10km。施工项目部依据专项施工方案在具备始发条件后开始隧道施工，采用常规始发方法；盾构穿过加固段后完成试掘进 20m。掘进过程中始终按专项施工方案规定的各项施工参数执行。施工过程中发生以下事件：

事件一：拆除始发工作井洞口围护结构后发现洞口土体渗水，洞口土体加固段掘进时地表沉降超过允许值。

事件二：在细砂、砂卵石地层中掘进时，土压计显示开挖面土压波动较大。

事件三：同步注浆过程中发现地表隆起，管片破损。

事件四：盾构在接收时轴线与洞门偏离 50cm，造成盾构无法接收。

2. 问题

（1）盾构已接近使用寿命，进场验收前有必要进行盾构检测吗？阐述理由。

（2）本工程盾构刀盘可采用哪种形式？配置什么类型刀具？若刀盘扭矩系数为 25，估算刀盘扭矩。

（3）本工程能用泥水式盾构吗？原因是什么？

（4）采用哪种土压计算土仓压力？试计算土仓压力。

（5）若仅考虑盾构外壁周边与土体之间的摩擦力，试计算盾构总推力。

（6）试掘进长度是否正确？试掘进的目的是什么？

（7）掘进过程中始终按专项施工方案规定的各项施工参数执行是否正确？如不正确，写出正确作法。

（8）分析事件一发生的主要原因以及正确的作法；若采用无障碍始发或钢套筒始发能否避免该问题？

（9）分析事件二发生的主要原因以及应采取的对策。

（10）分析事件三发生的主要原因以及应采取的对策。

（11）分析事件四发生的主要原因以及应采取的对策。

# 第6章 顶 管 法

本章讲解了顶管法施工的基本方法和原理。通过本章学习，了解顶管法的含义、特点及适用范围；掌握顶管设备组成；掌握顶管法施工工艺及关键技术。

## 6.1 概 述

### 6.1.1 顶管法的含义及特点

顶管法施工是继盾构法施工之后而发展起来的一种地下管道施工方法，与盾构法施工极为类似。该方法借助于千斤顶（油缸）及管道间、中继间的推力，在人工或顶管机开挖土层的同时将预制管节从顶进工作井顶入并穿过土层一直到接收工作井内的施工方法。顶管法施工是一种非开挖施工方法，即不开挖或者少开挖的管道埋设施工技术。

我国从20世纪60年代开始，顶管技术不断得到开发和推广，同时也开始自行研制顶管施工机械。20世纪70年代～80年代，先后引进和开发了长距离顶管、中继间、泥浆减阻、计算机控制、激光导向系统等先进技术，管道顶进最大长度已超过千米。在我国经济高速增长的支持下，顶管技术的发展将面临前所未有的机遇，在加快引进国外先进技术的基础上，努力消化创新，加强研发和人才培养，其前景是非常乐观的。

顶管法施工技术具有以下特征：

（1）占地面积少，与同管径的开槽施工相比可节约用地。

（2）地面活动不受施工影响，可保持交通运输畅通无阻。

（3）穿越铁路、公路、河流、建筑物等障碍物时可减少沿线的拆迁工作量，节约资金和时间，降低工程造价。

（4）不破坏现有的管线及构筑物，不影响其正常使用。

（5）施工无噪声，减少对沿线环境的污染。

此外，与盾构法类似顶管法施工还具有一个突出的特点：选型及适应性问题。针对不同的土质、不同的施工条件和不同的要求，要选用不同适应性的顶管施工方式，这样才能达到事半功倍的效果，反之则可能使顶管法施工出现问题，严重的会使施工失败，给工程造成巨大损失。

### 6.1.2 顶管法的适用范围

顶管法适用土层很广，特别适用于黏性土、粉性土和砂土，也适用于卵石、碎石、风化残积土等非黏性土；但人工顶管不适用于有地下水的情况。顶管法主要用于管径300～4000mm的地下管道施工，设备能够平衡地下水压力和土压力，能控制地表的隆起和沉降，具有激光定向功能，顶进速度200～300mm/min。顶管法在如下工程中得到广泛应用：

（1）管道穿越铁路、公路、河流或建筑物时；

（2）街道狭窄，两侧建筑物多时；

（3）在交通量大的市区街道施工，管道既不能改线又不能断绝交通时；

（4）现场条件复杂，与地面工程交叉作业，相互干扰，易发生危险时；

（5）管道覆土较深，开槽土方量大，并需要支撑时。

## 6.2 顶管分类及设备组成

### 6.2.1 顶管分类

顶管分类方法很多，一般按顶进管径大小、作业方式及顶进距离进行分类。

1. 顶进管径大小

按顶进管子口径大小来分，可分为大口径、中口径、小口径和微型顶管4种。

（1）大口径：是指直径2000mm以上的顶管，最大口径可达5000mm，人能在管道中站立和自由行走。大口径的顶管设备比较庞大，管道自重也较大，顶进时比较困难。

（2）中口径：一般指管道直径在1200～2000mm之间，人猫着腰可以在其内行走，这种管道在顶管中占大多数。

（3）小口径：管道直径在500～1200mm之间，人只能在管内爬行，有时甚至爬行也比较困难。

（4）微口径：人无法进入管道里，管道直径在500mm以下，最小的只有75mm。这种口径的管道一般都埋得较浅，所穿越的土层有时也很复杂，已成为顶管施工的一个新的分支，技术发展很快，其形式也不断创新。

2. 按作业形式

按作业形式顶管机可分为手掘式、挤压式、半机械和机械式。

（1）手掘式顶管：指推进管节前方只有一个钢制的带刃口的管子，具有挖土保护和纠偏功能的被称为工具管，人在工具管内挖土，又称为人工顶管（图6-1）。手掘式只适用于能自稳的土中，如果在具有地下水的地层中顶进，则需要采用降水等辅助施工措施。如果是比较软的黏土则可采用注浆以改善土质，或者在工具管前加网格，以稳定挖掘面。手掘式的最大特点是在地下障碍较多的条件下，排除障碍的可能性最大、最好。

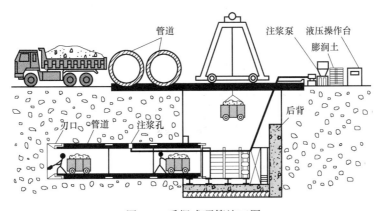

图6-1 手掘式顶管施工图

（2）挤压式顶管：如果工具管内的土是被挤进来再做处理就称为挤压式。挤压式顶管只适用于软黏土中，而且覆土深度要求比较深。

以上两种顶管方式在工具管内都没有掘进机械。

（3）半机械式顶管：指在管节前方的钢制壳体内有机械，如反铲之类的机械手进行挖土，则称为半机械或机械顶管。为了稳定挖掘面，顶管往往需要采用降水、注浆或气压等辅助施工手段。

（4）机械式顶管：是利用顶管机开挖洞体，将管节顶入的方法。在机械式顶管中，管节前方有一台顶管机，顶管机是一种切削破碎管节前方岩土体、平衡地层压力的机械。按顶管机的种类，机械式顶管分为土压平衡式和泥水平衡式。

土压平衡式顶管机工作原理为通过刀盘对正面土体的全断面切削，改变螺旋机的旋转速度及顶进速度来控制排土量，使土压仓内的土压力值稳定并控制在所设定的压力值范围内，从而达到开挖切削面的土体稳定。土压平衡式适用范围广，但由于出土机构较为复杂，经常被用于大口径顶管机，中小口径较少。

泥水平衡顶管机施工以泥水平衡原理为基本，通过改变泥水仓的送、排泥水量和顶进速度来控制排土量，使泥水仓内的泥水压力值稳定并控制在所设定的范围之内，从而达到开挖面的稳定。泥水平衡式的适用范围仅次于土压平衡式，且采用泥浆管道带出渣土，出土机构简单，适用于中小口径顶管，不过用水量较大，占地空间较多，排出的渣土含水量大，处理困难。

3. 按顶进距离分

按顶进工作井和接收工作井之间距离，分为普通顶管和长距离顶管。长距离顶管是随顶管技术不断发展而变化的，以往把100m的顶管就称为长距离顶管。随着注浆减摩技术水平的提高和设备的不断改进，100m已不称为长距离了，目前通常把一次顶进300m以上距离的顶管称为长距离顶管。

### 6.2.2 顶管设备组成

顶管设备主要包括顶进设备、顶管机或工具管、排土设备。

1. 顶进设备

顶管设备主要包括后背墙、后背、千斤顶、顶铁和导轨等，均安装在顶进工作井内（图6-2）。

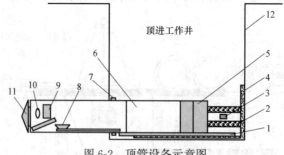

图6-2 顶管设备示意图

1—基坑导轨；2—千斤顶；3—激光经纬仪；4—后背；5—顶铁；6—待顶管道；
7—止水圈；8—土车；9—操作台；10—光靶；11—机头；12—后背墙

（1）后背墙

后背墙是将千斤顶顶力的反作用力传递到工作坑外岩土中去的墙体结构，是千斤顶后座力的主要支承结构。后背墙应具有足够的强度、刚度和稳定性，必须满足最大顶力的要求。

后背墙分为原土后背墙和人工后背墙。原土后背墙一般利用工作井后方的土壁，但必须有一定厚度，其土质宜为黏土、粉质黏土，该后背墙适用于顶力较小的情况；无法采用原土后背墙时可修建人工后背墙，但要设计简单、稳定可靠、拆除方便，目前常用的有钢架＋喷射混凝土、地下连续墙、钻孔灌注桩等结构形式。

（2）后背

后背设置在千斤顶与后背墙之间，是用于将顶力均匀地传递给后背墙的构件。后背的形式有钢筋混凝土、装配式、已顶进完毕的管道。

1）钢筋混凝土后背

一般采用 C30 混凝土浇筑，后背底面宜超过坑底板下至少 0.5m，后背顶面宜高出顶进管上顶 0.8～1.5m，厚宜不小于 0.5m，宽与工作井宽宜相等，后背面与管道轴线应垂直。

2）装配式后背

采用钢筋混凝土预制件、方木与型钢组合体、型钢焊接构件或整块钢板等形式，底端宜在工作坑底以下且不小于 0.5m，部件应固定可靠。

3）已顶进完毕的管道后背

利用已顶进完毕的管道外壁摩擦阻力来平衡顶力，顶进前需要确认待顶进段的最大允许顶力小于已顶管道的外壁摩擦阻力。

（3）千斤顶

千斤顶又称为油缸，是顶进设备的核心部件。千斤顶安装在顶进工作井的后背支架上，与管道中心的铅垂面对称。一般要求偶数个千斤顶且规格相同、缸体伸出速度同步，使用压力不得大于其额定的工作压力，伸出的最大行程应小于油缸行程。

（4）顶铁

顶铁主要起扩散顶力的作用。与管道接触部分的顶铁应使用与管端面吻合的圆形顶铁，其他部位的顶铁可为 U 形、马蹄形和矩形等。

顶铁的强度、刚度应满足最大允许顶力要求，安装轴线应与管道轴线平行并对称，顶铁在导轨上滑动平稳且无阻滞现象，传力均匀和受力稳定；顶铁与管端面之间应使用缓冲材料衬垫。

（5）导轨与基座

导轨固定在顶进工作井底板上的基座上。导轨在顶管时起导向作用，即引导管道按设计的中心线和坡度顶入土中，保证管道在顶入前位置正确；在接管时导轨又可作为管节吊放和拼焊的平台（图 6-3）。

2. 工具管或掘进机

工具管外形与预制管道相似，是由普通顶管的刃口演变而来，可以重复使用（参见图 6-1）。工具管安装于预制管道前端，具有控制顶管方向、掘土和防止塌方等功能。

掘进机与盾构类似（图 6-4），由刀盘及驱动电机、主轴承、土（泥水）仓、出土机构等组成，区别在于顶管机是将预制管道顶进土层中，而盾构边掘进边拼装管片。

顶管也存在选型问题，选择主要考虑刀盘扭矩、刀盘结构形式及刀具、排渣粒径、顶管机纠偏能力等因素。

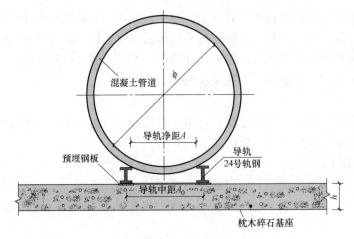

图 6-3  导轨与基座示意图

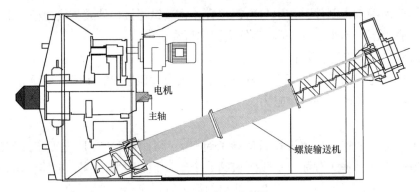

图 6-4  掘进机示意图

3. 排土设备

（1）人工顶管

参见图 6-1，在工具管刃口保护下，采用铁锹等工具挖掘土体，用斗车出土。

（2）机械式顶管

土压平衡式顶管机采用螺旋输送机出土，通过传送带运输。

泥水平衡式顶管机采用吸泥排泥设备将泥浆运输出。

# 6.3  顶管法施工

## 6.3.1  顶管法施工工艺过程

顶管法施工工艺过程为：施工准备→工作井开挖→顶管设备安装→始发顶进→管节下放与连接→减阻泥浆→中继间施作→顶管接收→结束。

先在管道设计路线上施工一定数量的小基坑作为顶管的工作井，起点工作井称为顶进工作井，终点工作井称为接收工作井，工作井有圆形和方形的，一般采用钢架＋喷射混凝土的支护形式。工作井侧壁设有圆孔或方孔作为预制管道的出口与入口，预制管道从顶进工作井中推进，一直到接收工作井，完成一段管道铺设。继续上述施工过程，最终完成整条管道的施工。需要注意的是：在多段连续顶管的情况下，顶进工作井也可当接收工作井用，但反过来则不行，因为一般情况下接收工作井比顶进工作井小许多，顶管设备是无法安放的。

预制管节是地下管道工程的主体。目前顶进的预制管节主要是根据地下管道直径确定的，一般为圆形钢管或钢筋混凝土管；管径有多种，但当管径大于 4m 时，顶进困难，施工不一定经济。预制管节长度一般为 3m，必须采用可靠的管接口，该接口在施工时和施工完成以后的使用过程中都不能渗漏。

中继间也称中继站或中继环，是当所需的顶力超过千斤顶的顶力时，把一段管线分成若干个推进单元而设置的一种顶进设施，一般由多个顶进油缸、液压油管和泵站组成，顶进长度超过 100m 时需要设置中继间（图 6-5）。

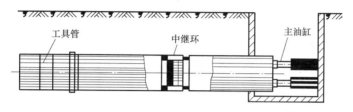

图 6-5　顶管法施工中继间示意图

### 6.3.2　顶管法施工关键技术

1. 始发与接收洞口土体加固与洞口密封

顶管始发与接收时对洞口土体进行加固目的是使土体具有自立性、隔水性和一定的强度，否则将产生坍塌，出现涌水、涌泥等。

管节与洞口之间都必须留有间隙，此间隙的存在使地下水、泥砂和触变泥浆流入到工作井内，严重时会造成洞口的坍落，造成事故，故洞口必须密封。

洞口土体加固与密封方法参见第 5 章盾构法。

2. 方向控制

在顶管施工过程中，工具管或掘进机后面的管道必然跟随行进，实际上这一过程是工具管或掘进机在土体里开挖出洞孔，管道沿洞孔进行铺设。因此工具管或掘进机产生的偏差都将全部保留在整条管线上，而且工具管或掘进机的纠偏是非常重要的，纠偏质量将直接影响顶管施工的质量。

方向控制是指工具管偏离设计轴线后，利用工具管或掘进机的顶进机构，改变管端的方向，减少偏差的过程，使管道沿设计轴线顶进。

在机械式顶管中，大多使用激光经纬仪进行方向控制。激光经纬仪是在普通的经纬仪上加装一个激光发射器而构成的。把激光经纬仪安装在工作井内（参见图 6-2），并按照管线设计的坡度和方向调整好，同时在管内装上标示牌（接收靶），当顶进的管道与设计轴线位置一致时，激光点可射到标示牌中心，说明轴线无偏差，否则根据偏差进行校正。

3. 顶力

顶管施工前必须先计算顶力，然后才能根据计算出的顶力进行施工设计。与顶管直接有关的设计内容主要包括：千斤顶的选用规格及数量，不采用中继间的最大顶进距离，采用中继间的数量及其间距，管端能承受的最大顶力，是否采用润滑剂，后背墙的设计，以及不同方案的对比等。

如果在顶进过程中，管道所受的应力大于其极限应力，就会引起管道的变形和破坏，影响管道正常的安装和使用。所以，为了避免损害管道及结点处发生应力集中，需精确地估算顶力的大小。顶管施工过程中，顶力的大小也关系到顶管工程能否顺利完成。一般认为顶力包括两方面：正面阻力和预制管道的侧面摩擦阻力。

（1）上海地区经验公式

结合上海地区土层的具体条件、触变泥浆顶管工程的成熟经验，得出了总顶力 $F_p$ 计算公式。

$$F_p = K\pi DL \tag{6-1}$$

式中　$D$——管道外径（m）；

　　　$L$——顶进距离（m）；

　　　$K$——采用触变泥浆时每平方米管道的外侧顶力，上海地区取 $K=8\sim12\text{kN/m}^2$。

（2）国家标准推荐的经验公式

国家标准《给水排水管道工程施工及验收规范》GB 50268—2008 推荐的经验公式为：

$$F_p = \pi D_0 L f_k + N_f \tag{6-2}$$

其中：

$$N_f = \frac{\pi}{4} D_g^2 P$$

$$P = K_0 \gamma H_0$$

式中　$F_p$——顶进阻力，即总顶力（kN）；

　　　$D_0$——管道外径（m）；

　　　$D_g$——顶管机外径（mm）；

　　　$L$——管道设计顶进长度（m）；

　　　$f_k$——管道外壁与土的单位面积平均摩阻力（kN/m²）；

　　　$N_f$——顶管机的迎面阻力（kN）；

　　　$P$——控制土压力（kN/m²）；

　　　$H_0$——覆土厚度（m）；

　　　$K_0$——静止土压力系数，$K_0 = 1-\sin\phi$，$\phi$ 为土的内摩擦角；

　　　$\gamma$——土的重度（kN/m³）。

4. 后背墙受力验算

后背墙在顶力作用下，产生压缩，压缩方向与顶力作用方向一致。当停止顶进，顶力消失，压缩变形随之消失，这种弹性变形现象是正常的；顶进过程中，后背墙不能破坏，不得产生不允许的压缩变形。

假定千斤顶施加的顶力是通过后背墙均匀地作用在工作井的土体上，见图6-6。为确保后背墙在顶进过程中的安全，后背墙的反力 $R$ 采用下式计算：

$$R = \alpha B \left( \gamma H^2 \frac{K_p}{2} + 2cH\sqrt{K_p} + \gamma h H K_p \right) \tag{6-3}$$

式中　$R$——总推力的反力（kN）；

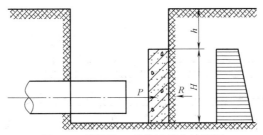

图 6-6 顶进施工后背墙反力计算图

  $\alpha$——系数，取 1.5～2.5；

  $B$——后背的宽度（m）；

  $\gamma$——土的容重（kN/m³）；

  $H$——后背的高度（m）；

  $K_p$——被动土压力系数；

  $c$——土的内聚力（kPa）。

为保证安全，后背墙的反力 $R$ 应为总推力 $F_p$ 的 1.2～1.6 倍。

5. 触变泥浆减阻及泥浆置换

在顶管中为了减少管壁四周的摩阻力，在管壁外注入触变泥浆，形成一定厚度的泥浆套。利用触变泥浆的支承作用，防止土体坍塌；利用触变泥浆的润滑作用，来减少管壁与土体间的摩擦力。触变泥浆注浆系统由泥浆池、注浆泵和管道及注浆管组成（图 6-7）。

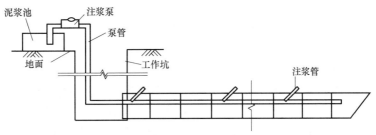

图 6-7 顶进施工泥浆注浆系统图

在长距离顶管中，由于施工工期较长，触变泥浆容易失水而失去作用，因此在管道沿程，从工具管开始每隔一定距离都需设置注浆孔，及时补充新的触变泥浆。

在顶进过程中，管道壁外的土体受到扰动，上层土体易形成松动或空洞，引起地面沉降或坍塌。顶管施工结束后，从混凝土管内部通过注浆孔向管外土体注入加固浆液并将触变泥浆置换出来（图 6-8），对土体进行加固，可最大限度地消除因顶管施工造成的地面沉降。

### 6.3.3 顶管法施工时应注意的问题

顶进应连续作业，当顶进过程中遇下列情况之一时，应暂停顶进，及时处理，尽快恢复作业：

（1）开挖面遇到障碍；

（2）后背墙变形严重；

（3）顶铁发生扭曲现象；

（4）管位偏差过大且纠偏无效；

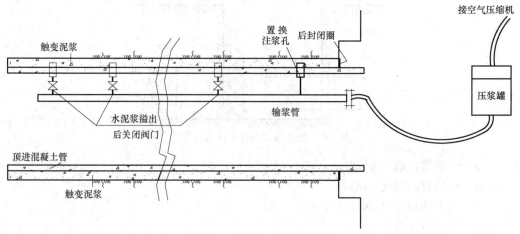

图 6-8　顶进施工泥浆置换图

（5）顶力超过管材的允许顶力；

（6）设备发生异常现象；

（7）管节接缝、中继间渗漏泥水或泥浆；

（8）地层、邻近建（构）筑物和管线等周围环境的变形量超出控制允许值；

（9）地面监测出现异常；

（10）地层出现实质性异常。

# 6.4　工程案例

### 6.4.1　工程概况

本顶管工程安装一条输水管线，管材采用钢筋混凝土，管内径 $d=2220$mm，管壁厚度 22mm，一次顶进最大距离 510m，属于大口径长距离顶管，对顶管施工技术的要求很高。管顶覆土厚度约为 4.5m，管道穿越的主要地层为黏土、砂质黏性土、含水丰富的淤泥、透水性较强的淤泥质细砂、淤泥质粉砂、中砂及粗砂层，土层变化大。地下水埋深为 2.0～3.0m。

### 6.4.2　顶管机的选型

根据本工程的地质特点，经多次比选论证，最终决定采用泥水平衡式的顶管机施工，其具有以下特点：

（1）适用的土质范围比较广，在地下水压力很高以及变化范围较大的条件下，也能适用。可有效地保持挖掘面的稳定，对管道周围的土体扰动比较小，顶管中途暂时中止时，将进泥口完全关闭，可保持顶进面的压力。由于泥水输送弃土的作业是连续不断地进行的，所以作业进度比较快。

（2）泥浆的运输和存放比较困难，所需作业场地大，设备成本高，口径越大，泥水处理量也就越多，因此仅适用于小口径管道。泥水顶管施工的设备比较复杂，一旦出现了故障就要全面停止作业。

### 6.4.3　顶进施工工艺流程

顶进施工工艺流程如图 6-9 所示。

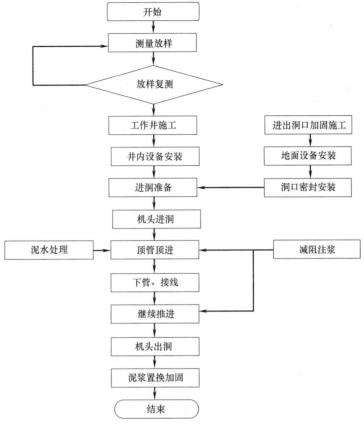

图 6-9　顶管施工工艺流程图

### 6.4.4　顶进技术措施

1. 始发与接收

顶管始发与接收是整个施工过程中的两个关键环节。为确保顶管机顺利进、出洞，防止土体坍塌涌入工作井，需完成以下工作。

1）根据所处位置及地面施工条件，采用深孔放射型超前预注双液浆法进行洞口土体加固施工（图 6-10）。

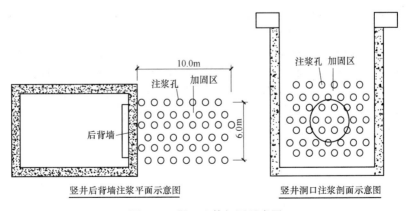

竖井后背墙注浆平面示意图　　　　竖井洞口注浆剖面示意图

图 6-10　洞口土体加固示意图

2）施工前在洞圈上安装一环形帘布橡胶板，以密封洞口，橡胶板由 12mm 压板固定牢靠，压板的螺栓孔采用椭圆形式，以利于在顶进中随时调节压板与管节间的间隙，保证帘布橡胶板的密封性能。

## 2. 泥浆减阻技术

在长距离顶管施工中，减阻泥浆的应用是减小顶进阻力的重要措施。泥浆润滑减摩剂又称触变泥浆，由膨润土、纯碱和水按一定比例组成。本顶管出洞 200m 范围内为砂性土，含水量高，渗透性强。因此要求该段的浆液黏度高，失水量小，并对土层要起一定支承作用。

## 3. 中继间的应用

经过计算，总推力需要 1552t，而本工程采用的顶管掘进机顶进的后座采用 4 个 200t 的主顶油缸，总推力只有 800t，所以需要中间接力顶进。本工程采用的中继间总推力为 500t，当主顶油缸总推力达到中继间总推力的 40%～60% 时，就安放第一个中继间。以后，每达到中继间总推力的 70%～80% 时，安放一个中继间。

## 4. 方向控制

在实际顶进中，顶进轴线和设计轴线经常发生偏差，因此要采取纠偏措施，减小顶进轴线和设计轴线间的偏差值，使之尽量趋于一致。顶进轴线发生偏差时通过调节纠偏千斤顶的伸缩量，使偏差值逐渐减小，并回至设计轴线位置。在施工过程中，应贯彻"勤测、勤纠、缓纠"的原则，不能剧烈纠偏，以免对管节和顶进施工造成不利的影响。顶进时应掌握工具管的走势，通过观察工具管的趋势来纠偏。

## 案例思考题

### 1. 背景资料

某输水管线顶管工程，管材采用钢筋混凝土，管材管径为 DN2200，顶管机外径 2.68m，一次顶进最大距离 200m，属于大口径长距离顶管，对顶管施工技术的要求很高。管顶覆土厚度约 4.5m，管道穿越的主要地层为黏性土、含水丰富的淤泥、透水性较强的淤泥质细砂、淤泥质粉砂、中砂及粗砂层；土体平均内摩擦角为 $\phi=25°$，内聚力 $c=12$kPa。地下水埋深为 2.0～3.0m。

### 2. 问题

（1）可否选用人工顶管？阐述理由。

（2）是否要采用中继间？如何设置中继间？

（3）假设管道外壁与土的单位面积平均摩阻力为 10kN/m²，土的重度 21kN/m³，采用《给水排水管道工程施工及验收规范》GB 50268 中的经验公式，计算总顶力。

（4）假设后背的高度为 3m，试计算后背的宽度。

（5）顶管机始发时洞口附近地面出现塌陷、地下水涌入工作井，分析可能的原因。

（6）顶进过程中，发现后背墙、管节变形严重，分析原因并阐述可能采取的措施。

（7）顶进过程中，发现轴线偏离，分析轴线偏离原因并阐述纠偏措施。

# 第7章 沉 管 法

本章讲解了沉管法施工的基本方法和原理。通过本章学习，掌握沉管法含义及优缺点；掌握沉管隧道管节制作、浮运、沉放和对接方法；掌握基础和垫层施工方法。

## 7.1 概　　述

### 7.1.1 沉管法的含义

沉管法是指在干坞内或大型移动干坞船上先预制管节（管段），再浮运到指定位置下沉对接固定，进而建成过江隧道或水下构筑物的施工方法。采用沉管法施工的隧道简称为沉管隧道。

沉管法经过近百年的研究和发展运用，技术体系趋于完善，施工工艺更加成熟，已经成为建设跨越江河（海）通道工程的主要工法之一。据统计，全世界已有约150座沉管隧道，1993年建成的广州珠江隧道是我国大陆地区首次采用沉管法建成的水下隧道。2002年建成的宁波常洪隧道，根据隧址特殊的地质水文条件，采用桩基础，为我国在软弱地基上建造沉管隧道积累了经验。广州仑头-生物岛隧道与生物岛-大学城隧道在国内首次采用移动干坞预制沉管管段工艺。目前我国大陆已经建成十几座沉管隧道，在建及拟建沉管隧道也有十几座，其中港珠澳沉管隧道规模最大。

沉管隧道建造技术的发展趋势是沉管隧道的长度越来越长，埋置深度越来越大，单洞宽度越来越大，适用功能从单一用途向多用途发展，施工工艺向多元化、标准化发展。

### 7.1.2 沉管法优缺点

在大型的水下隧道工程施工中，沉管法和盾构法被各国广泛采用。沉管法与盾构法相比具有以下优点：

（1）断面形状选择自由度大，大断面容易制作，断面利用率高；

（2）有利于缩短工期，防水性能优越；

（3）隧道埋深浅，总长短；隧道对基底地质适应性强；

（4）隧道抗震性能优越；

（5）隧道接缝少，防水性能良好。

与盾构法相比，沉管法具有以下缺点：

（1）需要场地预制管节，占用的施工场地多，并进行水上拖运；

（2）基槽开挖后会受到回淤的影响；

（3）对通航有一定的影响；

（4）施工受气候、水文等自然条件影响较大。

## 7.2 沉管法施工

沉管法施工内容大致可分为干坞修筑、管节预制、基槽开挖、地基与基础垫层施工、管节安装（管节沉放、管节对接、衔接段处理）、回填覆盖等。

### 7.2.1 干坞修筑

干坞是用于管节预制的场地，可兼用于舾装、起浮、系泊，通常为固定干坞，特殊情况下利用大型半潜驳船作为管节预制、舾装的场地称为移动干坞。

1. 固定干坞

固定干坞可分为独立干坞和轴线干坞。

（1）独立干坞

在隧道轴线以外合适的位置建造的干坞称为独立干坞，其优点是岸上段结构、管节制作以及基槽开挖等关键性的工序都可以实现平行作业，从而可以最大限度地节省工期。缺点是因单独选址来进行深大基坑开挖支护，且施工坞口岸壁保护结构，导致工程造价高。港珠澳大桥岛隧工程都是采用独立干坞，如图 7-1 所示。

图 7-1　港珠澳大桥干坞

（2）轴线干坞

轴线干坞是在隧道轴线岸上段主体结构位置布置干坞。将干坞与隧道岸上段相结合，减少了施工场地的占用，同时岸上段和干坞共用一部分基坑开挖和支护，可以减少一部分工程费用。管节从坞内拖出后，直接沿隧道纵向浮运，减少了航道疏浚费用。如广州珠江沉管隧道、广州洲头咀隧道、宁波甬江沉管隧道、宁波常洪沉管隧道和天津海河隧道。

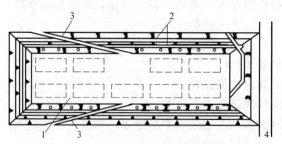

图 7-2　固定干坞平面布置图

1—坞底；2—边坡（坞墙）；3—运输车道；4—坞首围堰

一般而言，固定干坞由坞墙、坞底、坞首、坞门、排水系统和车道组成（图 7-2）。其中坞墙可采用坡度为 1：2 的自然土坡，并喷射混凝土防渗墙；常规坞底采用干砂层，在其上浇筑 25～50cm 钢筋混凝土，对于松软的黏土或淤泥层可换填 1.0m 碎石或结合桩基础加固。

### 2. 移动干坞

移动干坞是修建或租用半潜驳作为可移动式干坞，在其上完成管节的预制，利用拖轮将半潜驳拖运至隧道附近已建好的港池内下潜，实现管节与驳船的分离，再将管节浮运到隧道位置完成沉放安装。2010年建成的广州市仑头-生物岛隧道是世界上第一座采用移动干坞建成的沉管隧道，实现了沉管隧道建设史上的突破，如图7-3所示。

图7-3 移动干坞

#### 7.2.2 管节制作

管节是一次或分次预制完成，可实施浮运、沉放、水下对接组成沉管结构的基本单元。管节主要有三种结构形式：钢壳管节、混凝土管节和钢壳＋钢筋混凝土管节。国内主要采用混凝土管节。管节按截面形式分为：圆形截面和矩形截面，矩形是常用的沉管截面形式，该类沉管多在临时性干坞中制作钢筋混凝土管段，制成后浮运至隧道址进行沉放；矩形截面具有断面利用率高的特点，可同时容纳2～8个车道。

混凝土管节与大型钢筋混凝土构件的制作工艺类似，但对管节的对称均匀性和水密性的要求特别高。管节的预制分为钢筋及预埋件安装、模板处理、混凝土施工等步骤。管节浇筑的顺序根据施工工艺条件调整，可分次进行或一次性整体浇筑，一般采用一次性整体浇筑。管节制作是沉管法施工关键内容之一，其关键技术包括：

（1）容重控制技术

混凝土容重决定了管节重量大小，如果控制不当，可能造成管段无法起浮等问题，因此必须对混凝土容重进行控制，主要措施包括配合比控制、衡器计量控制、配料控制、容重抽查等。

（2）几何尺寸控制

几何尺寸控制是管节预制施工重点之一。几何尺寸误差将引起浮运时管节重心变化、增加管节对接难度和质量、影响接头防水效果，甚至影响隧道整条线路。管节几何尺寸控制措施主要包括精确测量控制、模板体系控制、钢端壳控制，钢端壳采用二次安装消除安装误差。

（3）结构裂缝预防

图7-4 港珠澳大桥的管节制作

管节混凝土裂缝的控制是沉管隧道施工成败的关键之一，也是保证隧道稳定运行的决定性因素，需要在所有施工环节对裂缝控制予以充分考虑。出现裂缝后，应采取补救措施：第一类为表面裂缝，可采用表面封堵方案处理；第二类为贯穿性裂缝，可采取化学灌浆方案处理。

管节混凝土拆模后，需在管段两端距离端面50～100cm处设置钢结构或钢筋混凝土结构端封墙，安装GINA橡胶止水带（图7-4）。端封墙为临时结构，其设计荷载为最大静水压力。此外，端封墙上必须设置排水间、进气阀以及出入孔。

### 7.2.3 基槽开挖

基槽是指用于埋置隧道的条形水下基坑。基槽开挖主要有挖泥、爆破、凿岩等方法。挖泥适用于开挖土层或强风化岩层；水下爆破一般多采用钻孔爆破法，用于清除水下硬质岩层；凿岩作业适用于强风化至中风化或砂岩的地质情况。基槽的断面主要是由三个基本尺寸决定，即底宽、深度和边坡坡度。基槽的底宽一般比管段底宽大4～10m，基槽深度为覆盖层厚度、管段高度以及基础处理所需超挖深度三者之和，如图7-5所示。

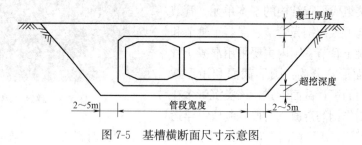

图7-5　基槽横断面尺寸示意图

1. 水下挖泥

对于土类多采用挖泥船进行施工。

（1）待挖表面的清理：主要是在测量好的待挖范围内清理石块、杂物等障碍物，用抓斗式挖泥船较合适。若两岸有妨碍定位测量的障碍物也应一并清理，清理后用探测仪探测，大致反映基槽的开挖全貌。

（2）基槽切滩：借助定位测量仪器挖除高于水底自然轮廓的浅滩。

（3）基槽粗挖：根据探明的地质情况，选用合适的挖泥船进行粗挖。可选择铰吸式挖泥船，抓斗式、链斗式、耙吸式挖泥船。

（4）基槽精挖：常分层开挖，每层的开挖深度较小，速度稍慢。通常借助定位测量仪器，确保精度要求。

每一层开挖完成后应准确探测，为下一层的开挖做好准备。将精挖放在邻近管节沉放期间进行，可以减少成形后基槽中泥沙的淤积及清淤的工作量。

2. 水下爆破

水下钻孔爆破，是通过水上钻爆船（驳）或工作平台，配以套管穿过水层对水下岩石进行钻孔，在船上或平台上进行装药、堵塞、连线、起爆等作业，进行水下爆破开挖的一种爆破方法。

爆破前宜采用水下声呐技术掌握水下地形、地貌及其他情况。水下爆破应根据江段水流流速、流向、水深、岩性、拟炸岩层厚度及周边环境，选择爆破工艺，确定爆破参数。爆破时应沿基槽纵向分段组织爆破，每段施工时宜采用适宜宽度分条、分层爆破。

3. 水下凿岩

水下凿岩是在挖泥船的抓斗吊机上安装铸钢制造的凿岩棒，施工时将其提升到一定高度后自由落下，依靠重力冲击河床，以纵向撞击力破碎岩石。其技术特点是：先凿岩后清礁；设备改造简便而经济，凿岩棒是对抓斗船功能的改进；进退场灵活，避让及时。

水下凿岩施工应根据岩层的岩性、厚度、风化程度、凿岩工程量和工期进度要求选定凿岩船；应根据地质勘察资料、岩质分布及施工经验数据选择凿岩棒。

4. 基槽清淤

垫层施工前及管节沉放之前，应检查基槽底有无回淤。基槽底回淤沉积物重度大于11.0kN/m³，且厚度大于0.3m时需要清淤，清淤宜分层实施。

1）基槽清淤应根据淤泥工程量、流动特点、周边情况等因素匹配相应的清淤设备。

2）应编制专项清淤方案并在实施前进行技术交底。

### 7.2.4 地基与基础垫层施工

管节地基有天然地基与人工地基，人工地基主要有排水固结地基、换填地基、砂桩、碎石桩复合地基、预制桩等。

沉管隧道垫层处理方法按管节沉放先后分为后填法和先铺法。垫层施工前基槽底回淤沉积物厚度应满足设计要求，否则应清淤至满足设计要求。清淤后应尽早施工基础垫层。

1. 后填法基础垫层施工

后填法是管节沉放对接后完成的基础垫层施工方法，通常包括喷砂法、砂流法、压浆法等。后填法的施工工艺如图7-6所示。

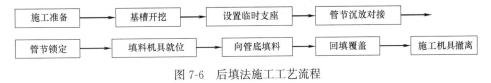

图7-6 后填法施工工艺流程

（1）喷砂法

喷砂法是通过伸入管节底下的管道向管节底板与基槽底之间的空隙喷注砂、水混合料形成基础垫层的方法，适用于底宽较大的沉管隧道。从水面上用砂泵将砂、水混合料通过伸入管段底下的喷管向管段底喷注、填满空隙。砂垫层厚度1m左右，沿着轨道纵向移动的台架外侧挂三根L形钢管，喷砂管两侧为回吸管（图7-7）。

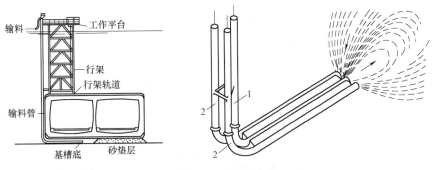

图7-7 喷砂法
1—喷砂管；2—回吸管

（2）砂流法

砂流法是通过管节侧墙、隔墙、底板预留孔压注砂（或砂与水泥熟料）充填管节底板与基槽底之间空隙形成基础垫层的方法，又称灌砂法、压砂法。纵向灌砂应按照先中间后两侧顺序对称进行，工艺原理如图7-8所示。

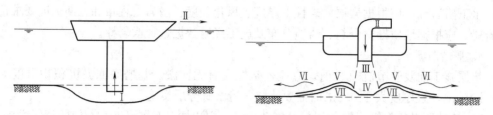

图 7-8 砂流法原理图

Ⅰ—砂的提取；Ⅱ—砂的输入；Ⅲ—混合流的形成；Ⅳ—形成砂积盘；Ⅴ—混合物在水下斜坡上溢出；

Ⅵ—砂的流失；Ⅶ—砂的沉积和斜坡形成

（3）压浆法

压浆法是在隧道内部，经预埋在管段底板上带单向阀的压浆孔向管底空隙压注混合砂浆，如图 7-9 所示。

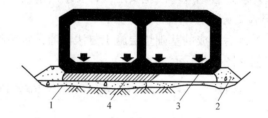

图 7-9 压浆法

1—碎石垫层；2—砂；3—石封闭栏；4—压入砂浆

2. 先铺法基础垫层施工

先铺法是在管节沉放前用刮铺船或整平架上的刮板在基槽底整平铺垫材料（粗砂、碎石或砂砾石）作为管节基础，适用于底宽较小的沉管隧道。利用导轨刮平垫层的先铺法施工工艺流程如图 7-10 所示，装置如图 7-11 所示。

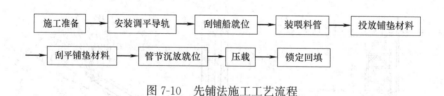

图 7-10 先铺法施工工艺流程

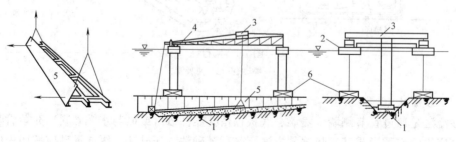

图 7-11 先铺法

1—粗砂或砾石垫层；2—驳船；3—车架；4—桁架及轨道；5—钢犁；6—锚块

### 7.2.5 管节安装

**1. 舾装**

管节浮运、沉放所需的临时设施及设备安装作业称为舾装，一般分为一次舾装与二次舾装，舾装部件装置、管节定位见图7-12、图7-13。在管节试漏、起浮前完成管节的一次舾装，主要包括：GINA橡胶止水带、鼻托及导向装置、端封墙的制作与安装、压载系统、系缆桩、管面预埋件、通风、照明及用电控制系统、垂直千斤顶、灌砂管等。在管节起浮后，沉放前进行管节二次舾装，主要包括：控制塔、人孔、水平拉合座和拉合千斤顶、吊点和吊驳、纵横调节系统（固定五轮滑车、活动五轮滑车、固定单轮滑车、导缆钳、活动双轮滑车）。

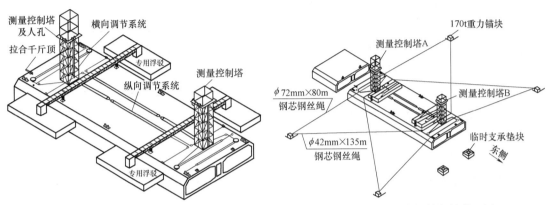

图7-12 管节浮运舾装部件装置图　　　　图7-13 管节定位舾装部件装置图

**2. 浮运**

管节浮运前，应对舾装设施按规范进行检查，对主体结构混凝土、端封墙、压载水箱等进行水密性检漏。在干坞内进行试浮，测量管节干舷高度，并应根据管节顶部舾装设备重量及二次舾装后干舷值要求制定防锚层或压重层浇筑高度，防锚层或压重层浇筑应分块对称施工。

管节浮运主要有拖轮浮运、拖轮拖运移动干坞、绞车拖运与拖轮顶推、岸控绞车和驳船绞车拖运等。

拖轮浮运即管节预制完成后，采用A拖轮对管节提供浮运主动力，另用四艘拖轮提供顶潮力和控制管节运动方向。五拖轮易于操作控制，长距离浮运不受风力影响，移动干坞占用时间少。但是拖轮和管节占用航道水域较宽，管节拖运速度较慢，拖运受水流因素影响大，浮运形式如图7-14所示。

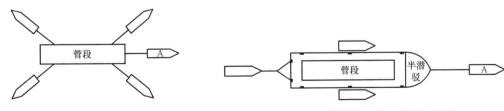

图7-14 拖轮浮运管节示意图　　　　图7-15 拖轮拖运移动干坞示意图

拖轮拖运移动干坞即管节预制完成后，仍然装载在移动干坞上，采用A拖轮对移动干坞提供浮运主动力，另用两艘拖轮分别在移动干坞两侧与移动干坞连接在一起提供转向动力及前进助力，再用一艘尾拖作为备用拖轮兼调节管节运动方向。此方法对航道深度的要求低，浮运过程中水流不会对管节产生影响，浮运速度快，航道占用时间短，但该方案操作复杂，受风力影响大，如图7-15所示。

绞车拖运与拖轮顶推即在管节前方下锚一艘方驳，其上安装一艘液压绞车作为管节前进的主动力，管节尾部两艘方驳安装绞车作为管节的制动力，管节两侧在浮运时用三艘拖轮顶潮协助施工。该方案对于短距离浮运施工速度快，占用航道时间短，施工中淤泥不会卷入基槽，工序交替简单；若用于长距离作业，方驳和管节下锚次数多，管节浮运速度慢，占用航道时间长。拖运方式如图7-16所示。

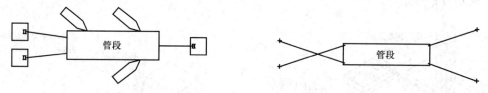

图7-16　绞车拖运、拖轮顶推管节示意图　　　图7-17　岸控定锚绞车浮运管节示意图

岸控绞车和工作驳船绞车拖运方案即对于轴线干坞等临近基槽预制管节的情况，可直接采用岸控绞车和水中工作驳船绞车拖运管节，如图7-17所示。

3. 管节寄放

管节寄放宜选择水深足够、风浪小、水流缓的非通航水域，宜采用四点系泊进行定位。

4. 管节沉放

管节沉放方法主要有拉沉法和吊沉法两种形式。吊沉法包括浮箱吊沉法、起重船吊沉法、船组杠沉法和自升式平台吊沉法等。

（1）拉沉法

拉沉法是利用预先设在沟槽的地垄，通过架设在管节上面的卷扬机和扣在地垄上的钢丝绳，将管节缓缓拉入水中。水底桩墩设置费用较高，尤其是施工水深较大或管节数量较多时。因此现在沉管隧道施工时已极少采用。

（2）吊沉法

1）浮箱吊沉法

在管节顶板上方设置多组浮箱，在浮箱上设置起吊卷扬机，利用管节上的定位索控制坐标，通过逐渐向管节内压载，使管节逐渐下沉到预定位置的方法。改进后的浮箱沉吊法，采用2个大浮箱或改装驳船取代了4只小浮箱，沉放稳定性和起重能力有所增加，是目前中大型沉管隧道管节沉放的主要方法，如图7-18所示。

2）起重船吊沉法

管节浮运到位后，利用2～4艘起重船提吊管节顶面预设的吊点，起吊管节，同时通过逐渐向管节内压载，使管节逐渐下沉到预定位置的方法，如图7-19所示。

3）船组杠沉法

将一组钢梁（杠棒）的两端担在两只船体上构成一个船组，沿管节设置一个或多个船组，起吊卷扬机安装在杠棒上，船组和管节定位卷扬机安装在船体上，利用定位索控制坐标，通过逐渐向管节内压载，使管节逐渐下沉到预定位置，如图7-20所示。按照船组数

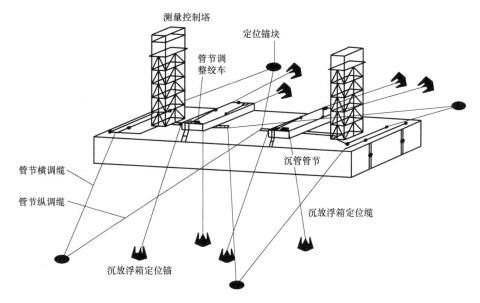

图 7-18 浮箱吊沉法

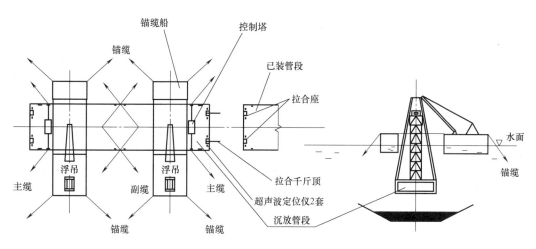

图 7-19 起重船吊沉法

可分为四方驳抬吊法和双驳抬吊法。

4）自升式平台吊沉法

自升式平台由平台（船体）和 4 根柱脚组成。该方法依靠平台浮移到位后，柱脚依靠千斤顶下压至河床以下，平台沿柱脚升出水面，通过逐渐向管节内压载，利用平台上的起吊设备使管节逐渐下沉到预定位置，如图 7-21 所示。施工完成后，落下平台到水面，利用平台的浮力拔出柱脚。该方法适用于水深大、施工水域小且水文条件恶劣的沉管隧道。

5. 管节对接

管节对接是指将管节与管节或衔接段间进行拉合及水力压接的过程。水力压接法是利用作用在管节两端端封墙的巨大水压力，使安装在管段前端断面周边上的一圈 GINA 橡胶止水带发生压缩变形，在端封墙之间构成一个水密性良好的空间，将端封墙之间的水排

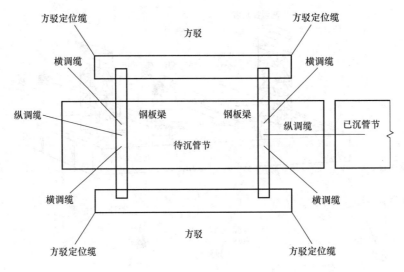

图 7-20　船组（双驳）杠沉法

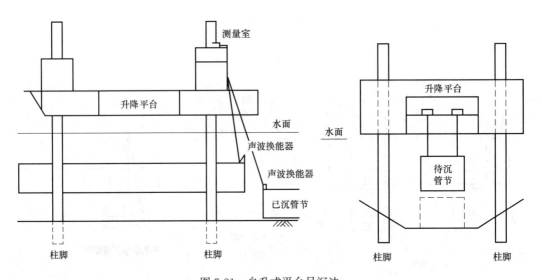

图 7-21　自升式平台吊沉法

出去，利用压差形成管节间接头，其基本原理见图 7-22。

用水力压接法进行连接的主要工序是：对位→拉合→压接→拆除端封墙。

（1）对位

管段沉放到临时支承上后，操作钢绳进行初步定位，然后用临时支承上的垂直和水平千斤顶精确定位。

（2）拉合

对位之后，已设管段和新设管段仍有空隙，通常用带有锤状螺杆的专用千斤顶拉合，使 GINA 橡胶环的尖肋部分产生变形，具有初步止水作用。

（3）压接

接着用水泵抽掉端封墙间的水，使得新管段自由端受到 30000～45000kN 静水压力作用，GINA 橡胶环被压缩，接头完全封住。

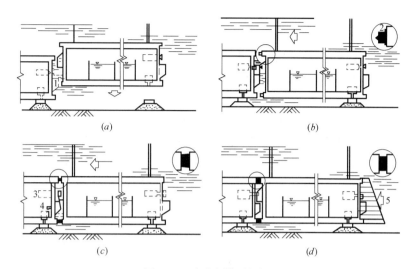

图 7-22　水力压接法原理

（a）管段下沉；（b）管段对位；（c）管段拉合；（d）排水压紧

1—鼻式托座；2—接头橡胶环；3—拉合千斤顶；4—排水阀；5—水压力

（4）拆除端封墙

压接完毕后就可拆除端封墙。拆除封墙后各管段相同，连成整体，并与岸上相连，辅助工程与内部装修工程即可开始。

6. 接头处理

沉管隧道的接头具有以下要求：水密性好，在施工和运营各阶段均不漏水；具有抵抗各种荷载作用和变形的能力；接头的各构件功能明确，经济合理；接头的施工性好，施工质量易保证，并尽量做到能检修。因此接头处理极为重要。

沉管隧道接头处理包括管节接头和最终接头两部分。管节接头是指管节之间接头，管节接头处理应符合下列要求：

1）拆除端封墙、安装止水带后应按规定试漏；

2）根据设计要求确定的合理时机进行预应力拉索的连接安装、制配垂直剪力键；

3）外侧墙及中隔墙采用钢筋混凝土剪力键时应安装刚性连接件和橡胶支座；

4）钢结构垂直剪力键应安装位置准确且与橡胶支座接触良好；

5）根据抗浮要求确定压载水箱拆除及压重混凝土浇筑顺序；

6）压重混凝土应同步制作管底水平剪力键。

沉管隧道最终接头根据位置可分为水中最终接头和岸上最终接头。水中最终接头施工主要考虑防水问题，要保证封板安装的止水效果，一般采用自密实混凝土浇筑。岸上最终接头施工的关键在于止退，在管节的侧边设置止推墙，止推墙应安全可靠。

7. 衔接段

衔接段是指与沉管隧道两端相连接的、一般采用明挖法施工的隧道或地下构筑物。衔接段隧道的结构外形、尺寸与水中沉管节基本相同，一般分为暗埋段和敞开段。衔接段一般在临时围堰或临时护岸内进行明挖法施工，包括临时围堰、基坑支护土方开挖、隧道结构施工、基坑回填、护岸工程、拆除临时围堰等内容。

衔接段隧道应在水中沉管隧道管节安装前施工完成并回填，以抵抗沉管管节传递过来的巨大轴向推力。

### 7.2.6 回填覆盖

回填工作是沉管隧道施工的最终工序。管节回填及覆盖可分为锁定回填、一般回填、覆盖回填。回填应符合两侧对称、纵向分段、断面分层的原则，按顺序进行并满足设计要求。

锁定回填适用于：管节对接完成后必须按设计要求进行管节内加载，直至达到设计抗浮系数要求，管节精调且管内控制测量完成后，先铺法时，应立即锁定回填；后填法则应立即在管节尾部两侧进行锁定回填，待垫层施工完成后，全面锁定回填。一般回填适用于锁定回填与覆盖回填之间的回填。覆盖回填适用于一般回填完成后对沉管顶部的保护回填。

管节侧面回填及顶部覆盖应分层、对称、均匀进行，防止管节两侧因受力不均产生侧移。锁定回填施工过程中两侧回填高差不超过 1m，一般回填施工过程中两侧回填高差不宜超过 2m。全面回填工作不应影响相邻管节施工。采用喷砂法基础处理或采用临时支座时，应在管节基础处理完、落到基床上再回填。采用灌浆法基础处理时，宜先回填管节两侧。

## 7.3 工程实例

### 7.3.1 工程概况

珠港澳大桥工程包括三项内容：一是海中桥隧工程；二是香港、珠海和澳门三地口岸；三是香港、珠海、澳门三地连接线。总长约 55km，大桥主体工程长约 29.6km，包括桥梁和海底隧道，以及连接隧道和桥梁的东、西人工岛。

珠港澳桥隧主体工程采用双向六车道高速公路标准建设，设计速度采用 100km/h。全线桥涵设计车荷载等级采用公路-Ⅰ级，同时满足中国香港《Structure Design Manual for Highways and Railways》中规定，大桥的设计使用寿命为 120 年。

珠港澳大桥工程中海底隧道总长约 5.664km，由 33 节沉管对接而成。包括 28 节直线段沉管和 5 节曲线段沉管。标准管节长 180m，宽 38m，高 11.4m，单管节重达 7.4 万 t。管段横截面为矩形，宽度为 $2 \times 14.25$m、净高为 5.1m。两侧为车道，中间留有维修管理、避险和排水设施等所需的空间。

### 7.3.2 沉管隧道施工

1. 基础处理

沉管隧道是铺设在完全软土的海底，海底表面淤泥含水量高达 50%～60%，需要在沉管隧道沉放之前进行基槽开挖与处理（图 7-23）。为减少沉管安装之后的沉降，先在基槽下打挤密砂桩，直径 1.2m 的砂桩直达 20m 深处的硬土层，然后在基槽中做碎石基床基础，在近 50m 深的海底，铺设一条 42m 宽、30cm 厚平坦的碎石垫层，而石垫层的平整度误差控制在 4cm 以内。

2. 管节预制和浮运

沉管的制造安装分为：管节预制、管节浮运和下沉。管节是在珠海桂山岛干坞中预制，预制好后，将两侧封堵，随后在干坞中放水，将沉管漂浮起来，用拖轮和专用设备将

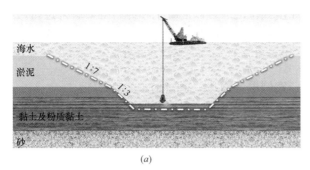

(a)

(b)

图 7-23 沉管基槽开挖

沉管运输到指定位置。快速完成系泊转换、舾装件拆除、拉合系统安装等工作，进行灌水下沉施工，如图 7-24～图 7-26 所示。

图 7-24 桂山预制厂平面图　　　　图 7-25 预制沉管管节

图 7-26 沉管浮运

### 3. 水下对接

(a)　　　　　　　　　　　　　　　　(b)

图 7-27 管节水下对接

采用水力压接法进行对接。沉管完全到位之后，以混凝土和碎石等对管外进行回填和覆盖。类似的对接进行 33 次，以形成一条双向六车道约 5.6 公里长的海底沉管隧道，如图 7-27 所示。

## 案例思考题

1. 背景资料

某海底隧道总长 8km，海域段隧道 4.2km，最深处位于海平面下约 50m。两个主洞分别宽 18m，高 11m，双向六车道，最高设计运行车速 80km/h。

2. 问题

(1) 本隧道可用哪些方法建造？各有什么优缺点？

(2) 管节预制的场地采用固定干坞，固定干坞哪几种类型？有何优缺点？

(3) 管节按截面形式分为几种？本隧道可以采用哪类截面形式？

(4) 绘制本隧道基槽横断面图，标注主要尺寸。

(5) 简述基槽垫层施工方法。

(6) 简述管节对接水力压接法的基本原理和施工工序。

(7) 管节制作完成后，在浮运前发现管节混凝土有裂缝，分析原因及处理方法。

# 第8章 地下水控制与防水工程

本章讲解了地下水控制和防水工程的基本知识。通过本章学习，了解地下水的分类及地下水控制、防水工程的含义；掌握降水、隔水帷幕常用的方法及施工顺序；掌握防水基本原则及基本要求，了解防水材料；掌握不同工法的防水做法。

## 8.1 概 述

### 8.1.1 地下水基本知识

地下水是埋藏在地面以下土颗粒之间的孔隙、岩石的孔隙和裂隙中的水。根据地下埋藏条件的不同，地下水可分为上层滞水、潜水和承压水三大类（图8-1）。

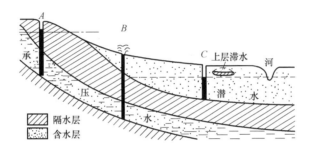

图8-1 地下水埋藏示意图

上层滞水是由于局部的隔水层作用，使下渗的大气降水或地下管线渗漏水停留在浅层的岩土中所形成的蓄水体，其分布没有规律，随机性强。上层滞水分布范围有限，但接近地表，水位受气候、季节影响大，大幅度的水位变化会给工程施工带来困难。

潜水是指存在于地表以下第一个稳定隔水层上面、具有自由水面的重力水，主要由雨水和地表水入渗补给。潜水分布广，与地下工程关系密切。

承压水是埋藏较深的、赋存于两个隔水层之间的地下水，往往具有较大的水压力，具有一定的水头高度，当上覆的隔水层被凿穿时，水能从钻孔上升或喷出，形成自流水。

隔水层是指几乎不透水或透水能力很弱的岩土体，如黏性土、致密的火成岩和变质岩等，也称为不透水层。

含水层的空隙性是地下水存在的先决条件之一。空隙的多少、大小、均匀程度及其连通情况，直接决定了地下水的埋藏、分布和运动特性。通常，将松散沉积物颗粒之间的空隙称为孔隙，坚硬岩石因破裂产生的空隙称裂隙，可溶性岩石中的空隙称溶隙（包括巨大的溶穴、溶洞等）。

地下水透水性指在一定条件下，岩土允许水通过的性能。岩土透水性能一般用渗透系数 $k$（单位 cm/s 或 m/d）值来表示。其值大小首先与岩土空隙的直径大小和连通性有关，其次才与空隙的多少有关。

### 8.1.2 地下水控制与防水工程的含义

水与土体相互作用，可以使土体的强度和稳定性降低。地下工程不可避免地会遇到富水地层，明挖施工中易出现基坑塌方、坑底突涌等工程事故；隧道施工中会出现突水、坍塌、冒落等事故。这些事故直接影响到地面、周边环境的安全，甚至导致工程无法进行和人员伤亡事故，造成巨大的经济损失，因此在施工前必须对地下水进行控制。地下水控制是指为保证地下工程正常施工，控制和减少对工程环境影响，而采取的排水、降水、隔水或回灌等工程措施。

地下结构施作完成后地下水始终作用在这些结构上，易出现渗漏情况。渗漏不仅扰乱人们的正常生活、工作、生产秩序，而且直接影响到地下结构的使用寿命，因此要花费大量的人力和物力来进行修复。防水工程是采用防水材料保证地下结构不受水侵袭、内部空间不受水危害的一项分部工程。防水效果的好坏，表现为地下结构是否渗漏，因此对地下结构的质量至关重要，防水工程在整个地下工程中占有十分重要的地位，是一门综合性、应用性很强的工程技术科学。

# 8.2 地下水控制方法

地下水控制方法包括降水方法、隔水帷幕方法和回灌，可采取一种或多种相结合的方法，主要控制潜水和承压水。地下水控制应符合国家、地方节水政策。目前，我国乃至世界水资源紧缺，地下水的抽排受到一定限制，以北京地区为例，自 2008 年 3 月 1 日起，所有新开工的工程限制进行施工降水，建设工程将从降水向止水转型，采用隔水帷幕是一种趋势。

选择地下水控制方法应考虑下列因素：

（1）工程地质与水文地质条件；

（2）地下工程支护方案；

（3）地下工程周边环境条件；

（4）施工条件；

（5）排水条件；

（6）有关水资源和环境保护法规的规定。

### 8.2.1 降水

在地下水位较高的地区开挖地下工程，由于含水层被切断，在压差作用下，地下水必然会不断地渗流入地下工程内。降水是排除地表水体和降低地下水位或水头压力的工程措施，需要满足地下工程无水作业的降水深度和时间要求。

降水主要用在明（盖）挖法、矿山法施作的地下工程，其作用主要为：

（1）能够防止基坑底面与坡面渗水，保证坑底干燥；防止隧道初期支护渗水，保证隧道干燥。

（2）能够增加边坡、坑底、隧道的稳定性，防止流砂产生。

（3）能够有效提高土体的抗剪强度，并且可减少承压水头对基坑、隧道底板的顶托力，防止底板突涌。

（4）能够减小基坑、隧道结构的水压力。

应根据地下工程的规模、环境条件、土层情况、含水层渗透性和降水深度、地下水类型等因素参照表8-1合理选择降水方法。

**降水方法的选用** 表8-1

| 降水方法 | | 适用地层 | 渗透系数(m/d) | 降水深度(m) | 地下水类型 |
|---|---|---|---|---|---|
| 集水明排 | | 黏性土、砂土 | — | <2 | 潜水、地表水 |
| 真空(轻型)井点 | 一级 | 砂土、粉土、含薄层粉砂的淤泥质(粉质)黏土 | 0.1~20 | 3~6 | 潜水 |
| | 二级 | | | 6~9 | |
| | 三级 | | | 9~12 | |
| 喷射井点 | | | | 8~20 | 潜水、承压水 |
| 管井 | 疏干 | 砂性土、粉土、含薄层粉砂的淤泥质(粉质)黏土 | 0.02~0.1 | 不限 | 潜水 |
| | 减压 | 砂性土、粉土 | >0.1 | 不限 | 承压水 |

1. 集水明排

集水明排（图8-2）是指用排水沟、集水井、泄水管、输水管等组成的排水系统将地表水、地下水排除的方法。明沟、集水井排水多是在基坑的两侧或四周设置排水明沟，在基坑四角或每隔30~50m设置1个集水井，使基坑渗出的地下水通过排水明沟汇集于集水井内，然后用水泵将其排出基坑。

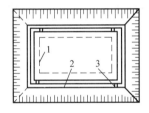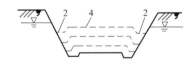

图8-2 明沟排水示意简图
1—坑内基线；2—排水沟；3—集水井；4—挖土面

当基坑开挖不很深，基坑涌水量不大时，集水明排法是应用最广泛，也是最简单、经济的方法。

2. 井点降水

井点降水是将真空（轻型）井点、喷射井点或管井深入含水层内，用不断抽水方式使地下水位下降至坑底以下，同时使土体产生固结以方便土方开挖。当基坑开挖较深，基坑涌水量大，且有围护结构时，应选择井点降水方法，降水井在基坑外封闭式布置，井点管距坑壁一般为1.0~1.5m；当基坑面积大、开挖深时，可在基坑内增设降水井。

根据降水井滤管处于的地下水类型，将降水井分为以下四种（图8-3）：

1）承压完整井：降水井滤管在承压水中，且深入不透水层中。

2）承压非完整井：降水井滤管在承压水中，且距不透水层有一定距离。

3）无压完整井：降水井滤管在潜水中，且深入不透水层中。

4）无压非完整井：降水井滤管在潜水中，且距不透水层有一定距离。

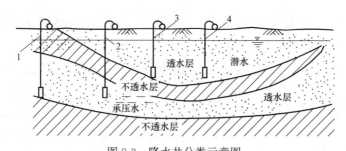

图 8-3　降水井分类示意图

1—承压完整井；2—承压非完整井；3—无压完整井；4—无压非完整井

（1）真空井点

真空井点的滤管采用直径 38～110mm 的金属管，管壁上有渗水孔，呈梅花状排列；管壁外设两层滤网，内层滤网宜采用 30～80 目的金属网或尼龙网，外层滤网采用 3～10 目的金属网或尼龙网；管壁与滤网间应采用金属丝绕成螺旋形隔开，滤网外应再绕一层粗金属丝。

井点布置应根据基坑平面形状与大小、地质和水文情况、工程性质、降水深度等确定。当基坑（槽）宽度小于 6m 且降水深度不超过 6m 时，可采用单排井点，布置在地下水上游一侧；当基坑（槽）宽度大于 6m 或土质不良，渗透系数较大时，宜采用双排井点，布置在基坑（槽）的两侧，当基坑面积较大时，宜采用环形井点。挖土运输设备出入道可不封闭，间距可达 4m，一般留在地下水下游方向。

井点管的设置可采用射水法、钻孔法和冲孔法成孔，井孔直径不宜大于 300mm，孔深宜比滤管底深 0.5～1.0m。成孔后应冲洗钻孔，稀释泥浆。在井管与孔壁间及时用洁净中粗砂填灌密实均匀。用高压水反冲洗后，再进行黏土封孔。黏土封孔厚度应不小于 1m。

真空井点施工顺序为：

1）钻设井孔、沉设井点管、投放滤料；

2）敷设集水总管，安装泵组；

3）试抽水，合格后正式降水。

（2）喷射井点

外管直径宜为 73～108mm，内管直径为 50～73mm，过滤器直径为 89～127mm，井孔直径不宜大于 600mm，孔深应比滤管底深 1m 以上；工作水泵可采用多级泵，水压宜大于 0.75MPa。过滤器的结构、设置方法与真空井点相同。

喷射井点施工顺序为：

1）安装水泵、循环水箱及水泵的进出口管路；

2）敷设进回水管路；

3）钻孔、沉设井点管、投放滤料、连接进水总管后进行单井试抽水；

4）每级井点施工完毕接通回水总管进行全面试抽水，满足相关要求后正式降水。

（3）管井

管井井管直径应根据含水层的富水性及水泵性能选取，且井管外径不宜小于 200mm，沉砂管长度不宜小于 1m。管井成孔若采用泥浆护壁，成井后必须及时充分洗井，保持管井与含水层的畅通，管井成孔直径宜为 600～700mm。

管井施工顺序为：

1）钻孔、沉设井点管、投放滤料、洗井；

2）敷设排水管路；

3）安装水泵，试抽水满足相关要求后正式降水。

3.降水设计与施工一般要求

（1）对于潜水，地下水深度应降至结构底板以下 0.5～1.0m，若开挖坑底位于潜水含水层（包括层间潜水）底板下的隔水层中，则降水深度等于潜水含水层厚度；施工降水涉及多层含水层时，应根据各含水层的地下水位确定降水深度。

（2）对于承压水应采取降压井降低基坑底面以下承压水水头压力，降压井中水位应保持在基坑底面以下 1～2m，控制承压水顶面任何点的水压力不得超过该点总应力的 70%。

（3）对于电梯井、集水井、泵房等局部加深情况，宜采取局部降水控制措施。

（4）对降水影响范围内的周边环境应进行沉降分析和计算，一般采用分层总和法，并明确变形预警值、控制值和控制措施。降水期间应对周边环境进行监测。

（5）确定降水井的结构、平面布置及剖面图、不同工况下的出水量和水位降深。

（6）根据降水运行维护的要求，提出地下水综合利用方案。

（7）明确降水施工质量、质量控制指标。地下水泥砂含量：粗砂含量应小于 1/50000；中砂含量应小于 1/20000；细砂含量应小于 1/10000。

### 8.2.2 隔水帷幕

隔水帷幕是指隔离、阻断或减少地下水从地下结构侧壁或底部进入开挖施工作业面的连续隔水体，也称为截水帷幕、止水帷幕或阻水帷幕。当降水影响周边环境安全或对地下水资源产生较大影响时，宜采用隔水帷幕方法或回灌方法；回灌可采用同层回灌或异层回灌，但不得污染地下水水质。隔水帷幕设计时应满足下列要求：

（1）隔水帷幕设计应与支护结构设计相结合；

（2）应满足开挖面渗流稳定性要求；

（3）隔水帷幕应满足自防渗要求，渗透系数不宜大于 $1.0 \times 10^{-6}$ cm/s。

隔水帷幕的施工应与支护结构施工相协调，施工顺序符合下列规定：

（1）独立的、连续性隔水帷幕，宜先施工帷幕，后施工支护结构；

（2）对嵌入式隔水帷幕，当采用搅拌工艺成桩时，可先施工帷幕桩，后施工支护结构；当采用高压喷射注浆工艺成桩，或可对支护结构形成包覆时，可先施工支护结构，后施工帷幕；

（3）当采用咬合式排桩帷幕时，宜先施工非加筋桩，后施工加筋桩；

（4）当采取嵌入式隔水帷幕或咬合支护结构时，应控制其养护强度，应同时满足相邻支护结构施工时的自身稳定性要求和相邻支护结构施工要求。

1.隔水帷幕分类

隔水帷幕分类方法较多，表 8-2 为常用分类方式。

表 8-2

**隔水帷幕分类**

| 分类方式 | 帷 幕 方 法 |
| --- | --- |
| 按布置方式 | 悬挂式竖向隔水帷幕、落底式竖向隔水帷幕、水平向隔水帷幕 |
| 按结构形式 | 独立式隔水帷幕、嵌入式隔水帷幕、支护结构自抗渗式隔水帷幕 |
| 按施工方法 | 高压喷射注浆（旋喷、摆喷、定喷）隔水帷幕、压力注浆隔水帷幕、水泥土搅拌桩隔水帷幕、冻结法隔水帷幕、地下连续墙或咬合式排桩隔水帷幕、钢板桩隔水帷幕、沉箱 |

隔水帷幕按布置方式分为悬挂式竖向隔水帷幕、落底式竖向隔水帷幕、水平向隔水帷幕。

（1）悬挂式竖向隔水帷幕

悬挂式竖向隔水帷幕只达到基坑、隧道开挖面的以下某深度处，主要用于隔断水量不大的上层滞水，不适于承压水地层。

当基底以下的含水层厚度大，需要采用悬挂式帷幕（图8-4）时，应根据式（8-1）计算帷幕体的入土深度 $h_d$：

$$h_d \geqslant \eta \Delta h \tag{8-1}$$

式中，$\eta$ 为悬挂式帷幕入土深度系数，应根据含水层岩性取值，对于中砂、粗砂、砾砂和级配良好的砂砾石，可取 0.75~1.2；对于级配不良的砾石含水层和粉细砂含水层，可取 2~4.5。

（2）落底式竖向隔水帷幕

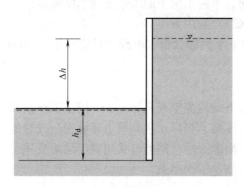

图8-4　悬挂式帷幕

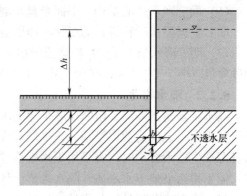

图8-5　落底式隔水帷幕

落底式竖向隔水帷幕一直深入到含水层底并进入到不透水层，把地下水全部隔住。落底式隔水帷幕（图8-5）进入下卧隔水层的深度应满足式（8-2）的要求。当帷幕进入下卧隔水层较深，隔水层之下承压水头较高时，应验算帷幕底以下隔水层的渗透稳定。

$$l > 0.2\Delta h - 0.5b \tag{8-2}$$

式中　$l$——帷幕进入隔水层的深度（m），不宜小于1.5m；

$\Delta h$——基坑内外的水头差值（m）；

$b$——帷幕的厚度（m）。

当坑底之下存在承压水含水层，且承压水头高于坑底时，应评价承压水作用下坑底突涌的可能性、隔水层的渗透稳定性。

（3）水平向隔水帷幕

水平向隔水帷幕主要指隧道内注浆、冻结法、高压喷射注浆法所形成的帷幕，当水头较高，水量充分，可采用竖向隔水帷幕与水平向隔水帷幕相结合的方法。

隔水帷幕按与支挡结构的关系可分为三大类：

1）独立式隔水帷幕：是指在非连续性支护桩外独立设置的帷幕体，主要采用搅拌桩、高压旋喷桩、深层搅拌水泥土桩等方法形成，桩与桩之间采用咬合形式。

2）嵌入式隔水帷幕：是指利用高压旋喷桩、水泥土搅拌桩、素混凝土桩等嵌入不连续支护结构中间共同形成帷幕体。

3）支护结构自抗渗式隔水帷幕：是指支挡结构本身就具备抗渗性能，不仅能够挡土还能够截水，主要采用地下连续墙、SMW墙等方法形成。

隔水帷幕目前常用地下连续墙、SMW墙、高压喷射注浆法、水泥土搅拌法及注浆、冻结等方法施作，不同施工方法都具有一定适用条件（表8-3）。

2. 高压喷射注浆法

高压喷射注浆法是以高压旋转的喷嘴将水泥浆喷入土层与土体混合，形成连续搭接的水泥加固体，常用于地基土的加固、地下水的隔水，也可用于浅基坑的挡土结构。高压喷射水泥浆使用的压力大，连续和集中地作用在土体上，对土颗粒产生巨大的冲击和搅动作用，使注入的水泥浆和土拌和凝固为新的固结体（高压旋喷桩）。

隔水方法及适用条件    表8-3

| 隔水方法 \ 适用条件 | 土质类别 | 注意事项与说明 |
|---|---|---|
| 高压喷射注浆法 | 适用于黏性土、粉土、砂土、黄土、淤泥质土、淤泥、填土 | 坚硬黏性土、土层中含有较多的大粒径块石或有机质，地下水流速较大时，高压喷射注浆效果较差 |
| 注浆法 | 适用于除岩溶外的各类岩土 | 用于竖向帷幕的补充，多用于水平帷幕 |
| 水泥土搅拌法 | 适用于淤泥质土、淤泥、黏性土、粉土、填土、黄土、软土，对砂、卵石等地层有条件使用 | 不适用于含大孤石或障碍物较多且不易清除的杂填土，欠固结的淤泥、淤泥质土，硬塑、坚硬的黏性土，密实的砂土以及地下水渗流影响成桩质量的地层 |
| 冻结法 | 适用于地下水流速不大的土层 | 电源不能中断，冻融对周边环境有一定影响 |
| 地下连续墙 | 适用于除岩溶外的各类岩土 | 施工环节要求高，造价高，泥浆易造成现场污染、泥泞，墙体刚度大，整体性好，安全稳定 |
| 咬合式排桩 | 适用于黏性土、粉土、填土、黄土、砂、卵石 | 对施工精度、工艺和混凝土配合比均有严格要求 |
| 钢板桩 | 适用于淤泥、淤泥质土、黏性土、粉土 | 对土层适应性较差，多应用于软土地区 |
| 沉箱 | 适用于各类岩土层 | 适用于地下水控制面积较小的工程，如竖井等 |

高压喷射分旋喷注浆、摆喷注浆和定喷注浆等3种类别，工艺过程为钻机就位、钻孔、置入注浆管、高压喷射注浆和拔出注浆管等基本工序。根据工程需要和机具设备条件，可分别采用单管法、二管法和三管法施工（图8-6），加固体形状可分为圆柱状、扇状、壁状和板状。

（1）单管法：喷射高压水泥浆液一种介质；

（2）双管法：喷射高压水泥浆液和压缩空气二种介质；

（3）三管法：喷射高压水流、压缩空气及水泥浆液等三种介质。

高压喷射注浆的施工参数应根据土质条件、加固要求通过试验或根据工程经验确定，并在施工中严格控制。单管法及双管法的高压水泥浆和三管法高压水的压力应大于20MPa。

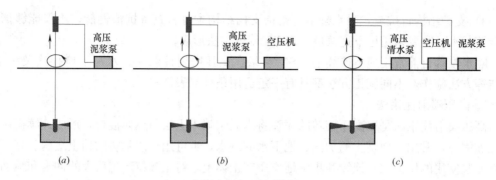

图 8-6　高压喷射施工

(a) 单管法；(b) 双管法；(c) 三管法

3. 水泥土搅拌法施工

利用水泥（或石灰）等材料作为固化剂通过特制的搅拌机械，就地将软土和固化剂（浆液或粉体）强制搅拌，使软土硬结成具有整体性、水稳性和一定强度的水泥加固土，从而提高地基土强度和增大变形模量，该方法形成的水泥加固土体也称为水泥土搅拌桩。

根据固化剂掺入状态的不同，可分为浆液搅拌（图 8-7）和粉体喷射搅拌两种。前者是用浆液和地基土搅拌（湿法），后者是用粉体和地基土搅拌（干法）。目前，湿法深层搅拌机械在国内常用单轴、双轴、三轴及多轴搅拌机，干法搅拌机目前仅有单轴搅拌机一种机型。

由于湿法和干法的施工设备不同，水泥土搅拌法施工步骤略有差异，其主要步骤为（参见图 8-7）：

（1）搅拌机械定位；

（2）预搅下沉至设计加固深度；

（3）边喷浆（粉）、边搅拌提升直至预定的停浆（灰）面；

（4）重复搅拌下沉至设计加固深度；

（5）根据设计要求，喷浆（粉）或仅搅拌提升直至预定的停浆（灰）面；

（6）完毕。

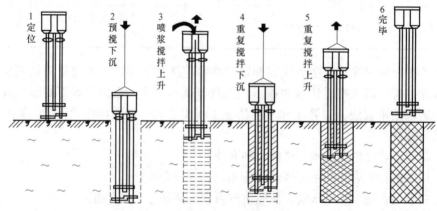

图 8-7　湿法深层搅拌桩施工顺序

4. 注浆法隔水帷幕施工

注浆是指采用机械设备，利用液压、气压或电化学原理，采用合理的工艺将浆液均匀地注入地层中，浆液以填充、渗透、挤密及劈裂等方式，赶走土颗粒间或岩石裂隙中的水分和空气后占据其位置，经人工控制一定时间后，浆液将原来松散的土粒或裂隙胶结成一个整体，形成结石体。该结石体具有新结构、高强度的特点，且化学性质稳定，具有较强的防水抗渗性能，并能改善土体的工程性质，因此也常用作地基土体、隧道围岩的加固，以及风险源的保护措施。

注浆施工前应编制注浆施工方案，注浆施工方案应包括工程概况、注浆目的、注浆范围、注浆前准备工作（劳动力、机械设备、材料）、注浆孔布置图、注浆孔布设参数表、注浆材料及配合比、注浆工艺、注浆参数、注浆效果检查方法及要求、进度安排、安全质量及环境保证措施等内容。注浆工艺可分为渗透注浆、劈裂注浆、压密注浆和电动化学注浆四类，其适用范围见表8-4。

不同注浆法的适用范围 　　　　　　　　　　　　　　　　表8-4

| 注浆方法 | 适 用 范 围 |
| --- | --- |
| 渗透注浆 | 只适用于中砂以上的砂卵土层和有裂隙的岩石 |
| 劈裂注浆 | 适用于低渗透性的砂土层 |
| 压密注浆 | 常用于中砂地基，黏土地基中若有适宜的排水条件也可采用。如遇排水困难而可能在土体中引起高孔隙水压力时，必须采用较低的注浆速率。挤密注浆可用于非饱和的土体，以调整不均匀沉降以及在大开挖或隧道开挖时对邻近土进行加固 |
| 电动化学注浆 | 地基土的渗透系数 $k < 10^{-4}$ cm/s，只靠一般静压力难以使浆液注入土的孔隙的地层 |

（1）注浆材料

应根据工程所处地质条件和注浆目的合理选择注浆材料，宜选取普通硅酸盐水泥、超细水泥、水玻璃等常用注浆材料。通常所提的注浆材料是指浆液中所用的主剂，浆液是由主剂（原材料）、溶剂（水或其他溶剂）及各种外加剂混合而成；外加剂可根据在浆液中所起的作用，分为固化剂、催化剂、速凝剂、缓凝剂和悬浮剂等。地下工程注浆使用浆液材料数以吨计，用量巨大，如材料使用不当，极易对地下水造成严重污染，因此严禁使用有毒的高分子有机化学材料。

（2）浆液扩散半径

浆液扩散半径应依据地层性质、地下水压、浆液材料、注浆压力等因素按表8-5取值。

浆液扩散半径取值范围（mm） 　　　　　　　　　　　　　　表8-5

| 地层 | 黏性土、粉土 | 细、中砂 | 粗、砾砂 | 卵石 | 岩层破碎带 |
| --- | --- | --- | --- | --- | --- |
| 扩散半径 | 200~400 | 250~500 | 300~600 | 600~1000 | 800~1500 |

注：浆液扩散半径取值应遵循的原则为：（1）地层空隙大，浆液扩散半径宜取高值；（2）地层水压低，浆液扩散半径宜取高值；（3）注浆压力高，浆液扩散半径宜取高值；（4）浆液颗粒细，浆液扩散半径宜取高值；（5）在不同地层界面处，浆液扩散半径宜取低值。

注浆孔位布置根据注浆范围和地下工程开挖形式确定。单排孔和双排孔布置时，任意断面各注浆孔间距不应大于2倍的扩散半径；多排布置时，应采用梅花形布置。

（3）注浆压力

注浆压力应根据理论计算、经验类比和现场、室内试验综合确定，应大于注浆位置地层水压力的2倍，但不能对周边环境产生不良影响。

（4）注浆方法

目前注浆法隔水帷幕施工主要有双重管注浆法（WSS工法）、前进式分段注浆法、袖阀管后退式分段注浆法等，均可称为深孔注浆。深孔注浆施工前应通过试验验证注浆工艺及参数，现场试验应选择在具有代表性的地段进行。

1）双重管注浆法

双重管注浆技术也称为WSS工法，是采用双重管钻机钻孔至预定深度后注浆，注浆浆液有两种，即A液和B液，两种浆液通过双重管端头的浆液混合器充分混合，使土层透水性降低形成相对隔水层。双重管注浆流程见图8-8。

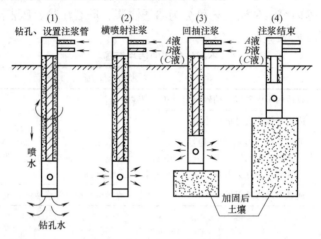

图 8-8　WSS双重管注浆流程

双重管注浆技术的特点：

① 注浆过程中不发生浆液溢流现象，有利于保护环境。

② 双重管端头的浆液混合器可使两种浆液完全混合，使浆液均匀。

③ 可从地面垂直注浆，也可倾斜注浆，适当增加注浆压力，可进行水平放射注浆。

④ 从钻孔至注浆完毕，可连续作业。

⑤ 注浆材料可以是水玻璃、二氧化硅系胶负体等，材料来源广泛。

⑥ 适用范围广，可用于各种土层。

2）前进式分段注浆法

采用钻一段、注一段，再钻一段、再注一段的钻、注交替的方式进行注浆施工。每次钻孔注浆分段长度1～3m，采用孔口管法兰盘进行止浆。

前进式分段注浆法是首先采用水平地质钻机成孔，开孔后安装孔口管，在孔口管内分段向前钻孔注浆施工。每一循环进尺控制在1～3m，成孔后退出钻杆，安装法兰盘及注浆管进行注浆，待浆液凝固后拆除法兰盘，再进行钻孔，如此循环，直到钻进深度达到设计要求。其注浆流程见图8-9。

前进式分段注浆技术的特点：

① 不需要护壁，现场清洁。

② 为孔口静压力注浆，可确保注浆饱满。

③ 为永久性加固，后期浆块强度不降低。

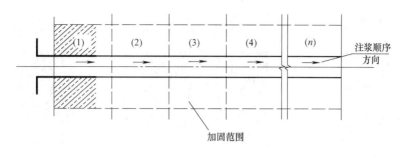

图 8-9　前进式分段注浆施工示意图

④ 浆液可满足 0.5～3h 的凝结时间要求，可注性好、强度高、抗地下水分散。

3）袖阀管注浆

袖阀管注浆是由法国 Soletanche 基础工程公司于 20 世纪 50 年代首创的一种注浆工法。袖阀管注浆由于能较好地控制注浆范围和注浆压力，可进行重复注浆，且发生冒浆与串浆的可能性很小等，被国内外公认为最可靠的注浆工法之一。

袖阀管是一种只能向管外出浆，不能向管内返浆的单向闭合装置。袖阀管注浆时，压力将小孔外的橡皮套冲开，浆液进入地层，如管外压力大于管内时，小孔外的橡皮套自动闭合，当注浆指标达到技术要求时停止注浆，进行下一阶段注浆。

袖阀管主要由 $\phi$68mm 的 PVC 外管、6 分镀锌注浆内管、橡皮套、密封圈等组成（图8-10）。

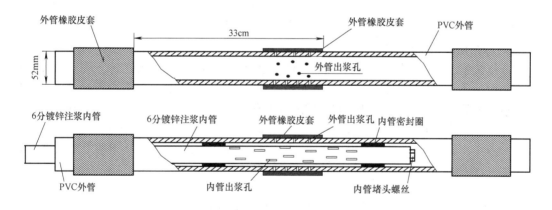

图 8-10　袖阀管结构示意图

袖阀管注浆可实现不同的地层采用不同的注浆材料，有效地填补地层的空隙，使地层得到有效处理，达到隔水要求。袖阀管注浆过程见图 8-11。

袖阀管注浆技术的特点为：

① 能有效地按注浆工程的设计要求，确定注浆的位置和范围。

② 不易产生注浆盲区和薄弱区，适合高风险注浆施工。

③ 注浆的位置可根据实际情况上下调整，随意变动。

④ 同一注入点可以采用不同的注浆材料进行注浆。

⑤ 注入后，可根据地层的实际情况非常方便的再次注入，保证注浆质量。

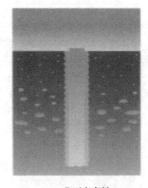
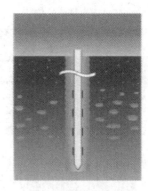

①钻孔 ②下套壳料 ③施作袖阀管

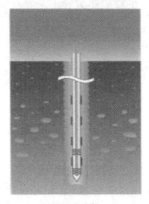
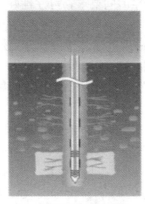
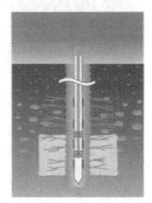

④开始注浆 ⑤施作第一段注浆 ⑥施作第二段注浆

图 8-11 袖阀管注浆过程

5. 冻结法隔水帷幕施工

冻结法施工是指采用人工制冷技术，使含水地层冻结，形成坚硬的冻土壳，不仅能起隔水作用，还能保证地层稳定。冻结法基本原理是：低温盐水在冻结管中流动时，吸收其周围地层的热量，使其冻结；随着盐水循环的进行，冻结壁厚度逐渐增大，直到达到设计厚度和强度为止。通常，当地层的含水量大于 2.5%、地下水含盐量不大于 3%、地下水流速不大于 40m/d 时，均可适用常规冻结法，当地层含水量大于 10% 和地下水流速不大于 7～9m/d 时，冻土扩展速度和冻结体形成的效果最佳。

冻结法施工具有以下特点：

1）不稳定含水地层冻结成冻土后强度有显著的提高，施工安全。

2）冻结壁具有良好的隔水性能，可实现工作面无水开挖。

3）施工中对周围环境不产生污染，环保效果好。

4）地层整体固结性好。

5）工期长，成本较高，有一定的技术难度。

6）地层冻结时的冻胀现象、融化时的融沉现象会对周边环境产生一定影响。

（1）冻结法施工

在地下工程开挖断面周围需加固的含水软弱地层中钻孔敷管，安装冻结器，通过人工制冷作用将天然岩土变成冻土，形成完整性好、强度高、不透水的临时加固体。在冻结体的保护下进行地下工程的开挖施工，待衬砌支护完成后，冻结地层逐步解冻，最终恢复到原始状态。

1）冻结孔施工及冻结管的安装

冻结孔钻进采用钻机，钻孔时采用泥浆循环排渣、护壁。钻进中，偏斜过大则进行纠偏。冻结管选用无缝钢管，兼作钻杆。冻结管使用前应作耐压试验，试验压力为7MPa，无渗透现象为合格。钻头部分密封后应作检漏试验，试验压力为工作压力的1.5倍。

2）冻结站安装调试

在实施冻结前应进行试运转。为确保冻结施工顺利进行，冷冻站安装足够的备用制冷机组。冷冻站运转期间，保证备用设备完好，确保冷冻机运转正常，提高制冷效率。冷冻站试运转成功后即可进行地层的冻结施工，进入积极冻结期。

3）积极冻结期

从冷冻系统正式启用，冷却盐水循环流动时进入积极冻结期。积极冻结就是充分利用设备能力，尽快加速冻土发展，在设计时间内把盐水温度降到设计温度，冻结盐水温度一般控制在−25～−28℃之间。

积极冻结的时间主要由设备能力、土质、环境等决定的，如上海地区某横通道隧道施工积极冻结时间基本在35d左右。

4）维护冻结期

地下工程开挖期间的冻结称为维护冻结期，此期间只需要使冻结壁厚度和强度在隧道开挖期间始终能够满足设计要求。

（2）冻结法施工基本要求

1）冻结孔的开孔位置、偏斜率、成孔间距和深度应符合设计要求。

2）正式运转前应进行试运转，检验系统应达到设计要求；运转过程中应有日志记录，并应采取措施保证冻结站的冷却效率。

3）配备备用电源和备用机组，防止冻结期停机。

4）开挖过程中，应检测冻结壁的结霜情况和变形量，发现退霜、冻结壁变形或有剥落、掉块等异常情况，应查明原因，经处理后方可继续施工。

# 8.3 防 水 工 程

受地下水的影响是地下工程的特点之一，地下工程没有防水措施或者防水措施不得当，地下水就会渗入结构内部，使得混凝土腐蚀、钢筋锈蚀、地基下沉，直接危及地下建筑物的安全。为了确保地下建筑物的正常使用，必须重视防水措施。

## 8.3.1　防水基本原则及基本要求

1. 防水基本原则

地下工程防水应遵循"防、排、截、堵相结合，刚柔相济，因地制宜，综合治理"的基本原则，精心设计，精心施工。

地下工程防水等级见表8-6。

以地铁工程为例，其防水等级和设防标准划分如下：

（1）车站、出入口通道、机电设备集中地段，防水等级为一级。结构不允许渗水，结构表面无湿渍。其设防标准为：多道设防，其中必有一道结构自防水，并根据需要加设附加防水措施。

| | 地下工程防水等级 | 表 8-6 |
|---|---|---|

| 防水等级 | 防水标准 |
|---|---|
| 一级 | 不容许渗水,结构表面无湿渍 |
| 二级 | 不容许漏水,结构表面有少量湿渍 |
| 三级 | 有少量漏水点,不得有线流和漏泥砂,单个漏水点最大漏水量小于2.5L/d |
| 四级 | 有漏水点,不得有线流和漏泥砂,每天漏水量小于$2L/m^2$ |

（2）车站的风道、风井、区间及辅助线隧道等,按防水等级二级的要求进行设计,即结构不允许漏水,结构表面允许有少量的湿渍,总湿渍面积不应大于总防水面积的2/1000,任意$100m^2$防水面积上的湿渍不超过3处,单个湿渍的面积不大于$0.2m^2$。多道设防,其中必有一道是结构自防水,并根据需要采用其他附加防水措施。

（3）变形缝、施工缝和穿墙管等特殊部位应采取加强措施。

2. 防水基本要求

地下工程的防水是一个系统工程,设计时应综合考虑结构形式、施工方法、水文地质条件等与防排水的关系,在保证结构安全可靠的基础上,结构应能满足防水的需要,为防水工程创造良好的条件。地下工程具有防水要求高、渗漏治理困难的特点,应当精心施工,严格控制防水材料质量和施工质量,层层把关,不留隐患。

（1）应满足技术先进、施工简便、经济合理、使用安全、确保质量的要求。

（2）防水材料应当优先选用质量可靠、耐久性好、物理力学性能优越,符合环保要求、施工简便的材料。

（3）应当采取综合防水的措施,优先考虑结构自防水,根据需要采用附加防水层、注浆防水等附加防水措施。

（4）施工缝、变形缝、后浇带、穿墙管、预留通道接头等是防水的薄弱环节,对这些特殊部位,应当采取多道防线进行加强防水处理,确保这些部位的防水可靠性。

**8.3.2 防水材料**

防水材料可按原材料的性质分类,也可按产品的使用功能分类。在众多工业产品中,材料的种类多而复杂,目前防水材料可分为两大类:柔性防水材料和刚性防水材料。

1. 柔性防水材料

柔性防水材料指采用一定柔韧性和较大延伸率的防水材料,包括防水卷材和防水涂料两类。柔性防水材料拉伸强度高、延伸率大质量轻、施工方便,但操作技术要求较严,耐穿刺性和耐老化性能不如刚性材料,易老化,寿命短。柔性防水材料分类见表8-7。

2. 刚性防水材料

刚性防水材料是指强度较高和无延伸能力的防水材料,如以水泥、砂石为原材料,或其内掺入少量外加剂、高分子聚合物等材料,通过调整配合比,抑制或减少孔隙率,改变孔隙特征,增加各原材料界面间的密实性等方法,配制成具有一定抗渗透能力的水泥砂浆或混凝土类防水材料。刚性防水由于温差应变,易开裂渗水。刚性防水材料主要有防水砂浆和防水混凝土（表8-8）。

（1）防水砂浆

防水砂浆是在水泥砂浆中掺入各类防水剂以提高砂浆的防水性能,常用的掺防水剂的防水砂浆有氯化物金属类防水砂浆、氯化铁防水砂浆、金属皂类防水砂浆和超早强剂防水砂浆等。

| 防水卷材类 | 高聚物改性沥青防水卷材 | 弹性体沥青防水卷材 |
| --- | --- | --- |
| | | 聚氯乙烯改性煤焦油防水卷材 |
| | 合成高分子防水卷材 | 三元乙丙橡胶防水片材 |
| | | 聚氯乙烯防水卷材 |
| | | 氯化聚乙烯防水卷材 |
| | | 氯化聚乙烯橡胶共混防水卷材 |
| | | 丁基橡胶防水卷材 |
| 防水涂料类 | 高聚物改性沥青防水涂料 | 溶剂型弹性沥青防水涂料 |
| | | 水乳型弹性沥青防水涂料 |
| | | 水性改性煤焦油防水涂料 |
| | 合成高分子防水涂料 | 聚氨酯防水涂料 |
| | | 硅橡胶防水涂料 |
| | | 水型三元乙丙橡胶复合防水涂料 |
| | | 丙烯酸酯弹性防水涂料 |
| | | 氯磺化聚乙烯橡胶防水涂料 |

刚性防水材料分类　　　　　　　　　　　　　　　　　　　　　　　表 8-8

| 防水砂浆 | 防水剂等外加剂 | 金属氯化物防水剂 |
| --- | --- | --- |
| | | 氯化铁防水剂 |
| | | 金属皂类防水剂 |
| | | 超早强剂 |
| 防水混凝土 | 防水剂等外加剂 | 减水剂防水混凝土 |
| | | 引气剂防水混凝土 |
| | | 密实剂防水混凝土 |
| | | 氯化铁防水混凝土 |
| | | 膨胀剂防水混凝土 |
| | 无防水剂 | 普通防水混凝土 |

　　1）氯化物金属类
　　由氯化钙、氯化铝等金属盐和水按一定比例混合配制的一种淡黄色液体，加入水泥砂浆中与水泥和水起作用。在砂浆凝结硬化过程中生成含水氯硅酸钙、氯铝酸钙等化合物，填塞在砂浆的空隙中以提高砂浆的致密性和防水性。
　　2）氯化铁类
　　用氧化铁皮、盐酸、硫酸铝为主要原料制成的氯化铁防水剂，呈深棕色溶液，主要成分为氯化铁、氯化亚铁及硫酸铝。砂浆中氯化铁与水泥水化时析出的氢氧化钙作用生成氯化钙及氢氧化铁胶体，氯化钙能激发水泥的活性，提高砂浆的强度，而氢氧化铁胶体能降低砂浆的析水性，提高密实性。
　　3）金属皂类
　　用碳酸钠或氢氧化钾等碱金属化合物、氨水、硬脂酸和水按一定比例混合加热皂化成

159

乳白色浆液加入到水泥砂浆中而配制成的防水砂浆，具有塑化效应，可降低水灰比，并使水泥质点和浆料间形成憎水化吸附层，生成不溶性物质，以堵塞硬化砂浆的毛细孔，切断和减少渗水孔道，增加砂浆密实性，使砂浆具有防水特性。

4）超早强剂类

掺入一定量的低钙铝酸盐型的超早强外加剂配制而成的砂浆，使用时可根据工程缓急，适当增减掺量，凝结时间的调节幅度为1~45min。超早强剂防水砂浆的早期强度高，后期强度稳定，并具有微膨胀性，可提高砂浆的抗开裂性及抗渗性。

（2）防水混凝土

防水混凝土是一种具有高抗渗性能，并达到防水要求的混凝土。防水混凝土可分为两大类：普通防水混凝土和外加剂防水混凝土。

1）普通防水混凝土

普通防水混凝土所用原材料与普通混凝土基本相同，但两者的配制原则不同。普通防水混凝土采用的水灰比较小（不大于0.5）、提高水泥用量（不小于320kg/m³）、砂率（35%~40%），石子粒径小，并加强养护，以抑制或减少混凝土孔隙率，改变孔隙特征，提高混凝土的密实性从而提高混凝土的抗渗性。

普通防水混凝土一般抗渗压力可达0.6~2.5MPa，施工简便，造价低廉，质量可靠，适用于地上和地下防水工程。

2）外加剂防水混凝土

外加剂防水混凝土是在混凝土拌合物中加入微量有机物（减水剂、引气剂、密实剂）、无机盐（如氯化铁）或膨胀剂，以改善其和易性，提高混凝土的密实性和抗渗性。

① 减水剂防水混凝土：掺木质素磺酸钙、磺酸钠盐、糖蜜类（0.2%~0.5%）的防水机理为减少用水量，毛细孔少；水泥分散均匀，孔径、空隙率小。减水剂防水混凝土具有良好的和易性，可调节凝结时间，适用于泵送混凝土及薄壁防水结构。

② 引气剂防水混凝土：掺松香酸钠（掺量0.03%）的防水机理为密闭气泡，阻塞毛细孔。引气剂防水混凝土抗冻性好，能经受150~200次冻融循环，适用于抗水性、耐久性要求较高的防水工程。

③ 密实剂防水混凝土：掺三乙醇胺（掺量0.05%）的防水机理为水化物增多，结晶变细。三乙醇胺防水混凝土早期强度高，抗渗性能好，适用于工期紧迫、要求早强及抗渗压力大于2.5MPa的防水工程。

④ 氯化铁防水剂防水混凝土：掺氯化铁防水剂（掺量3%）的防水机理为产生氢氧化铁、氢氧化亚铁、氢氧化铝凝胶体填充毛细孔。氯化铁防水剂防水混凝土具有较高的密实性和抗渗性，抗渗压力可达2.5~4.0MPa，适用于水下、深层防水工程或修补堵漏工程。

⑤ 膨胀剂防水混凝土：掺硫铝酸钙（掺量8%~12%，可替代等量水泥）的防水机理为补偿收缩，防止化学收缩和干缩裂缝，密实混凝土。膨胀剂防水混凝土主要用于地下防水工程和后灌缝。目前，该种混凝土应用最为广泛。

3）**防水混凝土抗渗等级**

防水混凝土抗渗等级是以28d龄期的标准试件，按标准试验方法进行试验时所能承受的最大水压力来确定。根据混凝土试件在抗渗试验时所能承受的最大水压力，混凝土的抗渗等级划分为P4、P6、P8、P10、P12等五个等级，相应表示能抵抗

0.4、0.6、0.8、1.0、1.2MPa 的静水压力而不渗水，换而言之就是混凝土抗渗试验时一组 6 个试件中 4 个试件未出现渗水时不同的最大水压力。抗渗等级≥P6 的混凝土为抗渗混凝土。

设计抗渗等级（表 8-9）按埋置深度确定，但最低不得小于 P6（抗渗压力 0.6MPa）。

设计抗渗等级 表 8-9

| 工程埋置深度(m) | <10 | 10~20 | 20~30 | 30~40 |
| --- | --- | --- | --- | --- |
| 设计抗渗等级 | P6 | P8 | P10 | P12 |

混凝土配制试验等级要比设计抗渗等级提高 0.2MPa。

刚性防水和柔性防水有不同的特性：刚性防水材料使用后其强度较大，柔性防水材料使用后其强度较软。前者不随外界环境变化影响，而后者可随外界环境变化而有所变动。另外，前者使用年限长，但是自重大，在屋面部分结构形式受限；后者使用年限较短，但是韧性强，能适应一定的变形与胀缩，不易开裂。

在某些发达国家中，对防水材料的范围作了明确规定，如德国将屋面与地下建筑用的沥青防水卷材、聚氯乙烯防水卷材、氯化聚乙烯防水卷材和聚异丁烯防水卷材的范围分别列出。我国尚无地下工程专用或与屋面防水通用材料的划分，因此，选择材料时需要根据防水工程的条件与要求进行衡量。又如对防水混凝土的应用，引气剂防水混凝土、减水剂防水混凝土、膨胀剂防水混凝土等应有各自的特点，其范围和防水效果虽大同小异，但还是存在差别，需要根据地下防水工程的要求选择合适的防水混凝土。

### 8.3.3 明（盖）挖法防水施工

1. 防水卷材施工

（1）防水卷材施工方法

防水卷材施工基本方法按主体结构与卷材施工的先后顺序可分为外贴法和内贴法。

1）外贴法

外贴法又称为外防外贴法，是待主体结构墙体施工完成后，直接把卷材防水层贴在墙体上（即地下结构墙迎水面），最后作卷材防水层的保护层。其防水构造见图 8-12。

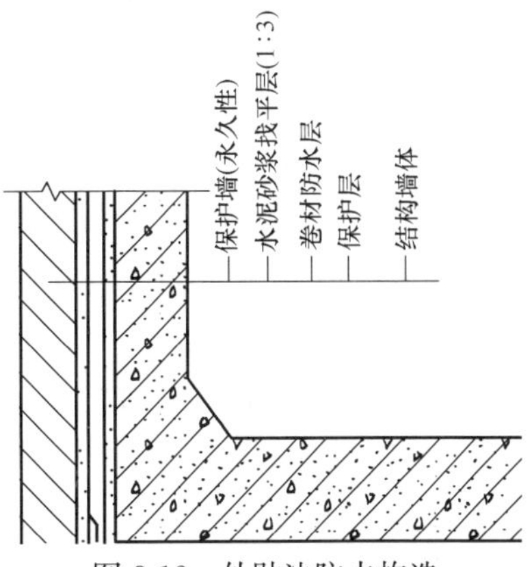

外贴法施作程序为：墙体结构→防水卷材→保护层。

外贴法的特点是结构及防水层质量易检查，可靠性强；但所需肥槽较宽，工期长。

2）内贴法

内贴法又称为外防内贴法，是结构边墙施工前先砌保护墙，然后将卷材防水层贴在保护墙上，最后浇筑边墙混凝土的方法。其防水构造与外贴法类似。

图 8-12 外贴法防水构造

内贴法施作程序为：垫层、保护墙→防水卷材→结构墙。

内贴法特点为槽宽小，省模板；损坏无察觉，可靠性差，内侧模板不易固定。主要用于场地小，无法采用外贴法的情况下。内贴法是隧道工程防水的常用方法。

（2）防水卷材施工工艺流程

防水卷材施工工艺流程：基面处理→涂布基层处理剂→细部增强→铺贴卷材→接缝处理→保护层。

1）基层处理

① 对基层的要求：平整、牢固、清洁、干燥。

② 处理方法

a. 抹水泥砂浆

可掺 UEA 等膨胀剂（10％～12％）以防裂。角部抹成圆弧防折断，铺贴改性沥青防水卷材时 $R$ 不小于 50mm；其他卷材不小于 20mm。

b. 养护干燥

水泥砂浆终凝后养护不得少于 7 天。干燥至含水率≤9％（测试：干铺 1m×1m 卷材，3～4h，无水印）后，方可施作防水层。

c. 喷涂基层处理剂

基层处理剂应与卷材及胶粘剂相容（改性沥青涂料、聚氨酯底胶等），喷、涂应均匀、不漏底。

2）防水层施工

① 基本要求

a. 卷材搭接处和接头部位应粘贴牢固，接缝口应封严或采用材性相容的密封材料封缝。

b. 接头应有足够的搭接长度，且相互错开。

c. 上下层卷材的接缝应均匀错开，卷材不得相互垂直铺贴。

② 改性沥青卷材铺贴（施工温度≥10℃）

热熔法——喷灯熔化、铺贴排气、滚压粘实，接头有液体挤出并刮压封严；

冷粘结剂法——选胶合理、涂胶均匀、排气压实，接头采用专用胶粘剂粘结；

冷自粘法——边揭纸边开卷，按线搭接，排气压实。温度低时应采用热风加热辅助施工。

③ 合成高分子卷材铺贴（施工温度≥5℃）

a. 选胶与卷材配套；

b. 基层、卷材涂胶均匀（卷材搭接边不涂）；

c. 晾胶至不粘手后粘贴、压辊排气、包胶铁辊压实；

d. 搭接边涂胶自粘；

e. 接缝口用相容的密封材料封严，宽度≥10mm。

3）保护层施工

底板下的防水层铺贴后，浇细石混凝土，厚度不小于 50mm。

2. 防水混凝土施工

防水混凝土总体浇筑顺序为底板→墙体→顶板。

（1）模板：强度、刚度高，表面平整，吸水性小，支撑牢固，安装严密，清理干净。

（2）钢筋：保护层用垫块同混凝土；支架、S 钩、连接点、设备管件均不得接触模板或垫层。

（3）混凝土搅拌：配料准确，搅拌均匀，不宜小于2min，有外加剂时应按其要求加入、拌制。

（4）混凝土运输：防止分层离析和坍落度损失；气温高、运距大时可掺入缓凝型减水剂。

（5）混凝土浇筑：

① 做好浇筑前准备：检查钢筋、模板、埋件，薄弱部位处理。

② 自由下落高度≤1.5m，墙体直接浇筑高度≤3m，否则用串筒、溜管。

③ 钢筋、管道密集处，用同强度等级细石混凝土。

④ 分层浇捣，每层厚≤300～400mm，上下层间隔≤1.5h且不初凝。

⑤ 墙体底部先垫浆，往上逐渐减少坍落度。

（6）养护与拆模：

混凝土终凝（浇后4～6h）后开始养护，≥14d；拆模不宜过早，拆模时混凝土表面与环境温差不得超过15～20℃，防止开裂和损坏。

3. 特殊部位防水施工

地下结构在防水处理过程中有很多细部构造需要处理好，这些细部构造，如防水混凝土的施工缝、变形缝、后浇带、穿墙管等部位为防水薄弱环节，具有结构复杂、防水工艺繁琐、施工难度大等特点，稍有不慎就会造成渗漏，应采取措施，并进行精细化施工。

（1）施工缝施工要点

施工缝指的是在混凝土浇筑过程中，因设计要求或施工需要分段浇筑，而在先、后浇筑的混凝土之间所形成的接缝。防水混凝土宜整体连续浇筑，尽量少留施工缝。顶板、底板的混凝土应连续浇筑，不宜留施工缝；墙体需留水平施工缝时，不应留在剪力与弯矩最大处或底板与侧壁的交界处，应留在底板表面以上不小于300mm的墙体上；墙体设有洞孔时，施工缝距孔洞边缘不宜小于300mm。如必须留设垂直施工缝时，其位置应避开地下水或裂隙水多的地段，且最好留在结构的变形缝处。

施工缝的断面可做成不同的形状，如平缝、企口缝等。施工缝平缝的形式及处理方法见图8-13。

施工缝的施工应注意以下事项：

1）水平施工缝浇筑混凝土前，应将其表面浮浆和杂物清除，先铺净浆，然后涂刷水泥净浆或混凝土界面处理剂、水泥基渗透结晶型防水涂料，铺30～50mm厚的1∶1水泥砂浆，并及时浇筑混凝土。

2）垂直施工缝浇筑混凝土前，应将其表面清理干净，并涂刷混凝土界面处理剂或水泥基渗透结晶型防水涂料，并及时浇筑混凝土。

3）采用中埋式止水带时应确保位置准确、固定牢靠。

4）在施工缝位置附近有钢筋时，应做到钢筋周围的混凝土不受松动和损坏。钢筋上的油污、水泥砂浆及浮锈等杂物应清除。

5）从施工缝处继续浇筑混凝土时，应避免直接靠近缝边浇筑。振捣时，宜向施工缝处逐渐推进，并在距缝80～100cm处停止振捣，但应细致地加强捣实，使新、旧混凝土紧密结合。

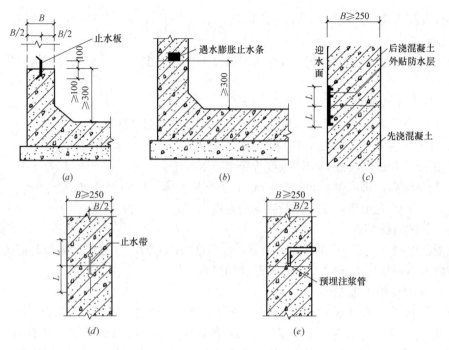

图 8-13　施工缝平缝的形式及处理方法

（a）平缝加止水板；（b）平缝加止水条；（c）平缝外贴防水层；（d）平缝中埋止水带；（e）平缝埋注浆管

（2）变形缝施工要点

变形缝是伸缩缝、沉降缝和防震缝的总称。地下建筑物在外界因素作用下常会产生变形，导致开裂甚至破坏，变形缝是针对这种情况而预留的构造缝。变形缝防水构造见图 8-14，主要采用中埋式止水带，包括橡胶止水带和金属止水带。

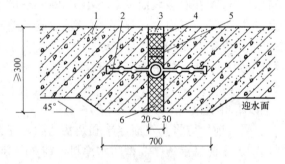

图 8-14　变形缝防水构造

1—混凝土结构；2—中埋式止水带；3—嵌缝材料；4—背衬材料；

5—遇水膨胀橡胶条；6—填缝材料

变形缝的施工应注意以下事项：

1）止水带安装

① 位置准确、固定牢固；

② 接头在水压小的平面处，宜焊接连接，不得叠接；

③ 转弯处半径≥75mm，可卸式底部坐浆 5mm 或涂刷胶粘剂。

2）混凝土施工

① 止水带两侧不得粗骨料集中，混凝土与止水带应牢固结合；

② 平面止水带下应浇筑密实，排除空气；

③ 振捣棒不得触动止水带。

（3）后浇带施工要点

后浇带是在建筑施工中为防止现浇钢筋混凝土结构由于自身收缩或沉降不均可能产生的有害裂缝，按照设计或规范要求的位置设置的刚性接缝。后浇带防水构造见图 8-15。

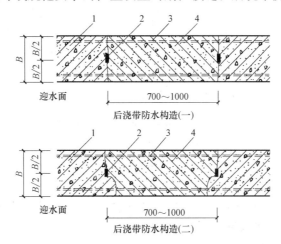

图 8-15　后浇带防水构造

1—先浇混凝土；2—遇水膨胀止水条；3—结构主筋；4—后浇补偿收缩混凝土

后浇带施工应注意以下事项：

1）后浇带应在两侧混凝土龄期达到 42d 后再施工。

2）后浇带的接缝处的处理应符合下列规定：

① 施工缝浇筑混凝土前，应将表面清除干净，并涂刷水泥净浆或混凝土界面处理剂，并及时浇筑混凝土。

② 选用的遇水膨胀止水条应具有缓胀性能，其 7d 的膨胀率应不大于最终膨胀率的 60%。

③ 遇水膨胀止水条应牢固地安装在缝表面或预留槽内。

④ 采用中埋式止水带时，应确保位置准确、牢固可靠。

3）后浇带混凝土施工前，后浇带部位和外贴式止水带应予以保护，严防落入杂物和损伤外贴式止水带。

4）后浇带应采用补偿收缩混凝土浇筑，其强度不应低于两侧混凝土。

5）后浇带混凝土的养护时间不得少于 28d。

（4）穿墙管施工要点

穿墙管为墙体预埋管，其防水构造见图 8-16。

穿墙管防水施工时应注意以下事项：

1）金属止水环应与主管满焊密实，并做防腐处理，采用套管式穿墙防水构造时，翼环与套管应满焊密实，并在施工前将套管内表面清理干净。

2）穿墙管线较多时，宜相对集中，采用穿墙盒方法。穿墙盒的封口钢板应与墙上的

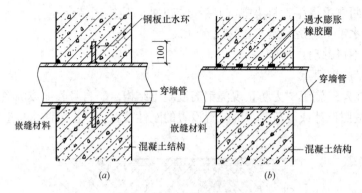

图 8-16 穿墙管防水构造

(a) 焊钢板止水环;(b) 粘遇水膨胀橡胶圈

预埋角钢焊严,并从钢板上的预留浇筑孔注入改性细石混凝土、聚合物水泥砂浆或改性沥青等密封材料。

3)当工程有防护要求时,穿墙管除应采取有效的防水措施外,尚应采取措施满足防护要求。

4)穿墙管伸出外墙的主体部位,应采取有效措施防止回填时管被损坏。

### 8.3.4 矿山法隧道防水施工

矿山法隧道防水是以结构自防水为根本,辅以柔性全外包防水层组成的自防水体系,防水卷材的施作往往采用内贴法;防水重点部位为变形缝、穿墙洞、施工缝(包括后浇带)等接缝,此部分内容与前述明(盖)挖法防水施工中的特殊部位类似,不再赘述。

1. 初期支护防水施工

根据实验室试验测试,初期支护可达到较高的抗渗等级,但由于喷射混凝土和施工工艺的离散性,现场喷射混凝土的整体抗渗性能较差,不能形成永久的防线,可以当作施工期间的临时防线。

在地下水位较低,防水等级 2～4 级的地下工程中,可以初期支护与防水砂浆抹面相结合做永久防水,如北京市政热力管线、电缆隧道与郑州电缆隧道等。

2. 防水卷材施工

防水卷材铺设在初期支护上(基层),采用柔性全包防水方案,防水卷材与基层间设置 $400g/m^2$ 的无纺布缓冲层作为衬垫。

(1)基层基本要求及处理

1)基层应无明水流,否则应进行初支背后的注浆或表面刚性封堵处理,待基面上无明水流后才能进行下道工序。

2)基层应平整,不得有鼓包、凹坑等,一般宜采用水泥砂浆抹面的处理方法。处理后的基面应满足 $D/L \leqslant 1/10$,其中 $D$:相临两凸面间凹进去的最大深度;$L$:相临两凸面间的最短距离。

3)基层上不得有尖锐的毛刺部位,特别是喷射混凝土表面经常出现较大的尖锐的石子等硬物,应凿除干净或用 1∶2.5 的水泥砂浆覆盖处理,避免浇筑混凝土时刺破防水卷材。

4)基层上不得有铁管、钢筋、铁丝等凸出物存在,否则应从根部割除,并在割除部位用水泥砂浆覆盖处理。

（2）缓冲层的施工

1）铺设防水板前应先铺设缓冲层，用水泥钉、铁垫片和与防水板相配套的塑料圆垫片将缓冲层固定在基层上，固定时顶头不得凸出垫片平面。

2）缓冲层采用搭接法连接，搭接宽度50mm，搭接缝可采用点粘法进行焊接或用塑料垫片固定。

3）缓冲层铺设时应与基层密贴，铺设缓冲层时沿隧道环向进行铺设，不得拉得过紧，以免影响防水卷材的铺设，同时在分段铺设的缓冲层连接部位预留不少于200mm的搭接余量。

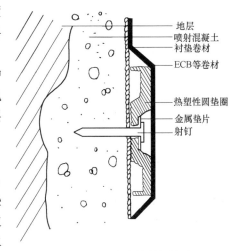

图8-17　防水卷材射钉铺设

（3）防水卷材铺设

1）防水卷材优先选用射钉铺设（图8-17），其施工顺序为：安设热塑性圆垫圈→安设金属垫片→打入射钉→铺设卷材。防水卷材在拱部和边墙按环状铺设，开挖和衬砌作业不得损坏防水层；防水层纵横向铺设长度应根据开挖方法和设计断面确定。

2）防水卷材之间接缝采用双焊缝进行热熔焊接，搭接宽度100mm。焊接完毕后应检查漏气部位并对漏气部位进行全面的手工补焊。

3）防水卷材铺设完毕后应对其表面进行全面的检查，发现破损部位及时补焊。

图8-18为防水卷材铺设过程。

图8-18　防水卷材铺设过程照片

（4）保护层施工

防水防护层的好坏关系到防水工程的成败，加强防水层的防护工作是防水工程的重点。卷材防水层经检查合格后，应及时做保护层。

平面卷材防水层的保护层宜采用50～70mm厚的C15细石混凝土。防水层为单层卷材时，在防水层与保护层之间应设置隔离层；底板卷材防水层上的细石混凝土保护层其厚度不应小于50mm。

3. 二衬防水混凝土施工

二次衬砌防水是矿山法隧道防水体系的最后一道防线，也是最重要的一道防线。避免出现贯穿性裂缝，一要有正确的设计，二要精心施工，三要有可靠的质量保证体系，三者缺一不可。

（1）设计人员首先要合理选定混凝土的强度等级和抗渗标号，合理地确定结构受力和支承条件，合理地设置各类"缝"并正确设计其构造；

（2）施工人员要合理选择混凝土的配合比、水泥用量、水灰比、入模温度、浇捣顺序、养护时间和条件等；

（3）质量人员要严格把关，每个工序、每个环节都不能放松要求。

**8.3.5 盾构法隧道防水施工**

盾构法隧道施工不可避免地要经过含水量较高的地层，如果没有可靠的防水、堵漏措施，地下水就会侵入隧道，影响其内部管片衬砌结构与附属管线，乃至危害到隧道的运营安全和降低隧道使用寿命。

盾构法隧道防水施工的内容主要包括管片自防水、管片接缝防水和特殊部位防水。防水应以管片自防水为基础，接缝防水为重点，并应对特殊部位进行防水处理，形成完整的防水体系。

1. 管片自防水

管片自防水是防水的根本，只有管片混凝土满足自防水的要求，隧道的防水才有了基本保证。在设计和施工中，管片结构的自防水主要通过满足管片混凝土的抗渗要求和管片预制精度要求来实现。管片多用防水混凝土，抗渗等级可达P8以上。管片的自防水应在管片制作中解决，其主要要求与措施如下：

（1）保证混凝土强度；

（2）生产时混凝土不允许产生裂缝；

（3）限制水泥用量，控制水灰比、坍落度，控制砂石含泥量，添加高效减水剂和活性外掺剂；

（4）采用蒸汽养护或水养护。

2. 管片接缝防水

管片接缝防水是盾构法隧道防水的核心，而管片接缝防水的关键是接缝面防水密封材料的选用及其设置。管片接缝防水措施主要包括：密封垫防水、嵌缝防水、螺栓孔防水等。

（1）弹性密封垫防水

在使用高精度管片的基础上，采用弹性密封原理制成具有特殊断面形式（通常为框形、环形），套裹在环片预留的凹槽内，形成线防水（图8-19）。弹性密封垫由单一的多孔型三元乙丙橡胶加工而成，或多孔型三元乙丙橡胶与膨胀橡胶复合而成。

（2）嵌缝防水

嵌缝防水是弹性密封垫防水措施的补充措施，即在管片环缝、纵缝的内侧设置嵌缝槽，用止水材料在槽内嵌填密实来达到防水目的。嵌缝防水措施的设置应视工程使用要求而定。嵌缝作业的范围（全隧道或者局部）与部位（整环接缝或接缝顶部、底部）应视工

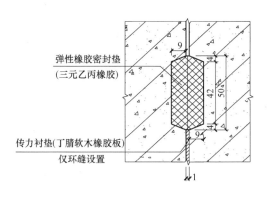

图 8-19  弹性密封垫防水

程的特点与要求而定。

嵌缝材料分为以下两大类。

1）未定形类。多为密封胶，应有较好的不透水性、粘结性（尤其要能在潮湿混凝土基面粘结性好）、耐久性、延伸性、抗下坠性。宜采用合成纤维水泥、环氧煤焦油（潮湿面粘结）、氯丁密封胶、聚硫密封胶、聚氨酯密封胶类。

2）预制成型类。宜采用膨胀橡胶，特殊外形橡胶及其控制膨胀材料，扩张芯材等。应有与嵌缝槽混凝土面紧密接合的合适构造外形及膨胀性、耐久性。

（3）螺栓孔防水

螺栓孔防水构造见图 8-20。

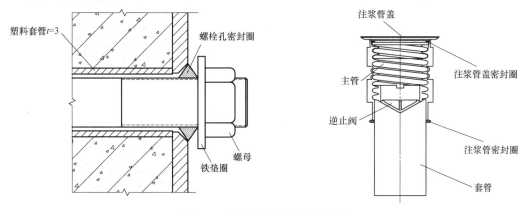

图 8-20  螺栓孔防水构造示意图

螺栓孔密封圈在螺帽与垫圈的作用下，挤入螺栓孔内并压密达到防水目的。螺栓孔密封圈的外形，应利于压入密封圈沟槽，使密封圈与螺栓、螺孔混凝土都压密止水。螺孔密封圈材料应是氯丁橡胶、水膨胀橡胶，也可采用橡塑制品或塑料制品。

二次注浆结束后，清除注浆孔内残留的浆液，使用止逆阀和螺旋管塞、密封垫圈进行防水，因为密封圈会发生蠕变而松弛，在施工过程中需要对螺旋管塞进行二次拧紧。

### 8.3.6  沉管法隧道防水施工

沉管法隧道防水施工主要包括管节防水、管节接头防水。管节接头防水采用水力压接法实现 GINA 橡胶止水带的水下压接紧密，从而达到防水目的（详见第 7 章）。

管节防水可采用外包防水层或者采用自防水混凝土。

（1）当管节采用外包防水层时，外包防水材料选用与混凝土易粘接、耐老化、延伸率大和寿命长的材料。外包防水层在管节浮运、沉放及回填施工过程中不得损坏。

（2）当管节采用自防水混凝土时，应加强混凝土的浇筑和接头部位的防水施工。

## 案例思考题

1. 背景资料

某地下停车库为地下四层三跨箱形框架结构，平面尺寸为 20m×50m，结构高度 12m，覆土厚度 2m，采用明挖法施工。基坑深度 15m，围护结构采用地下连续墙，地下连续墙埋入基底深度为 8m，支撑体系为钢管内支撑。地面下 3m 为黏性土，3～25m 为砂卵石，25m 以下为黏性土，地下水位位于地面下 5m，渗透系数 0.08m/d。

2. 问题

（1）绘制工程地质、水文地质剖面图，并标注地下停车场结构。

（2）试分析地下水类型，地下水控制应考虑哪些因素？

（3）若采用降水方法，分析可采用哪种降水方法？试判断降水井的类型，阐述降水井构造要求、施工顺序及降水对周边环境产生的影响。

（4）若采用隔水方法，帷幕可以采用哪种布置形式？地下连续墙入土深度为 8m，是否合适？

（5）能否采用嵌入式隔水帷幕？若能请简述施作方法。

（6）简述注浆隔水帷幕、冻结法隔水帷幕的含义，并分析能否用在本工程。

（7）结构施工完成后，地下水位回升，阐述地下水对结构产生哪些不利影响？

（8）简述防水的基本原则与要求。

（9）确定本工程的设计防渗等级及混凝土配制试验等级。

（10）分析本工程防水卷材可采用哪种施工方法？试绘制防水构造图并简述工艺流程。

（11）分析本工程可能的防水薄弱环节并简述施工方法。

（12）若地下车库出入口（地下水以下）采用矿山法施作，简述矿山法隧道防水构造及防水卷材的铺设方法。

（13）若本工程不是地下车库，为一盾构隧道，盾构隧道位于地下水位以下，简述盾构法隧道防水施工的内容及防水体系。

# 第9章 监控量测

本章讲解了监控量测的基本知识。通过本章学习，掌握监控量测概念、目的；掌握基坑工程、隧道工程影响分区的划分方法；掌握自身风险等级、周边环境风险等级及监控量测等级的划分；掌握不同工法下支护结构和周围岩土体监测点的布设原则，掌握不同周边环境下监测点的布设原则；了解不同监测项目的监测方法及技术要求；掌握监测成果及信息反馈的形式、内容等。

## 9.1 概　　述

### 9.1.1 监控量测含义

监控量测（以下简称监测）是指在地下工程施工过程中采用仪器量测、现场巡查或远程视频监控等手段和方法，长期、连续地采集和收集反映工程施工、周边环境对象的安全状态、变化特征及其发展趋势的信息，并进行分析、反馈的活动。我国地下工程的建设环境往往比较复杂，周边建（构）筑物鳞次栉比，地下管网纵横交错，河湖、桥梁、轨道交通既有线及既有铁路等大量存在，使得地下工程建设极为困难。地下工程建设过程中，无论采用何种建造方法都会对结构自身及周边环境的安全产生不良影响，甚至出现工程事故，如结构破坏、地面塌陷、建筑物倒塌、管线爆裂等，严重者会造成人员伤亡，给国家及社会造成极大的损失。目前，地下工程建造技术常用的方法中均出现了工程事故，据统计，工程事故中30%是突发性的，是难以预测的，而70%的工程事故是渐变性的，具有先兆，因此大多数事故是可以控制与规避的。规避工程事故的发生，监控量测是极为重要的手段。

监测又称为工程监测，一般分为施工监测和第三方监测。施工监测是指施工单位按照施工图设计文件、施工组织设计及标准规范等要求进行的监测工作；第三方监测是指监测单位受建设单位委托，按照合同及标准规范要求进行的监测工作。第三方监测不能取代施工单位自己开展的施工监测。

### 9.1.2 监测基本概念

（1）周边环境

周边环境是地下工程施工影响范围内的既有轨道交通设施、建（构）筑物、地下管线、桥梁、高速公路、道路、河流、湖泊等环境对象的统称。

（2）周围岩土体

周围岩土体是地下工程施工影响范围内的岩体、土体、地下水等工程地质和水文地质条件的统称。

（3）应测项目

应测项目是保证地下工程周边环境和围岩稳定以及施工安全应进行的日常监测项目，又称为A类项目或必测项目。

（4）选测项目

相对于应测项目而言，为了设计和施工或科研的特殊需要，在某些地段进行的监测项目又称为 B 类项目。

（5）基准点

基准点是为进行变形测量而布设的稳定的、需长期保存的测量控制点。

（6）监测点

监测点是直接或间接设置在监测对象上，能够反映监测对象力学或变形特征的观测点。

（7）监测断面

监测断面是指不同的监测项目在同一条剖面上对应布置，以便采集的数据能相互印证，确保监测结果的可靠性。

（8）监测控制值

监测控制值是为满足工程结构安全及周边环境保护要求，控制监测对象的状态变化，针对各监测项目的监测数据变化量所设定的受力或变形的设计允许值的限值。

（9）监测预警

监测预警是建设工程监测对象的受力、变形达到或超出所设定的允许范围，施工状况出现异常时，向工程参建方和管理方报告危急情况或发出危急信号的过程。

### 9.1.3　监控量测目的

监测被誉为地下工程施工的眼睛，能够及时发现施工中的异常现象，从而采取应对措施以将施工引起的结构自身和周边环境变形控制在允许范围内，确保施工及周围环境的安全。监控量测在地下工程建设中扮演越来越重要的角色，已经成为地下工程设计、施工中的一项重要组成部分。监测的目的为：

（1）了解各施工阶段地层与支护结构的动态变化，明确工程施工对地层的影响程度以及可能产生失稳的薄弱环节，把握施工过程中结构所处的安全状态。

（2）掌握围岩、支护结构和周边环境的动态，为设计和施工提供参考依据。

（3）监测数据经分析处理与必要的计算和判断后可作为预测和反馈的依据，为工程和环境安全提供可靠信息。

（4）积累资料和经验，为今后的同类工程提供类比依据。

### 9.1.4　监测方案

监测工作实施前应编制监测方案。监测方案应根据工程的施工特点，在分析研究工程风险及影响工程安全的关键部位和关键工序的基础上，有针对性地进行编制。监测方案包括下列内容：

（1）工程概况；

（2）建设场地地质条件、周边环境条件及工程风险特点；

（3）监测目的和依据；

（4）监测范围和工程监测等级；

（5）监测内容及项目；

（6）基准点、监测点的布设方法与保护要求，监测点布置图；

（7）监测方法和精度；

（8）监测频率；

（9）监测控制值、预警等级、预警标准及异常情况下的监测措施；

（10）监测信息的采集、分析和处理要求；

（11）监测信息反馈制度；

（12）监测仪器设备、元器件及人员的配备；

（13）质量管理、安全管理及其他管理制度。

## 9.2  工程影响分区及监测等级划分

### 9.2.1  工程影响分区

工程影响区是指根据周围岩土体和周边环境受工程施工影响程度的大小而进行的区域划分，一般划分为主要影响区、次要影响区和可能影响区。基坑、隧道工程施工对周围岩土体的扰动范围、扰动程度是不同的，一般来说，邻近基坑、隧道地段的岩土体受扰动程度最大，由近到远的影响程度越来越小。

1. 基坑工程影响分区

基坑工程影响分区按照与基坑边缘距离的不同进行划分（表 9-1、图 9-1）。

基坑工程影响分区  表 9-1

| 基坑工程影响区 | 范　　围 |
| --- | --- |
| 主要影响区（Ⅰ） | 基坑周边 $0.7H$ 或 $H\tan(45°-\varphi/2)$ 范围内 |
| 次要影响区（Ⅱ） | 基坑周边 $0.7H\sim(2.0\sim3.0)H$ 或 $H\tan(45°-\varphi/2)\sim(2.0\sim3.0)H$ 范围内 |
| 可能影响区（Ⅲ） | 基坑周边 $(2.0\sim3.0)H$ 范围外 |

注：1. $H$—基坑设计深度（m），$\varphi$—岩土体内摩擦角（°）；2. 基坑开挖范围内存在基岩时，$H$ 可为覆盖土层和基岩强风化层厚度之和；3. 工程影响分区的划分界限取表中 $0.7H$ 或 $H\tan(45°-\varphi/2)$ 的较大值。

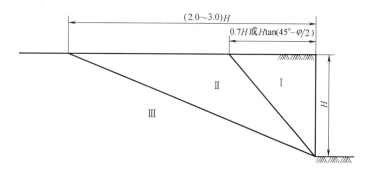

图 9-1  基坑工程影响分区

北京地区地层较为坚硬、稳定，$H\tan(45°-\varphi/2)$ 的计算结果接近 $0.7H$，主要影响区为基坑周边 $0.7H$ 范围内，次要影响区为基坑周边 $0.7H\sim2.0H$ 范围内，可能影响区为基坑周边 $2.0H$ 范围外。上海地区地层较软弱，岩土性质较差，主要影响区可根据 $H\tan(45°-\varphi/2)$ 计算确定，次要影响区范围适当扩大，为基坑周边 $H\tan(45°-\varphi/2)\sim3.0H$ 范围内，可能影响区为基坑周边 $3.0H$ 范围外。广州、重庆等存在基岩的地区，基岩微风化、中等风化岩层较稳定，工程影响分区主要考虑覆盖土层和基岩全风化、强风化层的影响，$H$ 可按土层和基岩全风化、强风化层厚度之和进行取值，综合确定工程影响分区。

2. 隧道工程影响分区

本书采用应用范围较广的隧道地表沉降曲线 Peck 计算公式预测的方法，划分隧道工程的不同影响区域。

隧道地表沉降曲线 Peck 公式如下：

$$S_{(x)} = S_{max} \exp\left(-\frac{x^2}{2i^2}\right) \tag{9-1}$$

式中　$S_{(x)}$——距离隧道中线为 $x$ 处的地表沉降量（mm）；

$S_{max}$——隧道中线上方的地表沉降量（mm）；

$x$——距离隧道中线的距离（m）；

$i$——沉降槽的宽度系数（m）。

土质隧道工程影响分区的划分如表 9-2、图 9-2 所示。隧道穿越基岩时，应根据覆盖土层特征、岩石坚硬程度、风化程度及岩体结构与构造等地质条件，综合确定工程影响分区界线。

土质隧道工程影响分区　　　　　　　　　　　　　　　　　表 9-2

| 隧道工程影响区 | 范围 |
|---|---|
| 主要影响区（Ⅰ） | 隧道正上方及沉降曲线反弯点范围内 |
| 次要影响区（Ⅱ） | 隧道沉降曲线反弯点至沉降曲线边缘 $2.5i$ 处 |
| 可能影响区（Ⅲ） | 隧道沉降曲线边缘 $2.5i$ 外 |

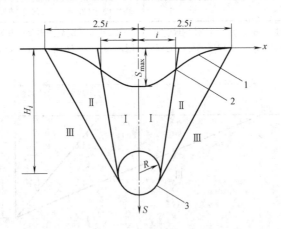

图 9-2　隧道工程影响分区

沉降槽宽度系数 $i$ 的取值结合地质条件综合确定；当遇到地质条件较差时，应调整工程影响分区界线，根据工程实际情况增大工程主要影响区和次要影响区。

**9.2.2　监测等级**

监测等级（表 9-3）指根据建设工程自身、周边环境和地质条件等风险大小的不同，对工程监测进行的等级划分，其目的是在监测工作量布置时更具有针对性，突出重点，合理开展监测工作。

174

| 监测等级 | | | | |
|---|---|---|---|---|
| 周边环境<br>风险等级<br><br>工程自身风险等级 | 一级 | 二级 | 三级 | 四级 |
| 一级 | 一级 | 一级 | 一级 | 一级 |
| 二级 | 一级 | 二级 | 二级 | 二级 |
| 三级 | 一级 | 二级 | 三级 | 三级 |

监测等级　　　　　表 9-3

工程自身风险是指工程自身设计、施工的复杂程度带来的风险，一般根据支护结构发生变形或破坏、岩土体失稳等的可能性和后果的严重程度来确定（表 9-4）。

**基坑、隧道工程自身风险等级**　　　　　表 9-4

| 工程自身风险等级 | | 等级划分标准 |
|---|---|---|
| 基坑工程 | 一级 | 设计深度大于或等于 20m 的基坑 |
| | 二级 | 设计深度大于或等于 10m 且小于 20m 的基坑 |
| | 三级 | 设计深度小于 10m 的基坑 |
| 隧道工程 | 一级 | 超浅埋隧道；超大断面隧道 |
| | 二级 | 浅埋隧道；近距离并行或交叠的隧道；盾构始发与接收段；大断面隧道 |
| | 三级 | 深埋隧道；一般断面隧道 |

注：1. 超大断面隧道是指断面面积大于 100m² 的隧道；大断面隧道是指断面面积在 50～100m² 的隧道；一般断面隧道是指断面面积在 10～50m² 的隧道；
　　2. 近距离隧道是指两隧道间距在 1 倍开挖宽度（或直径）范围以内；
　　3. 隧道深埋、浅埋和超浅埋的划分根据施工工法、围岩等级、隧道覆土厚度与开挖宽度（或直径）结合当地工程经验综合确定。

周边环境风险是指地下工程施工对周边环境造成的风险，根据周边环境发生变形或破坏的可能性和后果的严重程度进行等级划分（表 9-5）。

**周边环境风险等级**　　　　　表 9-5

| 周边环境风险等级 | 等级划分标准 |
|---|---|
| 一级 | 主要影响区内存在既有轨道交通设施、重要建(构)筑物、重要桥梁与隧道、河流或湖泊 |
| 二级 | 主要影响区内存在一般建(构)筑物、一般桥梁与隧道、高速公路或重要地下管线；次要影响区内存在既有轨道交通设施、重要建(构)筑物、重要桥梁与隧道、河流或湖泊；隧道工程上穿既有轨道交通设施 |
| 三级 | 主要影响区内存在城市重要道路、一般地下管线或一般市政设施；次要影响区内存在一般建(构)筑物、一般桥梁与隧道、高速公路或重要地下管线 |
| 四级 | 次要影响区内存在城市重要道路、一般地下管线或一般市政设施 |

工程监测等级与工程地质条件的复杂性有很密切的关系，在已有分级的基础上，还需要根据工程地质条件复杂程度对监测等级进行调整。

## 9.3 监测内容、项目及监测点布设

监测内容一般包括三大方面：现场巡查、仪器观测及远程视频监控。支护结构和周边环境是工程风险的主要承险体，其安全状态也是工程施工过程中关注的重点，因此是监测工作的主要内容。监测内容及项目的选择应能直接反映监测对象的位移、变形或受力状态。

### 9.3.1 现场巡查

现场巡查是仪器量测的辅助工作，是以目测为主，辅以必要的简单工具或仪器设备进行监测的方法。工程实践表明，现场巡查是一件非常重要的工作，能根据整个工区及其周边环境的动态进行宏观监控，能根据仪器监测点未布控处的危险迹象（例如地层及喷层裂纹、渗漏水等）采取应急措施。

（1）明挖法和盖挖法现场巡查内容主要为：施工工况、支护结构。施工工况主要包括开挖情况、地下水控制情况、地面超载、地面开裂等内容；支护结构主要包括开裂、渗水、围檩与支撑的防坠落措施等内容。

（2）矿山法现场巡查内容主要为：施工工况、支护结构。施工工况主要包括开挖步序、开挖面土质及渗水、坍塌情况等；支护结构主要包括超前支护施作情况及效果、初期支护结构渗漏水情况、初期支护结构背后回填注浆的及时性、拆撑的受力转换情况等。

（3）盾构法现场巡查内容为：掘进位置、始发端与接收端土体加固情况、接收端玻璃纤维筋支护结构开裂情况、管片拼装质量、联络通道开洞口情况等。

（4）周边环境现场巡查内容为：地表裂缝、沉陷、隆起、冒浆的位置、范围等情况；建（构）筑物、桥梁墩台或梁体、既有轨道交通结构等的裂缝位置、数量和宽度，混凝土剥落位置、大小和数量；地下构筑物积水及渗水情况，地下管线的漏水、漏气情况；河流湖泊的水位变化情况。

此外，基准点、监测点、监测元器件的完好状况、保护情况应定期巡视检查。

### 9.3.2 仪器量测

仪器量测是指采用水准仪、全站仪、测斜仪、传感器等装置或设备进行数据采集与分析的方法，为监测的主要工作。监测仪器、设备和传感器的选用应满足监测精度和量程的要求，并应稳定、可靠，使用过程中应注意：

（1）监测仪器和设备应定期检定或校准；

（2）元器件应在使用前标定，标定记录应齐全；

（3）监测过程中应定期进行监测仪器的核查、比对，设备的维护、保养，以及监测元器件的检查。

传感器应具备下列性能：

（1）与量测的介质特性相匹配；

（2）灵敏度高、线性好、重复性好；

（3）性能稳定可靠，漂移、滞后误差小；

（4）防水性好，抗干扰能力强。

1. 明挖法和盖挖法

明挖法和盖挖法基坑支护结构和周围岩土体监测项目应根据表9-6选择。

明挖法和盖挖法基坑支护结构和周围岩土体监测项目 表9-6

| 序号 | 监测项目 | 工程监测等级 | | |
| --- | --- | --- | --- | --- |
| | | 一级 | 二级 | 三级 |
| 1 | 支护桩(墙)、边坡顶部水平位移 | √ | √ | √ |
| 2 | 支护桩(墙)、边坡顶部竖向位移 | √ | √ | √ |
| 3 | 支护桩(墙)、边坡体水平位移 | √ | √ | ○ |
| 4 | 支护桩(墙)、边坡体结构应力 | ○ | ○ | ○ |
| 5 | 立柱结构竖向位移 | √ | √ | ○ |
| 6 | 立柱结构水平位移 | √ | ○ | ○ |
| 7 | 立柱结构应力 | ○ | ○ | ○ |
| 8 | 支撑轴力 | √ | √ | √ |
| 9 | 顶板应力 | ○ | ○ | ○ |
| 10 | 锚杆拉力 | √ | √ | √ |
| 11 | 土钉拉力 | ○ | ○ | ○ |
| 12 | 地表沉降 | √ | √ | √ |
| 13 | 竖井井壁支护结构净空收敛 | √ | √ | √ |
| 14 | 土体深层水平位移 | ○ | ○ | ○ |
| 15 | 土体分层竖向位移 | ○ | ○ | ○ |
| 16 | 坑底隆起(回弹) | ○ | ○ | ○ |
| 17 | 支护桩(墙)侧向土压力 | ○ | ○ | ○ |
| 18 | 地下水位 | √ | √ | √ |
| 19 | 孔隙水压力 | ○ | ○ | ○ |

注：√——应测项目；○——选测项目。

（1）支护桩（墙）、边坡顶部水平位移是反映基坑稳定性的一个极为重要的监测项目。

（2）支护桩（墙）体水平位移为深层水平位移，其监测可以反映出支护桩（墙）沿深度方向上不同位置处的水平变化情况，并且可以及时地确定桩（墙）体最大水平位移值及其深度，对于分析支护桩（墙）的稳定和变形发展趋势起着重要作用。

（3）基坑内立柱结构一旦变形过大会导致支撑体系失稳。因此，立柱结构的变形监测是一项较重要的监测项目。

（4）基坑水平支撑为支护桩（墙）提供平衡力，以使其在外侧土压力的作用下不至于出现过大变形，甚至倾覆。可见，支撑轴力是反映基坑稳定性的重要指标。

（5）地表沉降是综合分析基坑的稳定以及地层位移对周边环境影响的重要依据，且地表沉降监测简便易行，因此，各监测等级的基坑工程均规定地表沉降为应测项目。

（6）地下工程的破坏大都与地下水的影响有关，地下水是影响基坑安全的一个重要因素，因此，各监测等级的基坑工程均规定地下水位为应测项目。当基坑工程受到承压水影响时，还应进行承压水位的监测。

## 2. 盾构法隧道

盾构法隧道管片结构和周围岩土体监测项目应根据表9-7选择。

**盾构法隧道管片结构和周围岩土体监测项目**  表 9-7

| 序号 | 监测项目 | 工程监测等级 | | |
|---|---|---|---|---|
| | | 一级 | 二级 | 三级 |
| 1 | 管片结构竖向位移 | √ | √ | √ |
| 2 | 管片结构水平位移 | √ | ○ | ○ |
| 3 | 管片结构净空收敛 | √ | √ | √ |
| 4 | 管片结构应力 | ○ | ○ | ○ |
| 5 | 管片连接螺栓应力 | ○ | ○ | ○ |
| 6 | 地表沉降 | √ | √ | √ |
| 7 | 土体深层水平位移 | ○ | ○ | ○ |
| 8 | 土体分层竖向位移 | ○ | ○ | ○ |
| 9 | 管片围岩压力 | ○ | ○ | ○ |
| 10 | 孔隙水压力 | ○ | ○ | ○ |

注：√——应测项目；○——选测项目。

（1）盾构管片既是隧道的支护结构也是隧道的主体结构，盾构管片结构竖向位移和净空收敛监测对判断工程的质量安全非常重要，能够及时了解和掌握隧道结构纵向坡度变化、差异沉降、管片错台、断面变化及结构受力情况，以及隧道结构变形与限界变化，对盾构施工具有指导意义。

（2）盾构施工掘进过程中，地表沉降观测可以反映出盾构施工对岩土体及周边环境影响程度、同步注浆和二次注浆效果，以及盾构机自身的施工状态，对掌握工程安全极为重要。

（3）土体深层水平位移、土体分层竖向位移和孔隙水压力监测，主要根据盾构隧道施工穿越的周围岩土体的工程地质、水文地质条件及周边环境确定，目的是了解和掌握盾构施工对周围岩土体及周边环境的扰动情况，以及周围岩土对隧道结构的影响程度，可进一步指导工程施工。

## 3. 矿山法隧道

矿山法隧道支护结构和周围岩土体监测项目应根据表9-8选择。

**矿山法隧道支护结构和周围岩土体监测项目**  表 9-8

| 序号 | 监测项目 | 工程监测等级 | | |
|---|---|---|---|---|
| | | 一级 | 二级 | 三级 |
| 1 | 初期支护结构拱顶沉降 | √ | √ | √ |
| 2 | 初期支护结构底板竖向位移 | √ | ○ | ○ |
| 3 | 初期支护结构净空收敛 | √ | √ | √ |
| 4 | 隧道拱脚竖向位移 | √ | ○ | ○ |
| 5 | 中柱结构竖向位移 | √ | √ | ○ |
| 6 | 中柱结构倾斜 | ○ | ○ | ○ |

| 序号 | 监 测 项 目 | 工程监测等级 | | |
|---|---|---|---|---|
| | | 一级 | 二级 | 三级 |
| 7 | 中柱结构应力 | ○ | ○ | ○ |
| 8 | 初期支护结构、二次衬砌应力 | ○ | ○ | ○ |
| 9 | 地表沉降 | √ | √ | √ |
| 10 | 土体深层水平位移 | ○ | ○ | ○ |
| 11 | 土体分层竖向位移 | ○ | ○ | ○ |
| 12 | 围岩压力 | ○ | ○ | ○ |
| 13 | 地下水位 | √ | √ | √ |

注：√——应测项目；○——选测项目。

（1）初期支护结构的拱顶部位是受力的敏感点，其沉降大小反映了初期支护结构的稳定和上覆地层的变形情况，是控制初期支护结构安全以及地层变形的关键指标。

（2）初期支护结构净空收敛是指隧道拱顶、拱脚及侧壁之间的相对位移，其监测数据直接反映了围岩压力作用下初期支护结构的变形特征及稳定状态，是检验开挖施工和支护设计是否合理的重要指标。

（3）地表沉降一方面能反映工程施工质量的控制效果，另一方面又能反映工程施工对周围岩土体及周边环境影响程度，对工程安全极为重要。

（4）地下水的存在对矿山法施工影响很大，一方面给施工增加难度，另一方面也会给施工带来威胁。地下水位观测是监控地下水位变化最直接的手段，根据监测到的水位变化可及时采取应对措施，预防事故的发生。

4. 周边环境

周边环境监测项目应根据表 9-9 选择。当主要影响区存在高层、高耸建（构）筑物时，应进行倾斜监测。既有城市轨道交通高架线和地面线的监测项目可按照桥梁和既有铁路的监测项目选择。

**周边环境监测项目**　　　　　　　　　　　　　　　　表 9-9

| 监测对象 | 监测项目 | 工程影响分区 | |
|---|---|---|---|
| | | 主要影响区 | 次要影响区 |
| 建（构）筑物 | 竖向位移 | √ | √ |
| | 水平位移 | ○ | ○ |
| | 倾斜 | ○ | ○ |
| | 裂缝 | √ | ○ |
| 地下管线 | 竖向位移 | √ | ○ |
| | 水平位移 | ○ | ○ |
| | 差异沉降 | √ | ○ |
| 高速公路与城市道路 | 路面路基竖向位移 | √ | ○ |
| | 挡墙竖向位移 | √ | ○ |
| | 挡墙倾斜 | √ | ○ |

| 监测对象 | 监测项目 | 工程影响分区 | |
|---|---|---|---|
| | | 主要影响区 | 次要影响区 |
| 桥梁 | 墩台竖向位移 | √ | √ |
| | 墩台差异沉降 | √ | √ |
| | 墩柱倾斜 | √ | √ |
| | 梁板应力 | ○ | ○ |
| | 裂缝 | √ | ○ |
| 既有城市轨道交通 | 隧道结构竖向位移 | √ | √ |
| | 隧道结构水平位移 | √ | ○ |
| | 隧道结构净空收敛 | ○ | ○ |
| | 隧道结构变形缝差异沉降 | √ | √ |
| | 轨道结构(道床)竖向位移 | √ | √ |
| | 轨道静态几何形位(轨距、轨向、高低、水平) | √ | √ |
| | 隧道、轨道结构裂缝 | √ | ○ |
| 既有铁路(包括) | 路基竖向位移 | √ | √ |
| | 轨道静态几何形位(轨距、轨向、高低、水平) | √ | √ |

注: √——应测项目; ○——选测项目。

(1) 对主要影响区内的高层、高耸建(构)筑物应进行倾斜监测。

(2) 地下管线监测是一项重要的监测工作,特别是对管材差、抗变形能力弱或有压、有水的地下管线更应进行监测;支护结构发生较大变形或土体出现坍塌、地面出现裂缝迹象,并可能对地下管线造成危害时,应对地下管线进行水平位移监测。

(3) 桥梁自身安全状态差、墩台差异沉降大或设计要求时,应进行梁板结构应力监测。

(4) 既有城市轨道交通地下运营线路监测对象主要包括隧道结构、轨道结构及轨道,变形过大会影响城市轨道交通的运行安全,其环境风险等级一般为最高级。

### 9.3.3 远程视频监控

远程视频监控是现场巡查的补充,是指利用图像采集、传输、显示等设备及语音系统、控制软件组成的工程安全管理监控系统,对在建工程进行监视、跟踪和信息记录。对于重要风险部位可以通过远程视频监控,实现24h全天候监控。远程视频监控的部位和内容为:

(1) 明挖法和盖挖法基坑工程的岩土体开挖面、支护结构、周边环境等;

(2) 盾构法施工的始发、接收工作井与联络通道;

(3) 矿山法隧道工程的岩土体开挖面;

(4) 施工竖井、洞口、通道、提升设备等重点部位。

### 9.3.4 监测点布设

1. 支护结构与周围岩土体监测点布设

支护结构与周围岩土体是相互作用、相互影响的,二者之间的联系密切,布设监测点时需要对两者统筹考虑。

（1）支护结构和周围岩土体监测点的布设位置和数量应以针对性、合理性和经济性为原则，根据施工工法、工程监测等级、地质条件及监测方法的要求等综合确定，并应满足反映监测对象实际状态、位移和内力变化规律，及分析监测对象安全状态的要求。

支护结构监测应在支护结构设计计算的位移与内力最大部位、位移与内力变化最大部位及反映工程安全状态的关键部位等布设监测点。

（2）监测点布设时应设置监测断面，且监测断面的布设应反映监测对象的变化规律，以及不同监测对象之间的内在变化规律。纵向监测断面是指沿着基坑长边方向或隧道走向布设的监测点组成的监测断面；横向监测断面是指沿垂直于基坑长边方向或垂直隧道走向布设的监测点组成的监测断面。考虑不同监测对象的内在联系和变化规律时，不同的监测项目布点要处在同一断面上。

例如：明挖法和盖挖法的支护桩（墙）、边坡顶部水平位移和竖向位移监测点应沿基坑周边布设，且监测等级为一级、二级时，布设间距为10～20m；监测等级为三级时，布设间距为20～30m。

又如：矿山法隧道初期支护结构拱顶沉降、净空收敛监测应布设垂直于隧道轴线的横向监测断面，车站监测断面间距为5～10m，区间监测断面间距为10～15m。

再如：盾构法隧道的地表沉降监测点应沿盾构隧道轴线上方地表布设，且监测等级为一级时，监测点间距宜为5～10m；监测等级为二级、三级时，监测点间距宜为10～30m，始发和接收段应适当增加监测点。

2. 周边环境监测点布设

周边环境监测点的布设位置和数量应根据环境对象的类型和特征、环境风险等级、所处工程影响分区、监测项目及监测方法的要求等综合确定。

（1）周边环境监测点应布设在反映环境对象变形特征的关键部位和受施工影响敏感的部位。

（2）周边环境监测点的布设应便于观测，且不应影响或妨碍环境监测对象的结构受力、正常使用和美观。

（3）爆破振动监测点的布设及要求应符合现行国家标准《爆破安全规程》GB 6722 的有关规定。监测建（构）筑物不同高度的振动时，应从基础到顶部的不同高度布设监测点。

例如：地下管线位于主要影响区时，竖向位移监测点的间距宜为5～15m；位于次要影响区时，竖向位移监测点的间距宜为15～30m；竖向位移监测点宜布设在地下管线的节点、转角点、位移变化敏感或预测变形较大的部位。地下管线位于主要影响区时，宜采用位移杆法在管体上布设直接竖向位移监测点；地下管线位于次要影响区且无法布设直接竖向位移监测点时，可在地表或土层中布设间接竖向位移监测点。隧道下穿污水、供水、燃气、热力等地下管线且风险很高时，应布设管线结构直接竖向位移监测点及管侧土体竖向位移监测点。

### 9.3.5 监测点保护

监测点是一切测试工作的基础，因此要加强各监测点的保护工作，完善检查、验收措施。监测过程中，应做好监测点和传感器的保护工作。测斜管、水位观测孔、分层沉降管等管口应砌筑窨井，并加盖保护；爆破振动、应力应变等传感器应防止信号线被损坏。

（1）在每个监测点埋设完成后，应立即检查埋设质量，发现问题，及时整改。

（2）确认埋好后，埋设人员应及时填写埋设记录，并准确测量初始数据存档，作为开挖时监测的参考；项目负责人应进行实地验收，并在埋设记录上签字确认。

（3）对于所有预埋监测点的实地位置应做精确记录，露出地坪的应做出醒目标志，并设保护装置。

（4）加强与施工单位的联系，作好双方的配合工作。

# 9.4 监测方法及监测频率、监测周期

## 9.4.1 监测方法

监测方法和使用的仪器设备多种多样。监测对象和监测项目不同，监测方法和仪器设备就不同；工程监测等级和监测精度不同，采用的监测方法和仪器设备的精度也不一样；另外，由于场地条件、工程经验的不同，也会采用不同的监测方法。因此，监测方法的选择应根据监测对象和监测项目的特点、工程监测等级、设计要求、精度要求、场地条件和当地工程经验等综合确定，并应合理易行。

基准点为测量控制点，应布设在施工影响范围以外的稳定区域，且每个监测工程的竖向位移观测的基准点不应少于3个，水平位移观测的基准点不应少于4个；当基准点距离所监测工程较远使监测作业不方便时，宜设置工作基点；基准点和工作基点应在工程施工前埋设，经观测确定稳定后再使用。

监测期间，基准点应定期复测。当使用工作基点时，应与基准点进行联测。监测点埋设并稳定后，应至少连续独立进行3次观测，并取其稳定值的平均值作为初始值。

对同一监测项目，监测工作应遵循以下基本原则：

（1）采用相同的监测方法和监测路线；

（2）使用同一监测仪器和设备；

（3）固定监测人员；

（4）在基本相同的时段和环境条件下工作。

1. 水平位移

水平位移监测常用经纬仪或全站仪。经纬仪、全站仪可以精密地测定水平角度、垂直角度及距离，主要用来观测水平位移和倾斜，如支护桩（墙）顶水平位移、边坡坡顶水平位移、建（构）筑物倾斜等。

2. 竖向位移

竖向位移监测常用几何水准测量、静力水准测量等方法，此外有电子测距三角高程测量方法。

（1）几何水准测量

几何水准测量的仪器为水准仪，水准仪能提供水平视线，是用以测量各测点之间高差的光学仪器。水准仪可用来观测沉降，如地表、支护结构、周围岩土体、周边环境、地下水的沉降等，此外也可观测地表隆起等。几何水准测量是最为普及的方法，具有实施灵活、精度较高、成果可靠的特点，使用广泛。若水准测量不具备测量条件，可采用全站仪三角高程测量代替水准仪进行量测。

（2）静力水准测量

静力水准测量采用的仪器为静力水准仪（图9-3），目前有连通管式静力水准和压差式静力水准两种装置。连通管式应用较广泛，其原理是利用连通容器中液体通过管路流动和交换，静止液面在重力作用下保持水平这一特征来测量各监测点间的高差。压差式静力水准系统是通过设置在容器间的压力传感器测量金属膜片压力差的变化，计算测点高差。

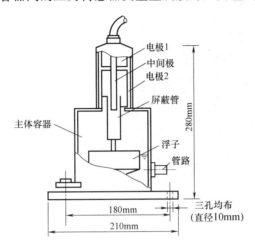

图9-3 连通管式静力水准仪

连通管式静力水准系统，同一段内静力水准测量的沉降值按下式计算：

$$\Delta H_{kg}^{ij} = (h_k^i - h_g^i) - (h_k^j - h_g^j) \tag{9-2}$$

式中 $\Delta H_{kg}^{ij}$——$k$测点第$i$次相对于$g$测点第$j$次测量的沉降值（mm）；

$h_k^i$——$k$测点第$i$次相对于液面安装高度的距离（mm）；

$h_g^i$——$g$测点第$i$次相对于液面安装高度的距离（mm）；

$h_k^j$——$k$测点第$j$次相对于液面安装高度的距离（mm）；

$h_g^j$——$g$测点第$j$次相对于液面安装高度的距离（mm）。

静力水准仪配套采集系统、传输系统、数据处理分析系统等，具有精度高、稳定性好、无需通视等特点，可实施远程自动化24h连续监测，主要应用于既有轨道交通结构、桥梁等监测。

3. 深层水平位移

支护桩（墙）和土体深层水平位移的监测常采用测斜仪。测斜仪是一种能有效且精确地测量土体内部水平位移或变形的仪器。测斜仪分为固定式和活动式两种。固定式将测头固定埋设在结构物内部的固定点上；活动式即先埋设带导槽的测斜管，间隔一定时间将测头放入管内沿导槽滑动。测斜管采用聚氯乙烯（PVC）工程塑料或铝合金管制成，管内有两组相互垂直的纵向导槽。

支护桩（墙）深层水平位移监测方法为：测斜管与支护桩（墙）钢筋笼绑扎（图9-4），一同下放并浇筑混凝土；将测斜仪探头放入测斜管底，恒温一段时间后自下而上以0.5m间隔逐段量测各深度处的水平位移。每监测点均应进行正、反两次量测，并取其平均值作为最终值。

图9-5为测试原理，测斜仪内部传感器可以测出每一深度处的倾斜角度$\theta$，则该深度

处的水平位移 $\Delta i$ 为：

$$\Delta i = L\sin\theta \qquad (9\text{-}3)$$

式中，$L$ 为导轮间距，一般为 500mm。

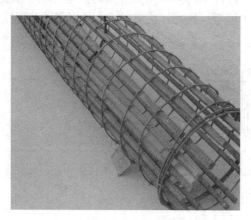

图 9-4　测斜管与钢筋笼绑扎

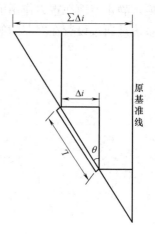

图 9-5　测斜仪工作原理示意图

4. 土体分层竖向位移

土体分层竖向位移一般采用分层沉降仪进行监测。分层沉降管采用聚氯乙烯（PVC）工程塑料管。分层沉降仪所用传感器是根据电磁感应原理设计，将磁感应沉降环通过钻孔方式埋入地下待测的各点位，当传感器通过磁感应环时，产生的电磁感应信号在地面仪表中显示，同时发出声光报警。读取孔口标记点上对应钢尺的刻度数值，即为沉降环的深度。每次测量值与前次相减即为该测点的沉降量。

磁环分层沉降标可通过钻孔在预定位置埋设。安装磁环时，应先在沉降管上分层沉降标的设计位置套上磁环与定位环，再沿钻孔逐节放入分层沉降管。分层沉降管安置到位后，应使磁环与土层粘结固定。

磁环分层沉降标埋设后应连续观测 1 周，至磁环位置稳定后，测定孔口高程并计算各磁环的高程。采用分层沉降仪量测时，应以 3 次测量平均值作为初始值，读数差不应大于 1.5mm。

磁环的绝对高程计算公式如下：

$$D_i = H - h_i \qquad (9\text{-}4)$$

式中　$D_i$——第 $i$ 次磁环绝对高程（mm）；

　　　$H$——分层沉降管管口绝对高程（mm）；

　　　$h_i$——第 $i$ 次磁环距管口的距离（mm）。

由上式可以计算出磁环的累计竖向位移量：

$$\Delta h_i = D_i - D_0 \qquad (9\text{-}5)$$

式中　$\Delta h_i$——第 $i$ 次磁环累计竖向位移（mm）；

　　　$D_0$——磁环初始绝对高程（mm）。

5. 倾斜

倾斜监测应根据现场观测条件和要求，选用投点法、激光铅直仪法、垂准法、倾斜仪法或差异沉降法等观测方法。

倾斜仪法可采用水管式、水平摆、气泡或电子倾斜仪等进行观测，倾斜仪应具备连续读数、自动记录和数字传输功能。

差异沉降法采用水准方法测量沉降差，经换算求得倾斜度和倾斜方向。当采用全站仪或经纬仪进行外部观测时，仪器设置位置与监测点的距离宜为上、下点高差的 1.5～2.0 倍。

6. 裂缝

建（构）筑物、桥梁、既有隧道结构等的裂缝监测内容应包括裂缝位置、走向、长度、宽度，必要时尚应监测裂缝深度。

裂缝监测标志应便于量测，长期观测可采用镶嵌或埋入墙面的金属标志、金属杆标志或楔形板标志；需要测出裂缝纵横向变化值时，可采用坐标方格网板标志。

7. 净空收敛

矿山法初期支护结构和盾构法管片结构、竖井结构的净空收敛一般采用收敛计（图9-6）量测，也可采用全站仪或红外激光测距仪进行监测。收敛计由连接、测力、测距三部分组成。

图 9-6　收敛计外观图

（1）连接转向：连接转向是由微轴承实现的，可实现空间的任意方向转动。

（2）测力弹簧：用来标定钢尺张力，从而提高读数的精度。

（3）测距装置：测距是由钢尺与测微千分尺组成。钢尺测大于 20mm 以上的距离，钢尺上每隔 20mm 有一定位孔，螺旋千分尺最小读数 0.01mm，测距＝钢尺读数＋螺旋千分尺读数。测量时，收敛计悬挂于两测点之间，旋进千分尺时，钢尺张力增加，直至达到规定的张力时，即进行读数。

收敛值为两测点在某一时间内的距离的变化量。设 $T_1$ 时的观测值为 $L_1$，$T_2$ 时的观测值为 $L_2$，则收敛值 $\Delta L = L_1 - L_2$。

机械式收敛计均有温度误差，所以每次测出的读数还应加上温度修正值：

$$L' = L_n[1 - a(T_0 - T_n)] \tag{9-6}$$

式中，$L'$ 为温度修正后的钢尺实际长度；$L_n$ 为第 $n$ 次观测时钢尺的长度读数；$a$ 为钢尺线膨胀系数，取 $a = 126 \times 10^{-6}$℃；$T_0$ 为首次观测时的环境温度（℃）；$T_n$ 为第 $n$ 次观测时的环境温度（℃）。

8. 爆破振动

爆破振动监测系统由速度传感器或加速度传感器、数据采集仪及数据分析软件组成，速度传感器或加速度传感器可采用垂直、水平单向传感器。爆破振动监测传感器安装时应与被测对象之间刚性粘结，并应使传感器的定位方向与所测量的振动方向一致。

9. 孔隙水压力

孔隙水压力一般采用孔隙水压力计进行监测。孔隙水压力计是一种测量流体压力的仪

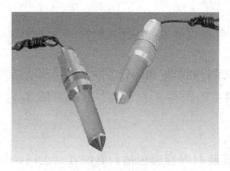

图 9-7　钢弦式孔隙水压力计

器，根据传感器的不同，可分为差动电阻式、钢弦式、电阻应变式和压阻式。目前国内一般采用差动电阻式、钢弦式两类，如图 9-7 所示为钢弦式孔隙水压力计。孔隙水压力计的量程应满足被测孔隙水压力范围的要求，可取静水压力与超孔隙水压力之和的 2 倍，精度不宜低于 0.5%F・S，分辨率不宜低于 0.2%F・S。

孔隙水压力计的埋设可采用钻孔埋设法、压入埋设法、填埋法等。

10. 地下水位

通过钻孔设置水位观测管，采用测绳、水位计等进行地下水位量测。

水位观测管埋设稳定后应测定孔口高程并计算水位高程。人工观测地下水位的测量精度不宜低于 20mm，仪器观测精度不宜低于 0.5%F・S。

11. 支撑轴力

轴力计主要用于测量钢支撑的轴力、基础对上部结构的反力及静压桩试验时的加载控制。根据测量原理不同，轴力计可分为钢弦式和电阻应变式，相应采用频率计和电阻应变仪进行测读。

钢弦式轴力计具有分辨率高、抗干扰性能强，对集中载荷反应灵敏、测值可靠和稳定性好等优点（图 9-8）。

12. 岩土压力监测

基坑支护桩（墙）侧向土压力、盾构法及矿山法隧道围岩压力宜采用界面土压力计进行监测，一般采用土压力盒进行监测。土压力盒（图 9-9）是置于土体与结构界面上或埋设在自由土体中，用于测量土体对结构的压力及地层中土压力变化的测量传感器。土压力的观测对研究土体内各点应力状态的变化非常重要，其测得的土压力均为总应力，如果要求得土体的有效应力，在埋设土压力计的同时，应该埋设孔隙压力计。

图 9-8　钢弦式轴力计外观

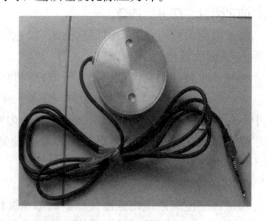

图 9-9　土压力盒外观

土压力计的测试量程可根据预测的压力变化幅度确定，其上限可取设计压力的 2 倍，精度不宜低于 0.5%F・S，分辨率不宜低于 0.2%F・S。

13. 结构应力监测

混凝土结构应力和钢筋内力可通过安装在结构内部或表面的应变计或应力计进行量测。

（1）应变计

应变计是用于测试结构承受荷载、温度变化而产生变形的一种传感器。根据其工作原理可分为电阻应变计、钢弦式应变计及光纤光栅应变计。表面应变计（图 9-10）通过粘结固定在被测表面上，具有测量精度高，测量范围大、可靠性高、抗电磁干扰等优点。埋入式应变计（图 9-11）是埋入结构混凝土或钢筋等材料中，以便长期观测其结构应变的变化，进行状态分析，达到示警以及故障诊断的目的。

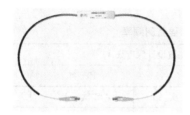

图 9-10　表面应变计

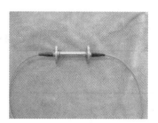

图 9-11　埋入式应变计

（2）钢筋应力计

钢筋应力计又称为钢筋计，用于测量钢筋混凝土内的钢筋应力（图 9-12），如支护结构钢筋内力、格栅内力等。

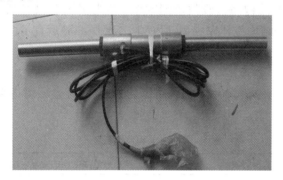

图 9-12　钢弦式钢筋应力计

钢筋计与受力主筋一般通过连杆电焊的方法连接。

14. 锚杆和土钉拉力监测

锚杆和土钉拉力宜采用测力计、钢筋应力计或应变计进行监测，当使用钢筋束作为锚杆时，宜监测每根钢筋的受力。

测力计、钢筋应力计和应变计的量程宜为设计值的 2 倍，量测精度不宜低于 0.5%F·S，分辨率不宜低于 0.2%F·S。

15. 轨道静态几何形位监测

轨道静态几何形位主要指轨距、水平、高低、轨向等轨道参数。轨距采用轨距尺，测量钢轨顶面下 16mm 处两股钢轨之间的最小距离。水平用轨距尺，测量左右两股钢轨顶面的相对高差，观测是否存在水平差或三角坑。高低和轨向采用 10m 弦线，使用两个标准等高垫块，间距放置；在垫块上安置弦线，用尺量取轨顶面距弦线垂直距离，与设计值对比得出高低和轨向。

### 9.4.2 监测频率

监测频率为监测的频次，与施工方法、施工进度、工程所处的地质条件、周边环境条件，以及监测对象和监测项目的自身特点等密切相关。在制定监测频率时既要考虑不能错过监测对象的重要变化时刻，也应当合理布置工作量，控制监测费用。选择科学、合理的监测频率有利于监测工作的有效开展。

1. 明挖法和盖挖法

明挖法和盖挖法基坑工程施工中支护结构、周围岩土体和周边环境的监测频率可按表9-10确定。

明挖法和盖挖法基坑工程监测频率      表 9-10

| 施工工况 | | 基坑设计深度（m） | | | | |
|---|---|---|---|---|---|---|
| | | ≤5 | 5～10 | 10～15 | 15～20 | ＞20 |
| 基坑开挖深度（m） | ≤5 | 1次/d | 1次/2d | 1次/3d | 1次/3d | 1次/3d |
| | 5～10 | | 1次/d | 1次/2d | 1次/2d | 1次/2d |
| | 10～15 | | | 1次/d | 1次/d | 1次/2d |
| | 15～20 | | | | (1～2)次/d | (1～2)次/d |
| | ＞20 | | | | | 2次/d |

对于竖井井壁支护结构净空收敛监测频率，在竖井开挖及井壁支护结构施工期间应1次/d，竖井井壁支护结构整体完成7d后宜1次/2d，30d后宜1次/7d，经数据分析确认井壁净空收敛达到稳定后可1次/(15～30)d。

2. 盾构法

盾构法工程施工中隧道管片结构、周围岩土体和周边环境的监测频率可按表 9-11确定。

盾构法工程监测频率      表 9-11

| 监测部位 | 监测对象 | 开挖面至监测点或监测断面的距离 | 监测频率 |
|---|---|---|---|
| 开挖面前方 | 周围岩土体和周边环境 | 5D＜L≤8D | 1次/(3～5)d |
| | | 3D＜L≤5D | 1次/2d |
| | | L≤3D | 1次/d |
| 开挖面后方 | 管片结构、周围岩土体和周边环境 | L≤3D | (1～2)次/d |
| | | 3D＜L≤8D | 1次/(1～2)d |
| | | L＞8D | 1次/(3～7)d |

注：1. $D$——盾构法隧道开挖直径（m），$L$——开挖面至监测点或监测断面的水平距离（m）；
    2. 管片结构位移、净空收敛宜在衬砌脱出盾尾且能通视时进行监测；
    3. 监测数据趋于稳定后，监测频率宜为1次/(15～30)d。

3. 矿山法

矿山法工程施工中隧道初期支护结构、周围岩土体和周边环境的监测频率可按表9-12确定。

| 监测部位 | 监测对象 | 开挖面至监测点或监测断面的距离 | 监测频率 |
|---|---|---|---|
| 开挖面前方 | 周围岩土体和周边环境 | $2B < L \leqslant 5B$ | 1次/2d |
| | | $L \leqslant 2B$ | 1次/d |
| 开挖面后方 | 初期支护结构、周围岩土体和周边环境 | $L \leqslant B$ | (1~2)次/d |
| | | $B < L \leqslant 2B$ | 1次/d |
| | | $2B < L \leqslant 5B$ | 1次/2d |
| | | $L > 5B$ | 1次/(3~7)d |

注：1. $B$——矿山法隧道或导洞开挖宽度（m），$L$——开挖面至监测点或监测断面的水平距离（m）；

2. 当拆除临时支撑时应增大监测频率；

3. 监测数据趋于稳定后，监测频率宜为1次/(15~30)d。

对于车站中柱竖向位移及结构应力的监测频率，土体开挖时宜为1次/d，结构施工时宜为（1~2）次/7d。

### 9.4.3 监测周期

监测周期指监测工作开始至结束的时间，监测工作在施工前开始并贯穿工程施工全过程，满足下列条件时，可结束监测工作：

（1）基坑回填完成或矿山法隧道进行二次衬砌施工后，可结束支护结构的监测工作；

（2）盾构法隧道贯通、设备安装施工后，可结束管片结构的监测工作；

（3）支护结构监测结束后，且周围岩土体和周边环境变形趋于稳定时，可结束监测工作；

（4）满足设计要求结束监测工作的条件；

（5）当最后100d的沉降速率小于0.01~0.04mm/d时可认为已经进入稳定阶段；变形稳定后，即可向委托方发出"结束监测申请"，经批准后结束监测。

## 9.5 监测项目控制值及信息反馈

### 9.5.1 监测项目控制值

监测项目控制值是工程施工过程中对工程自身及周边环境的安全状态或正常使用状态进行判断的重要依据，也是工程设计、工程施工及施工监测等工作的重要控制点。监测控制值的大小直接影响到工程自身和周边环境的安全，对施工方法、监测手段的确定以及对施工工期和造价都有很大的影响。因此，合理地确定监测项目控制值是一项十分重要的工作。

1. 确定原则

（1）支护结构的安全性

支护结构控制值的确定主要考虑支护结构所能够承受的剪力、弯矩及周围岩土体对结构的围岩压力、土压力、水压力等的影响，根据支护结构与周围岩土体的相互作用关系，综合确定其所能承受的变形或内力大小。

（2）周边环境功能性及安全性

控制值的确定应综合考虑支护结构的安全性、周边环境对象的实际状态、使用功能及安全性等保护要求。

周边环境控制值一般由评估单位在现状普查或检测、分析计算和评估的基础上，结合产权单位的要求综合确定。

2. 确定方法

（1）工程类比法

在调查分析的基础上，根据相关标准，结合已有监测经验综合确定具体数值。

（2）综合分析法

在调查分析的基础上，综合考虑各类影响因素，采用原位试验、模型试验、结构材料性能检测、结构计算分析、经验公式法、解析公式法、数值模拟法等综合技术方法，结合相关标准及已有监测经验综合确定具体数值。

变形监测不但要控制监测项目的累计变化值，还要注意控制其变化速率。累计变化值反映的是监测对象当前的安全状态，而变化速率反映的是监测对象安全状态变化的发展速度，过大的变化速率，往往是突发事故的先兆。因此，变形监测数据的控制值应包括累计变化值和变化速率值。

### 9.5.2 数据处理与分析

1. 数据处理

现场监测所取得的原始数据，不可避免地具有一定的离散性，其中包含量测误差，甚至有测试错误，不经过整理和数学处理的数据是难以直接利用的，因此在监测数据整理分析过程中，首先应对原始监测数据进行可靠性检验和误差分析，如发现当日当次数据存在误差，则在可能的情况下应该立即重测，并在履行必要的手续后修改原始数据；如查明存在其他形式的误差且无法补测，则应做详细记录，并在数据整理过程中进行修正。

监测成果经过汇总，应整理成直观、易懂，一目了然的曲线（散点）图、表。图、表主要有：

（1）位移（或下沉）量随时间变化的曲线；

（2）位移速度随时间变化曲线；

（3）位移量与开挖面距离关系曲线；

（4）地表下沉（纵、横向）曲线。

此外应及时绘出应力-时间曲线、应变-时间等曲线。当曲线趋于平缓时，应进行回归分析，推算最终位移值，并总结出围岩与位移变化的动态规律。

2. 回归分析

回归分析有线性回归分析和非线性回归分析。

（1）线性回归分析

线性回归分析一般是一元线性回归分析，即两个变量呈线性变化的问题。在对一组监测结果进行实测数据的处理时，通过回归分析找出两个变量的函数关系的近似表达式，即经验公式。如果监测项目的历时曲线近似在一条直线上，可以认为位移随时间的变化是线性的。

$$y = a + bx \tag{9-7}$$

式中，$a$、$b$ 为回归系数。

（2）非线性回归分析

对这类数据进行回归分析时，根据实测数据的历时曲线特征选择合适的曲线函数，如对数函数、指数函数、双曲线函数等进行回归分析。对地表沉降、净空收敛、拱顶下沉等变形的预测时，采用的回归函数如下：

1）对数函数，如：

$$u = a\lg(t+1) \tag{9-8}$$

$$u = a + \frac{b}{\lg(t+1)} \tag{9-9}$$

2）指数函数，如：

$$u = ae^{-b/t} \tag{9-10}$$

$$u = a(1-e^{-b/t}) \tag{9-11}$$

3）双曲函数，如：

$$u = t/(at+b) \tag{9-12}$$

$$u = a\left[1-\left(\frac{1}{1+bt}\right)^2\right] \tag{9-13}$$

式中　$u$——变形值（或应力值）；

$a$，$b$——回归系数；

$t$——测点的观测时间（d）。

图 9-13 中的位移曲线图中的正常曲线，反映了曲线的位移变化随时间及距离掌子面的距离向前突进而逐渐稳定，说明地层处于稳定状态，支护系统是有效可靠的。图中的反常曲线的反弯点，说明位移出现了反常的急剧增长现象，表明地层和支护结构已经呈现出不稳定状态，应立即采取措施，减少对地层的扰动，加强监测、巡视，必要时立即停止施工进行加强处理。

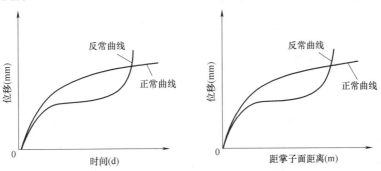

图 9-13　历时曲线反常表现示意图

3. 理论计算分析

目前采用的理论计算方法主要为有限单元法、有限差分法等。通过理论计算施工引起的空间效应、时间效应、围岩应力场与位移场的变化，将监控量测所取得的数据与理论计算结果进行对比分析。如变化规律相符，就可以利用理论计算的结果来预测分析后续施工的变形等。此外还有灰色系统、神经网络分析方法等。

**9.5.3　信息反馈**

1. 日常信息反馈

监测工作日常信息反馈有日报、阶段性报告和总结报告等形式。监测数据正常情况下每日提交一次日报，每周提交一次周报，每月提交一次月报，监测工作结束后提交总报告。

(1) 日报内容

1) 工程施工概况；

2) 现场巡查信息：巡查照片、记录等；

3) 监测项目日报表：仪器型号、监测日期、观测时间、天气情况、监测项目的累计变化值、变化速率值、控制值、监测点平面位置图等；

4) 监测数据、现场巡查信息的分析与说明；

5) 结论与建议。

(2) 阶段性报告内容

1) 工程概况及施工进度；

2) 现场巡查信息：巡查照片、记录等；

3) 监测数据图表：监测项目的累计变化值、变化速率值、时程曲线、必要的断面曲线图、等值线图、监测点平面位置图等；

4) 监测数据、巡查信息的分析与说明；

5) 结论与建议。

(3) 总报告内容

1) 工程概况；

2) 监测目的、监测项目和监测依据；

3) 监测点布设；

4) 采用的仪器型号、规格和元器件标定资料；

5) 监测数据采集和观测方法；

6) 现场巡查信息：巡查照片、记录等；

7) 监测数据图表：监测值、累计变化值、变化速率值、时程曲线、必要的断面曲线、等值线图等；

8) 监测数据、巡查信息的分析与说明；

9) 结论与建议。

2. 监测预警

监测预警是整个监测工作的核心，通过监测预警能够使相关单位对异常情况及时做出反应，采取相应措施，控制和避免工程自身和周边环境等安全事故的发生。监测应根据工程特点、监测项目控制值、当地施工经验等制定监测预警等级和预警标准。

监测预警一般按监测控制值的70％、85％和100％划分为三级，监测预警等级划分要与工程建设城市的工程特点、施工经验等相适应。目前北京市轨道交通工程监测预警体系较为成熟，其分级标准参见表9-13。

北京市轨道交通工程监测预警分级标准　　　　　　　　　　　　　　　　表 9-13

| 预警级别 | 预警状态描述 |
| --- | --- |
| 黄色预警 | 变形监测的绝对值和速率值双控指标均达到控制值的70％，或双控指标之一达到控制值的85％时 |
| 橙色预警 | 变形监测的绝对值和速率值双控指标均达到控制值的85％，或双控指标之一达到控制值时 |
| 红色预警 | 变形监测的绝对值和速率值双控指标均达到控制值 |

（1）黄色预警：施工状态为安全。

（2）橙色预警：通知甲方、施工方、管理部门等相关单位，同时加强观测，配合施工查找原因，对施工有效加强控制措施提出建议。

（3）红色预警：立即向甲方、管理部门、设计、施工方等相关单位报警，同时增加监测测点、加密监测频率、及时反馈信息，配合专项技术会议，根据实施特殊措施需要开展专项监测，并撰写专题监测报告。

3. 警情报送

警情报送是监测的重要工作之一，也是监测人员的重要职责，通过警情报送能够使相关各方及时了解和掌握现场情况，以便采取相应措施，避免事故的发生。

（1）当监测数据达到预警标准时应进行警情报送，这就要求外业监测工作完成后，应及时对监测数据进行内业整理、计算和分析，发现监测项目的累计变化量或变化速率无论达到任何一级预警标准都要进行警情报送。

（2）现场巡查过程中发现下列警情之一时，应根据警情紧急程度、发展趋势和造成后果的严重程度按预警管理制度进行警情报送：

1）基坑、隧道支护结构出现明显变形、较大裂缝、断裂、较严重渗漏水、隧道底鼓，支撑出现明显变位或脱落，锚杆出现松弛或拔出等；

2）基坑、隧道周围岩土体出现涌砂、涌土、管涌，较严重渗漏水、突水，滑移、坍塌，基底较大隆起等；

3）周边地表出现突然明显沉降或较严重的突发裂缝、坍塌；

4）建（构）筑物、桥梁等周边环境出现危害正常使用功能或结构安全的过大沉降、倾斜、裂缝等；

5）周边地下管线变形突然明显增大或出现裂缝、泄漏等。

# 9.6 工 程 案 例

## 9.6.1 工程概况

本工程为地铁区间工程，区间左、右线均采用矿山法施工。矿山法区间初期支护采用钢格栅＋喷射混凝土体系，结构采用马蹄形断面。矿山法区间拱部主要位于粉土及粉质黏土层。本工程区域在深度 30m 范围内未见地下水，故不考虑地下水对施工的影响。

本工程风险工程清单见表 9-14。

区间风险工程分级表    表 9-14

| 序号 | 风险工程名称 | 风险基本状况 | 风险等级 |
|---|---|---|---|
| 1 | | 自身风险工程 | |
| 1.1 | 区间 | 左、右线单洞单线区间长约 960m。采用矿山法施工，隧道覆土 6.5～12.6m | 三级 |
| 2 | | 环境风险工程 | |
| 2.1 | 下穿建筑物 | 隧道下穿建筑物，区间覆土 8.6～12.6m，批发市场为两层混凝土结构，民宅均为一层砖砌结构 | 一级 |

工程自身风险等级为三级，周边环境风险一级，综合判定监测等级为一级。

### 9.6.2 监测内容及监测频率

本次监测为第三方监测，监测内容为现场巡查和仪器观测，监测对象为建筑群，监测项目为建筑物沉降；现场巡查建筑物裂缝。采用的仪器及精度见表9-15。

**仪器监测的对象、项目、仪器及精度**　表9-15

| 序号 | 类别 | 监测对象 | 监测项目 | 监测仪器 | 监测精度 |
|---|---|---|---|---|---|
| 1 | 周边环境 | 建筑物 | 建筑物沉降 | 电子水准仪 | 1.0mm |

仪器监测频率及周期见表9-16。

**仪器监测频率与周期**　表9-16

| 序号 | 监测对象 | 监测项目 | 现场监测频率 | 现场监测周期 |
|---|---|---|---|---|
| 1 | 周边环境 | 建筑物沉降 | 当开挖面到监测断面前后的距离 $L \leqslant 2B$ 时，1次/天；当开挖面到监测断面前后的距离 $2B < L \leqslant 5B$ 时，1次/2天；当开挖面到监测断面前后的距离 $L > 5B$ 时，1次/周；基本稳定后，1次/1月 | （1）初始值测定：测点布置完成后，在施工之前，应对所有的监测项目进行连续三次独立的观测，判定合格后取其平均值作为监测项目的初始值。<br>（2）停测标准：当最后100d的沉降速率小于0.01～0.04mm/d时可认为已经进入稳定阶段。变形稳定后，即向业主发出"停止监测申请"，业主批准后停止监测 |

巡查频率开挖过程中，每天进行1次巡视；其余时间根据建筑物情况而定，巡视项目出现预警等情况下，均应增大巡视频率。

### 9.6.3 监测控制值（表9-17）及预警管理标准（表9-18）

**监测控制值**　表9-17

| 序号 | 监测对象 | 监测项目 | 控制值 |
|---|---|---|---|
| 1 | 周边环境 | 建筑物沉降 | 累计变化量：15mm，变化速率：1mm/d |

现场监测成果按黄色、橙色和红色三级警戒状态进行管理和控制，根据现场监测项目测点变形量及变形速率情况判断，具体内容见表9-18。

**预警管理标准**　表9-18

| 警戒级别 | 预警状态描述 |
|---|---|
| 黄色监测预警 | "双控"指标（变化量、变化速率）均超过监控量测控制值（极限值）的70%时，或双控指标之一超过监控量测控制值的85%时 |
| 橙色监测预警 | "双控"指标均超过监控量测控制值的85%时，或双控指标之一超过监控量测控制值时 |
| 红色监测预警 | "双控"指标均超过监控量测控制值，或实测变化速率出现急剧增长时 |

### 9.6.4 监测作业实施

#### 1. 高程控制网

基准点作为竖向变形测量的起算基准，其稳定性是十分重要的。在施工影响范围之外的区域设置3个基准点构成竖向变形监测控制网。

#### 2. 建筑物竖向位移

建筑物上布设的测点采用钻具成孔方式埋设，埋设形式如图 9-14 所示。

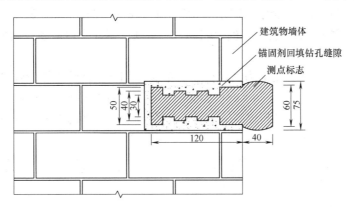

图 9-14　测点标志埋设形式图（mm）

建筑物沉降及差异沉降采用几何水准测量方法，使用 Trimble DINI12 电子水准仪观测，采用电子水准仪自带记录程序，记录外业观测数据文件。

观测注意事项为：①对使用仪器必须定期检验。当观测成果异常，经分析与仪器有关时，应及时对仪器进行检验与校正；②观测应做到三固定，即固定人员、固定仪器、固定测站；③观测时，必须保证良好的观测环境及成像条件；④观测前应正确设定记录文件中各项控制限差参数，观测完成需现场检核闭合或附合差情况，确认合格后方可完成测量工作；⑤观测时应满足水准观测相关技术要求。

3. 建筑物现场巡查作业

（1）首次巡查

首次巡查的重点是调查建筑物现状，巡查该建筑物有无裂缝、剥落状况。有裂缝的地方做好标识，记录裂缝的位置、形态，用游标卡尺或裂缝读数显微镜测量并记录裂缝的宽度。对在施工影响前已经出现的裂缝等异常情况，采用拍照的方式进行影像资料存档。

（2）日常巡查

巡查的内容包括建筑物裂缝、剥落。对在首次巡查中发现的既有裂缝测量其宽度并与初始宽度进行现场比较。发现建筑物墙体、柱或梁新增裂缝或裂缝发展速率超过预警标准等异常情况及时通报，并拍照存档。

4. 数据处理

典型的数据处理一般包含以下内容：

（1）统计分析：刚取得数据时，可能杂乱无章，看不出规律，通过作图、造表，用各种形式的方程拟合，计算某些特征量等手段探索规律性的可能形式，统计出测点累计变形最大值、阶段变形最大值以及各最大值的变形规律。

（2）预警情况分析：工程施工过程中，针对阶段变形或累计变形超报警值的情况，要结合施工进度绘制时程曲线图以及纵横断面曲线。

（3）最终分析：工程结束后，结合施工过程中的各施工参数、地层情况等对测点进行规律性分析。

5. 监测信息反馈

日报通过信息平台报送。

### 9.6.5 监测成果分析与评述

截至 2 月 23 日，所监测的建筑物沉降值介于 1.8～−25.0mm，其中有 9 个测点累计值超预警值，7 个测点累计变形值超报警值，24 个测点累计变形值超控制值，其余测点处于正常状态。

以区间穿越一层民房的变形为例，自上一年 6 月 21 日进行沉降监测，截至 2 月 23 日，该建筑物沉降值介于−1.2～−19.6mm，测点 JCJ 173 累计沉降−13.7mm，超报警值，测点 JCJ 172 累计沉降−19.6mm，超控制值。测点沉降时间-位移曲线如图 9-15 所示。

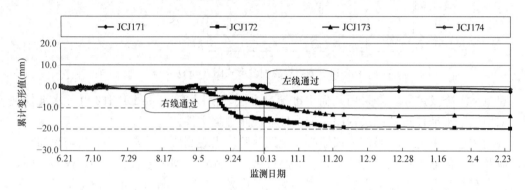

图 9-15　建筑物测点沉降时间-位移曲线图

### 9.6.6 现场巡查成果

本工程进行了 285 次现场巡查工作。整个施工期间，共发布 22 次黄色巡查预警，5 次橙色巡查预警。

## 案例思考题

1. 背景资料

某基坑工程，基坑平面尺寸为 20m×200m，基坑挖深为 21m，地下水位于地面下 5m。支护结构采用地下连续墙，设四道钢支撑。距离基坑长边 22m 处有一顺行的自来水地下管线，埋深 3m。为保证基坑开挖过程中的安全，施工单位编制了监测方案，监测方案包括：监控目的、监测项目、工序管理和记录制度。施工过程中，监测单位根据监测方案对基坑进行了监测，现场巡查过程中发现钢支撑出现明显变位、基坑出现管涌现象，工程结束后提交了监测报告。

2. 问题

(1) 绘制基坑与自来水地下管线空间关系的平面图和剖面图。

(2) 分析判断监测等级。

(3) 本工程监测方案内容是否全面，如不全面还应包括哪些内容？

(4) 根据背景资料，应监测哪些项目？采用什么方法量测？

(5) 根据《城市轨道交通工程监测技术规范》GB 50911—2013 确定监测项目控制值，并阐述监测点的布置。

(6) 监测单位的作法有哪些不妥之处？

(7) 监测工作结束的标准是什么？

(8) 简述预警内容。

(9) 简述监测总报告内容。

# 第 10 章　地下工程建造管理

本章讲解了地下工程建造管理的基本知识。通过本章学习，掌握地下工程建造管理内容；掌握不同施工方法的风险因素及风险源辨识方法和步骤；掌握危大工程管理的含义、范围，专项施工方案编制内容；掌握应急预案编制要求和内容；了解 BIM 在地下工程管理中的应用。

## 10.1　地下工程建造管理概述

### 10.1.1　地下工程建造管理含义

地下工程建造管理是指从事地下工程项目的施工单位受建设单位委托，按照合同约定代表建设单位对地下工程项目的施工阶段组织实施进行全过程、全方位的施工管理。

地下工程的建造过程是各个方面、各个环节的综合体现，任何一个环节的失误都会导致整个施工过程的停滞，甚至造成巨大的损失。管理的好坏与企业的发展密切相关，它是一个工程进行的重要步骤，所有的施工必须围绕管理活动进行展开；它也是对整个活动的控制，以适应经济快速发展的节奏，达到目标的经济效益和社会效益。

管理是企业的灵魂，管理的水平代表了企业发展的水平。管理的重要性，不仅直接关系到企业的后期发展，也和建筑施工安全管理密切相连。日常的施工管理过程中，做好安全管理工作，减少施工过程中安全事故的发生，实现施工现场安全生产的规范化与标准化，是管理的目标和内容。

### 10.1.2　项目管理组织机构

施工单位在投标获得一个地下工程施工承包合同后，随即组建项目经理部。项目经理部是施工项目管理机构，是企业法定代表人授权按照企业的相关规定组建的、进行项目管理的一次性现场组织机构，承担地下工程项目施工阶段管理任务和目标实现的全部责任；应由具有丰富施工经验的项目经理对施工进行组织、指挥、管理、协调和控制。

项目经理部是本着科学管理、精干高效、结构合理的原则组成的项目管理层。项目经理部应由项目经理领导，接受公司职能部门的指导、监督、检查、服务和考核，并负责对项目资源的合理使用和动态管理，项目经理部应在项目启动前建立，并在项目竣工验收、审计完成后按合同约定解体。

项目经理部主要管理人员一般有项目经理、项目技术负责人、施工员、安全员、材料员、资料员、预算员或造价员、质量员或质检员、取样员等。

某地下工程建造的项目管理机构如图 10-1 所示。

### 10.1.3　地下工程建造管理的基本方法

地下工程建造管理的基本内容是进行项目的进度、技术、质量、安全和成本控制，基本方法就是目标管理。目标管理是指集体中的成员参加工作目标的制定，在实施中运用现代管理技术和行为科学，借助人们的事业感、能力、自信、自尊，实行自我控制，努力实

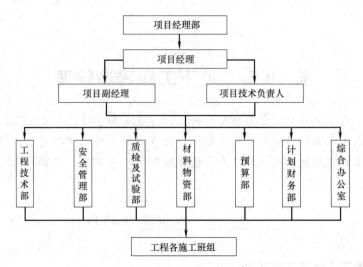

图 10-1  某地下工程建造项目管理机构

现目标。目标管理方法被广泛应用于经济和管理领域，是一种符合现代科学管理、实现目标的基本方法。

## 10.2  地下工程建造管理内容

### 10.2.1  施工进度管理

施工进度管理是地下工程施工项目管理中的重点控制目标之一，对工程履约起着主导作用。施工进度管理是以实现施工合同约定的交工日期为最终目标，是保证地下工程施工项目按期完成、合理安排资源供应、节约工程成本的重要措施。施工进度计划应准确、全面的表示施工项目中各个单位工程或各分项、分部工程的施工顺序、施工时间及相互衔接关系，其应根据各施工阶段的工作内容、工作程序、持续时间和衔接关系以及进度总目标，按资源优化配置的原则进行编制。

编制施工进度计划的基本要求是：保证工程施工在合同规定的期限内完成；迅速发挥投资效益；保证施工的连续性和均衡性；节约费用、实现成本目标。表达施工进度计划的方法有横道图和网络计划图。

在计划实施过程中应严格检查各工程环节的实际进度，及时纠正偏差或调整计划，跟踪实施，如此循环、推进，直至工程竣工验收。

### 10.2.2  施工技术管理

施工技术管理是指对地下工程施工全过程运用系统化的理论观点和科学方法，对施工各组成要素和各种技术行为，进行规划和控制的一种综合技术管理活动。施工技术对施工质量、安全会产生一定的影响，因此合理采用先进的工艺、技术，对施工安全、进度、质量的提高具有重要意义。

1. 施工准备阶段技术管理要点

准备阶段技术管理是地下工程在正式施工开始前进行的技术管理，准备阶段技术管理是先导，主要任务是建立完善的技术保证体系和技术管理体系，编制地下工程施工技术管理方案和计划，制定现场的各种管理制度，完善计量及检测技术方法和手段并进行人员培训。

（1）建立和完善施工技术组织机构、建章建制

施工技术组织机构是进行施工技术管理的主要机构，应建立和完善施工技术组织机构，并明确各类施工技术人员的职责范围，进行技术分工，强化施工技术管理责任制，制定技术管理制度。

（2）做好调查工作

1）自然条件、周边环境的调查

调查地下工程附近的地形条件、气象、工程地质、水文地质及工程周边环境状况等。掌握气象资料，以便综合组织全过程的均衡施工，制定冬期、雨期的施工措施，根据水文地质及气象情况，采取有效的防排水措施。

2）各种物质资源和技术条件的调查

由于施工所需物质资源品种多、数量大，故应对各种物质资源（如材料、能源、劳动力等）的生产和供应情况、价格、品种等进行详细调查，以便提前进行供需联系，落实供需要求。了解自采加工材料的分布、数量、质量状况，各种材料的运输线路、运距、运输方式及道路状况等。

（3）做好图纸会审工作

为保证审图质量，各级技术负责人必须组织有关人员，严格按照审图的阶段程序进行。按不同的要求和参加的人员，将图纸审查划分为四个阶段，即熟悉图纸、初审、内部会审、综合会审。通过图纸会审，熟悉图纸内容，领会设计意图，了解设计要求施工达到的技术标准，明确工艺流程。

（4）编制施工组织设计及施工方案

编写主要单位工程实施性的施工组织设计，并根据具体地下工程项目特点确定各分部分项工程施工流程、施工工艺及施工技术方法，提出更详细的施工计划、材料计划、机械使用计划、施工工艺等有关保证措施。

（5）编制施工图预算和施工预算

根据施工图、预算定额、施工组织设计、施工定额等文件，编制施工图预算和施工预算，为施工计划的编制、施工任务单和限额领料单的签发提供依据。

2. 施工过程阶段技术管理要点

地下工程施工过程中的技术管理主要是对施工技术的组成要素的管理，确保各项技术活动的高效进行，主要内容如下：

（1）技术交底

技术交底是一项技术性很强的工作，对于贯彻设计意图、严格执行施工方案、保证施工质量和施工安全至关重要。技术交底必须满足合同文件、技术规范规程、质量检验评定标准等。技术交底以书面形式进行，按规定程序进行，参与交底的负责人应履行签字手续。对隐蔽工程和工程质量事故与工伤事故的多发易发工程部位，以及影响工程进度的关键工序环节，应重点进行技术交底，并明确所采取的技术组织措施和防范对策。

技术交底应符合下列规定：

1）单位工程开工前，项目部的技术负责人必须向有关人员进行安全技术交底。

2）结构复杂的分部分项工程施工前，项目部的安全（技术）负责人应进行安全技术交底。

3）项目部应保存安全技术交底记录。

（2）技术监督

技术监督工作主要指施工技术人员的动态化监督管理，在实际施工过程中随时监督各施工队伍的操作行为，并积极引导施工人员按照技术规范合理施工。发现问题及时解决，并做好相关施工技术资料的原始记录，以确保施工技术管理工作顺利开展。

（3）隐蔽工程验收

隐蔽工程验收是指对项目建成后无法进行复查的工程部位所作的验收。为确保工程质量，在下一工序施工前，应由项目部技术负责人邀请建设单位（监理单位）、设计单位共同对隐蔽工程进行检查和验收，同时绘制隐蔽工程竣工图，前道工序达不到质量要求决不进行下道工序施工。

（4）现场技术资料管理与归档

地下工程施工资料是建筑施工技术的重要组成部分。现场设立专职资料员，按资料管理规范要求，及时汇集、分类整理、编制各种施工技术资料并归档。施工技术档案是施工企业对过去工作的总结，记录了施工中所使用的设备和技术。

3. 竣工阶段技术管理

竣工阶段技术管理是指对施工产品进行的管理，是按质量评定标准和办法对完成的单位工程、单项工程进行检查验收，并办理交工手续。主要完成以下技术工作：

（1）对在预验收中发现的问题进行整改，整改完成后提出竣工验收申请，填写竣工验收报告。

（2）办理竣工验收签证书，竣工验收签证书必须有三方的签字方可生效。

（3）由施工单位编写工程竣工报告，在工程完工后提交建设单位。工程竣工报告包括以下内容：工程概况、施工组织设计文件、工程施工质量检查结果、符合法律法规及工程建设强制性标准情况、工程施工履行设计文件情况、工程合同履约情况。

### 10.2.3 施工质量管理

施工质量管理应体现从资源投入、质量风险控制、特殊过程控制到完成工程施工质量最终检验试验的全过程控制，包括从工序、分项工程、分部工程到单位工程的施工全过程。为了做好质量管理，需要编制质量计划。质量计划应由施工项目负责人主持编制，编制内容主要为：

（1）明确质量目标

包括贯彻国家相关法律法规、规范标准及企业质量目标，合同书中的质量承诺以及质量管理分解到人、到岗的目标。

（2）质量风险及特殊过程的识别

对自身存在的质量风险进行辨识并进行评价，对可能存在的特殊过程进行辨识。

（3）确定管理体系与组织机构

建立以项目负责人为首的质量保证体系与组织机构，实行质量管理岗位责任制；确定质量保证体系框图及质量控制流程图；明确项目部质量管理职责与分工；制定项目部人员及资源配置计划；制定项目部人员培训计划。

（4）质量管理措施

确定工程关键工序和特殊过程，编制针对性的专项质量技术标准、保证措施及作业指导书；合理配备各施工段上的操作人员，合理调拨材料机具，合理安排各工序的交叉作业时间；明确与施工阶段相适应的检验、试验、测量、验证要求；对于特殊过程，应对其连续监控；作业人员持证上岗，并制定相应的措施和规定；确定主要分项工程项目质量标准和成品保护措施；明确材料、设备、物资等质量管理规定。

（5）质量控制

质量控制应实行样板制和首段验收制，明确施工项目部内部、外部（监理）验收及隐蔽工程验收程序，确定分包工程的质量控制流程。隐蔽工程、指定部位和分项工程未经检验或已经检验定为不合格的，严禁转入下道工序施工。

质量控制实施班组自检、质检员检查、质量工程专业检查的"三检制"流程，先由班组自检合格，后由专职质检员进行全面检查验收，项目经理部质检工程师复检，最后请监理工程师终检签认。

质量控制应坚持"质量第一，预防为主"的方针和实施"计划、执行、检查、处理"（PDCA）循环工作方法，不断改进过程控制。

### 10.2.4 施工安全生产管理

施工安全生产管理是指在施工过程中，组织安全生产的全部活动，通过对生产因素的具体控制，使生产因素不安全的行为和状态减少或消除，不引发事故，从而保证施工项目的正常运行。施工安全生产管理要确立安全生产方针："生产必须安全，安全促进生产"，以预防为主，防患于未然，贯彻"安全第一，预防为主"的方针，正确处理安全与生产的关系。坚持"四全"动态管理，对安全工作必须是全员、全过程、全方位、全天候的动态管理。

施工前项目部要制定安全保证计划，落实安全责任，实施责任管理；建立安全生产责任制和考核、奖惩制度；制定安全技术措施与安全管理措施、应急预案与组织计划。施工过程中对安全工作计划进行监督检查，关键工序应安排专职安全员对重点风险源实施现场监督检查和指导，进行过程控制与持续改进。施工风险管理、危险性较大工程的管理及应急预案，详见本章第3节、第4节和第5节。

### 10.2.5 职业健康安全与环境管理

1. 职业健康安全管理

职业健康安全管理就是运用现代科学的管理知识、方法，组织和协调施工生产，充分调动施工人员的主观能动性，在提高劳动生产率的同时，改变不安全、不卫生的工作环境和条件，大幅度降低伤亡事故，达到安全生产的目标要求。

职业健康安全管理体系必须符合国家有关职业健康安全生产的法律、法规和规程的要求，包含组织机构、程序、过程和资源等基本内容。

2. 环境管理

地下工程常常处于城镇区域，具有与市民近距离相处的特殊性，因而必须在施工组织设计中制定环境保护措施，把对社会、环境的干扰和不良影响降至最低程度。项目部应建立文明施工管理制度，成立专职的文明施工小分队，负责文明施工的管理工作。环境管理详细内容参见第11章第5节环境保护。

### 10.2.6 季节性施工管理

季节性施工管理就是考虑不同季节的气候对施工生产带来的不安全因素可能造成的各种突发性事故采取的防护措施。季节性主要指冬期和雨期。

1. 冬期施工管理

根据施工组织设计进度计划安排，确定冬期施工部位并制定具体的冬期施工方案，做到组织保证，技术措施得力。

（1）施工组织管理

1）成立冬期施工组织机构，确定人员组成和各级负责人。

2）做好冬期施工的现场准备，编制冬期施工计划，有序组织施工。

3）施工技术人员经常深入现场对冬施过程中材料和技术保证措施进行检查，确保施工质量。

（2）技术措施

1）做好防水材料的覆盖和保温工作。防水材料尽量存放在室内，以防止低温后影响防水材料性能。

2）加强混凝土施工控制。混凝土浇筑前应清除模板、钢筋上的结冰、积水等，保证模板洁净；合理安排混凝土浇筑时间，混凝土浇筑应安排在白天温度较高时进行；混凝土浇筑完成后应及时进行覆盖，冬期施工禁止浇水养护。

3）钢筋工程的焊接宜在室内进行，确需在室外施工时，应设置挡风、防雪设施，焊后的接头严禁立即碰到冰雪。

（3）安全措施

冬期施工主要做好防风、防火、防滑、防煤气中毒等工作。

1）冬期禁止在结冰情况下进行脚手架施工，冬期施工工人应穿防滑鞋，防止滑倒，造成安全事故。

2）六级以上大风或大雪、大雨、大雾，基坑和竖井吊装作业应停止施工。

3）针对可能发生火灾的部位，如宿舍、木棚加工区、焊接作业区等，应制定相应的防火制度，明确防火负责人，并且配置必要的消防器材。

4）冬期施工期间，应把给水管、消防水管等易冻的管线埋在冻结线以下，无埋设的管线和临时管道用石灰膏、岩棉、麻绳等材料做好保温防冻工作；派专人监督检查，防止管线冻裂影响正常施工。

2. 雨期施工管理

雨期施工期间做好"排水、挡水、防水"工作，制定雨期施工方案，做到组织保证、措施得当。

（1）施工组织管理

1）成立防汛抗洪领导小组，确定人员组成和各级负责人。

2）制定抗洪防汛措施，保证雨期施工质量。

3）做好机械、材料及抗洪抢险物资的准备，严禁随意挪用。

4）合理安排雨期施工，合理制定计划，保证正常有序施工。

（2）技术措施

按照小雨不间断施工，大雨过后继续施工，暴雨过后不影响施工的原则来布置工作。

1）做好场内周边的排水工作，在四周设排水沟，并保持通畅。

2）原则上不在雨中进行混凝土作业，确实需要在雨中作业，则需要采取有效措施防止雨水冲刷，保证明挖结构混凝土施工质量。

3）经常对使用的施工机械、机电设备、电路等进行检查，保证机械正常运转。

4）现场存放的材料台基均相应垫高，存放场地应保持干燥，防止雨水浸泡。

5）对施工材料、半成品和成品进行保护，防止因遇水腐蚀或缺陷。

（3）安全措施

1）做好防触电、防雷击和防台风的工作。

2）配电箱必须防雨、防水，电器布置符合规定，电器组件完好，严禁带电明露。机电设备的金属外壳，采取可靠的接地或接零保护。

3）施工竖井搭设的井字架、龙门架等安装避雷装置。

4）随时注意基坑边坡稳定及支护结构的安全状况，防止失稳及坍塌。

### 10.2.7　施工成本管理

施工成本管理是项目管理的核心内容。施工成本管理是在满足工程质量、工期等合同要求的前提下，对项目实施过程中所发生的费用进行控制与管理，通过计划、组织、控制和协调等措施实现预定的成本目标，并尽可能地降低成本的一种科学的管理活动。成本管理直接关系到企业的经济效益，直接关系到企业的生存、发展。施工企业在向社会提供产品和服务的同时，必须追求自身经济效益的最大化，最大限度地降低工程成本，获取较大利润。

（1）劳务分包

合理选择劳务分包队伍，以合理低价选择优秀的劳务队伍，建立劳务分包队伍的注册和考核制度。

（2）材料费的控制

材料成本是整个项目成本的70％左右，占比最大。要对供应商进行管理，在保证质量的前提下，择优购料。材料管理人员要经常关注材料价格的变动，并积累系统的市场信息。在施工中，做到限额领料，控制材料的消耗量。

此外，做好支架、脚手架、模板等周转材料的控制。周转材料重复使用次数越多，对降低成本的作用越大，因此应配置合理，根据工程施工进度合理进场与退场、退料，避免积压或数量不够影响工期。

（3）施工机械使用费的控制

施工机械设备包括自有机械设备和租赁机械设备。预算成本中的机械使用费，以机械购建时的历史成本计算，加上折旧率也偏低，实际支出中容易出现亏损。对项目管理来说，可从控制好租赁价格并提高机械利用率来考虑，通过合理组织机械施工、提高机械利用率来节约机械使用费用。

（4）工程变更

在地下工程项目实施过程中，施工单位必须按图施工。但是，图纸是由设计单位按照用户要求和项目所在地的自然地理条件设计的，其中起决定作用的是设计人员的主观意图。因此，施工单位应该在满足用户要求和保证工程质量的前提下，提出修改意见，进行工程变更。项目施工成本管理人员应通过对变更要求中各类数据的计算、分析，随时掌握变更情况，包括已发生工程量、将要发生工程量、工期是否拖延、支付情况等重要信息，判断变更以及变更可能带来的索赔额度等。

（5）制定先进的、经济合理的施工方案

施工方案主要包括四项内容，即施工方法的确定、施工机具和选择、施工顺序的安排和流水施工的组织。施工方案的不同，工期就会不同，所需机具也不同，发生的费用也会不同，因而正确选择施工方案是降低成本的关键所在。

（6）加强质量管理，控制返工率

在施工过程中，要严把工程质量关，根据质量目标，对各级质量自检人员定点、定岗、定责加强施工工序的质量自检和管理工作，真正把质量管理贯彻到整个过程中。重点加强事前控制措施，消除质量隐患，做到工程一次合格，杜绝返工，也避免因不必要的人力、物力、财力的投入而加大了工程成本。

### 10.2.8　施工现场管理

施工现场管理是在施工用地范围内，将各项生产、生活设施及其他辅助设施进行规划和布置，满足组织设计及维持社会交通要求。

施工现场布置与管理要点为：

（1）施工现场的平面布置与划分；

（2）施工现场的封闭管理；

（3）施工现场场地与道路；

（4）临时设施搭设；

（5）施工现场的卫生管理。


## 10.3　施工风险管理


地下工程建设施工工艺复杂、周边环境复杂、施工设备繁多，涉及的专业工种与人员众多且相互交叉，工程建设中容易发生各类事故，造成人员伤亡、经济损失、工期延误等结果。事故是发生于预期之外的造成人身伤害、财产或经济损失的事件，根据生产安全事故造成的人员伤亡或者直接经济损失，事故一般分为以下等级（注："以上"包括本数，"以下"不包括本数）：

（1）特别重大事故，是指造成30人以上死亡，或者100人以上重伤（包括急性工业中毒，下同），或者1亿元以上直接经济损失的事故；

（2）重大事故，是指造成10人以上30人以下死亡，或者50人以上100人以下重伤，或者5000万元以上1亿元以下直接经济损失的事故；

（3）较大事故，是指造成3人以上10人以下死亡，或者10人以上50人以下重伤，或者1000万元以上5000万元以下直接经济损失的事故；

（4）一般事故，是指造成3人以下死亡，或者10人以下重伤，或者1000万元以下直接经济损失的事故。

### 10.3.1　事故产生机理

能量意外释放论解释了事故发生的内因，奶酪模型说明了事故发生的外因。

1961年吉布森提出了能量意外释放理论：能量或有害物质失去控制而意外释放是导

致事故发生的根本原因。各种能量或有害物质是导致事故发生的根本致害物,如施工机械能可能导致撞击伤、夹伤等伤害,热能可能导致灼烧、中暑等。

能量或有害物质为何失去控制?里森等人提出的奶酪模型认为:防止能量意外释放的屏障(措施)都不是完美无缺的,而是像"瑞士奶酪"那样,存在不同程度的缺陷或漏洞。瑞士奶酪内部存在许多空洞,每一片奶酪代表一道防线,而奶酪上的孔洞就是潜在的系统漏洞;大部分威胁会被某一片奶酪拦下,但如果一摞奶酪的孔连成了一条通道,威胁便可能一层层突破防线,最终演变成一场事故。

事故发生有其自身的规律和特点,了解事故的发生、发展和形成过程对于辨识、评价和控制危险源具有重要意义。

### 10.3.2 危险源预防与控制

危险源指可能导致人身伤害和(或)健康损害的根源、状态或行为,或其组合;危险因素指能对人造成伤亡或对物造成突发性损害的因素。为了有效防止事故的发生,既要辨识出诸如能量或有害物质这样的根本致害物,以便设置相应屏障进行防控,同时还要辨识出防控屏障上的缺陷或漏洞并进行修补,以使其发挥应有的防控作用。

1. 危险源辨识

危险源一般分可为两类:第一类是由能量或有害物质所构成的,是导致事故的根源、源头;第二类是包括人的不安全行为或物的不安全状态以及监管缺陷等,即危险源定义中的不安全的状态、行为,导致能量或有害物质的失控。

分析事故的成因,物、人和环境因素的作用是事故的根本原因;从对人和物的管理方面去分析事故,人的不安全行为和物的不安全状态,都是酿成事故的直接原因。危险因素主要包括人的因素、物的因素、环境因素和管理因素。

(1)人的因素:泛指人员失误,即人的不安全行为,如违规操作、指挥失误等。

(2)物的因素:泛指物的属性、缺陷或故障,如机械设备、装置、元件等由于性能低下(包括安全性能)而不能实现预定功能;工程地质与水文地质条件差而造成事故等。设备故障发生具有随机性,通过定期检查、保养可避免或减少故障发生;通过改良工程地质与水文地质条件来避免或减少事故发生。

(3)环境因素:指施工作业环境中的温度、湿度、噪声、振动、照明或通风等方面的问题,会促使人员失误或设备故障发生,是一种间接因素。

(4)管理因素:泛指管理方面的缺陷和漏洞,是引发事故的重要因素,可通过持续改进提高管理水平来避免或减少事故发生。

我国将职业伤害事故分成20类,其中高处坠落、物体打击、触电、机械伤害、坍塌、中毒或窒息、火灾是地下工程施工安全生产事故的主要危险源,与人的不安全行为或物的不安全状态以及监管缺陷密切相关。

(1)高处坠落:高处坠落是指作业人员从2m及以上高处坠落,如作业人员从临边、洞口、电梯井口、楼梯口、预留洞口等处坠落;从脚手架上坠落;在安装、拆除龙门架(井字架)、物料提升机和塔吊过程中坠落;在安装、拆除模板时坠落;吊装结构和设备时坠落。

(2)物体打击:作业人员受到失控坠落物体的打击。

(3)触电:作业人员碰触到缺少防护的电线线路,造成触电;使用各类电器设备触电;因电线破皮、老化等原因触电。

（4）机械伤害：主要是运输设备、吊装设备、各类桩机和场内驾驶（操作）机械对人的伤害。

（5）坍塌：主要表现为模板支撑失稳倒塌、基坑坍塌、隧道掌子面坍塌、地面坍塌等。

（6）中毒或窒息：有毒物质或缺氧环境下引起危及作业人员的生命安全。

（7）失控引起易燃物质的燃烧，造成人员伤亡。

危险源辨识必须根据生产活动和施工现场的特点进行。为使工程项目危险源得到全面、客观辨识，企业和项目应组织全员参与，列出危险源清单。主要方法有：现场调查、工作任务分析、安全检查表、危险与可操作性分析及事故树分析、故障树分析等，以上方法可单独采用，也可联合使用，采取综合分析的方法。

2. 危险源风险评价

第一类危险源（能量或有害物质量值的大小）决定着后果严重程度，第二类危险源决定着发生的可能性，两类危险源一起决定了风险的大小。如果某一危险源具有的能量或有害物质量值很高（后果严重），同时对其管控也比较宽松（失控可能性高），那么，该危险源的风险程度就会很高，反之亦然。第二类危险源也是所谓的"隐患"，隐患都是违反了相关规定或要求的，所以，无需再进行风险评价，可以对其进行排查并直接管控。

风险评价的关键是围绕可能性和后果两方面来确定风险，对于辨识后的危险源项目部应进行风险评价，估计其潜在伤害的严重程度和发生的可能性，然后对风险进行分级。评价方法主要有定性分析法和定量分析法。当条件变化时，应对风险重新进行评审。

（1）定性分析法

定性分析法主要根据估算的伤害的可能性和严重程度进行风险分级的方法，见表10-1。

风险评价表　　　　　　　　　　　　　　表 10-1

| | 轻微伤害 | 伤　害 | 严重伤害 |
|---|---|---|---|
| 极不可能 | 可忽略风险 | 较大风险 | 中度风险 |
| 不可能 | 较大风险 | 中度风险 | 重大风险 |
| 可能 | 中度风险 | 重大风险 | 巨大风险 |

（2）定量分析法

定量计算每一种危险源所带来的风险可采用以下方法：

$$D = LEC \tag{10-1}$$

式中　$D$——风险值；

　　　$L$——发生事故的可能性大小；

　　　$E$——暴露于危险环境的频繁程度；

　　　$C$——发生事故的后果。

3. 预防与防范主要措施

施工中人的不安全行为、物的不安全状态、作业环境的不安全因素和管理缺陷是防范事故发生的重点，必须采取有针对性的控制措施。

（1）在危险源识别、评价基础上，编制施工组织设计和施工方案，制定安全技术措施；对危险性较大分部分项工程，编制专项施工方案。

（2）项目负责人、技术负责人和专职安全员应按分工负责安全技术措施和专项方案交底、过程监督、验收、检查、改进等工作内容；应对全体施工人员进行安全技术交底，并签字存档。

（3）安全教育与培训。安全教育是项目安全管理工作的重要环节，是提高全员安全素质、安全管理水平和防止事故，从而实现安全生产的重要手段。按照行业管理及法律规定：项目职业健康安全教育培训率应达到100%。

（4）工程项目要严格设备进场验收工作。中小型机械设备由施工员会同专业技术管理人员和使用人员共同验收；大型设备、成套设备在项目部自检自查基础上报请企业有关管理部门，组织企业技术负责人和有关部门验收；塔式或门式起重机、电动吊篮、垂直提升架等重点设备应组织具有相关资质的单位进行验收。检查技术文件包括各种安全保险装置及限位装置说明书、维修保养及运输说明书、产品鉴定及合格证书、安全操作规程等内容，并建立机械设备档案。按照安全操作规程要求作业，任何人不得违章指挥和作业。施工过程中项目部要定期检查和不定期巡回检查，确保机械设备正常运行。

（5）进行安全检查，是消除隐患、防止事故、改善劳动条件及提高员工安全生产意识的重要手段，是安全控制工作的重要内容。

（6）编制应急预案，实行施工总承包的由总承包单位统一组织编制建设工程生产安全事故应急预案。

项目施工中必须把好安全生产"六关"，即措施关、交底关、教育关、防护关、检查关、改进关。

### 10.3.3 工程自身和周边环境风险控制

风险是不利事件或事故发生的概率（频率）及其损失的组合，强调的是损失的不确定性，其中包括发生与否的不确定、发生时间的不确定和导致结果的不确定等。风险是对事故发生可能性及其后果严重性的主观评价，需要尽可能客观、公正评价其危险程度，以便决定是否防控及如何防控。

为了有效地管理各类风险，必须在地下工程建设的全过程中实施风险管理，即从规划阶段、可行性研究阶段、勘察与设计阶段及施工阶段对各类风险进行辨识、分析与控制。地下工程施工风险管理是工程建设风险管理过程的核心，也是工程建设风险能否得到有效控制的关键阶段，主要指工程自身和周边环境风险控制。

1. 风险辨识

风险辨识是调查识别工程建设中潜在的安全风险因素、类型、可能发生部位及原因等所做的工作，也就是在风险事故发生之前，运用各种方法，系统地、连续地认识所面临的各种风险以及分析风险事故发生的潜在原因。

（1）风险因素

风险因素是导致安全风险事件发生、发展的各种主客观的有害因素或不利条件，风险因素可能引起或增加风险事故发生的机会或扩大损失的幅度。风险因素应考虑自然环境、工程地质和水文地质、工程自身特点、周边环境以及工程管理等方面。

1）自然环境因素：台风、冬期、夏季高温、汛期暴雨等；

2）工程地质和水文地质因素：触变性软土、流砂层、卵（漂）石层、钙质胶结层、上层滞水、潜水、（微）承压水、沼气层、断层、破碎带等；

3）周边环境因素：城市道路、地下管线、轨道交通、建筑物（构筑物）、河流及防汛墙等；

4）施工机械设备等方面的因素；

5）建筑材料与构配件等方面的因素；

6）施工技术方案和施工工艺的因素（表10-2）；

7）施工管理因素。

施工技术方案和施工工艺潜在的主要风险因素 表10-2

| 施工方法 | 风险因素或事故 | 施工方法 | 风险因素或事故 |
|---|---|---|---|
| 明挖法<br>盖挖法<br>沉井法 | 塌方(坍塌) | 矿山法 | 洞口失稳 |
| | 涌水 | | 塌方 |
| | 大变形破坏 | | 瓦斯 |
| | 开裂 | | 流土、流砂 |
| | 其他 | | 涌水 |
| 盾构法 | 设备风险 | | 沉陷 |
| | 进出洞及掘进风险 | | 大变形 |
| | 涌水 | | 岩爆 |
| | 其他 | | 其他 |
| 顶管法 | 基槽疏浚 | 顶管法 | 设备风险 |
| | 管段托运、沉放、防水 | | 进出洞及掘进风险 |
| | 基础处理 | | 涌水 |
| | 其他 | | 其他 |

（2）风险等级及风险接受准则

风险等级的划分与风险接受准则相对应，不同风险等级的风险接受准则各不相同，见表10-3。

风险等级描述及接受准则 表10-3

| 风险等级 | 风 险 描 述 | 接 受 准 则 |
|---|---|---|
| Ⅰ级 | 风险最高,风险后果是灾难性的,并造成恶劣的社会影响和政治影响 | 完全不可接受,应立即排除 |
| Ⅱ级 | 风险较高,风险后果很严重,可能在较大范围内造成破坏或有人员伤亡 | 不可接受,应立即采取有效的控制措施 |
| Ⅲ级 | 风险一般,风险后果一般,对工程可能造成破坏的范围较小或有较少人员伤亡 | 允许在一定条件下发生,但必须对其进行监控并避免其风险升级 |
| Ⅳ级 | 风险较低,风险后果在一定条件下可忽略,对工程本身以及人员、设备等不会造成较大损失 | 可接受,但应尽量保持当前风险水平和状态 |

（3）风险辨识方法

风险辨识是施工风险控制的基础和前提，因此要全面、系统地分析风险因素，辨识各类风险。

1）工程自身风险辨识

工程自身风险是工程自身设计、施工的复杂程度带来的风险。工程自身风险辨识与分级根据工程规模、施工方法、结构形式、工程地质、水文地质条件等因素确定。一般来说，明（盖）挖法工程以基坑开挖深度为基本依据；矿山法工程以隧道的结构层数、跨度、断面形状及大小为基本依据；盾构法工程以断面形状及大小、相邻隧道空间关系为基本依据。

2）周边环境风险辨识

周边环境风险辨识根据其与地下工程结构的空间位置关系、重要性、现状、工程地质、水文地质条件、施工方法等因素确定。一般而言，周边环境与在建地下工程的平面距离与工程建设风险呈递减关系，其竖向距离也与工程建设呈递减关系，即距离越近风险越大；周边环境的风险等级越高，则邻近施工的风险也越大。

风险辨识步骤包括风险分类、确定参与者、收集相关资料、风险识别、风险筛选和编制风险辨识报告。风险辨识参与者需选择工程经验丰富及理论水平较高的工程技术人员、管理人员和研究人员，风险辨识中专家信息对辨识十分重要。风险辨识方法见表10-4。

风险辨识方法　　　　　　　　　　　　　　　　　表10-4

| 分类 | 名称 | 方法定义 | 适用范围 |
|---|---|---|---|
| 定性分析方法 | 安全检查表法 | 运用安全系统工程的方法，发现系统以及设施设备、操作管理、施工工艺、组织措施等中的各种风险因素，列成表格进行分析 | 安全检查表法可适用于建筑工程的设计、验收、运行、管理阶段以及事故调查过程 |
| | 专家调查法（又称德尔斐法） | 基于经验的方法，由分析人员列出风险事件、风险因素和风险后果，通过不同专家的意见汇总归纳，对识别和分析结果进行重新排序，进而确定风险事件、风险因素和风险后果的关联性，及其重要程度 | 它是在专家个人判断和专家会议方法的基础上发展起来的一种直观风险预测方法，特别适用于客观资料或数据缺乏情况下的长期预测，或其他方法难以进行的技术预测。适用于难以借助精确的分析技术但可依靠集体的经验判断进行风险分析。对于简单的问题，可能取得比较一致的意见；对于复杂问题，可能存在专家之间不同的意见和分歧 |
| 定量分析方法 | 故障树分析法 | 采用逻辑的方法，形象地进行危险的分析工作，特点是直观、明了，思路清晰，逻辑性强，可以做定性分析，也可以做定量分析 | 应用比较广，非常适用于重复性较大的系统。常用于直接经验较少的风险识别 |
| 综合分析方法 | 项目分解结构-风险分解结构风险分析法 | 通过定性分析和定量分析综合考虑风险影响和风险概率两方面的因素，对风险因素对项目的影响进行评估的方法 | 该方法可根据使用需求对风险等级划分进行修改，其使用不同的分析系统，但要有一定的工程经验和数据资料作依据。应用领域比较广，适用于任何工程的任何环节。但对于层次复杂的系统，要做进一步分析 |

2. 风险评估

在建设前期和施工准备阶段，应结合项目工程特点、周边环境和勘察报告、设计方案、施工组织设计以及风险辨识与分析的情况，进行建设工程技术风险评估。在施工过程中，应结合专项施工方案进行动态风险评估。风险评估是规避、降低或控制工程安全事故和地下工程建设风险的重要手段。

风险评估应建立合理、通用、简洁和可操作的风险评价模型，评估的内容为：

（1）对初始风险进行估计，分别确定每个风险因素或风险事件对目标风险发生的概率和损失，当风险概率难以取得时，可采用风险频率代替；

（2）分析每个风险因素或风险事件对目标风险的影响程度；

（3）估计风险发生概率和损失的估值，并计算风险值，进而评价单个风险事件和整个工程建设项目的初始风险等级；

（4）根据评价结果制定相应的风险处理方案或措施；

（5）通过跟踪和监测的新数据，对工程风险进行重新分析，并对风险进行再评价。

风险评估方法可采用风险矩阵法、层次分析法、故障树法、模糊综合评估法、蒙特卡罗法、敏感性分析法、贝叶斯网络方法、神经网络分析法等。

3. 风险处置对策及安全防护措施

（1）风险处置对策

地下工程建设从风险因素入手，完成风险源辨识与评估后，根据项目建设的总体目标，以有利于提高对工程建设风险的控制能力、减少风险发生可能性和降低风险损失为原则，选择合理的风险处置对策。

风险处置有四种基本对策，可选择一种或多种对策实施风险控制。

1）风险消除

不让工程建设风险发生或将工程建设风险发生的概率降至最小。

2）风险降低

通过采取控制措施或修改技术方案等降低工程建设风险发生的概率和（或）损失。

3）风险转移

依法将工程建设风险的全部或部分转让或转移给第三方（专业单位），或通过保险等合法方式使第三方承担工程建设风险。

4）风险自留

风险自留的前提是所接受的工程建设风险可能导致的损失比风险消除、风险降低和风险转移所需的成本低。采取风险自留对策时应制定可行的风险应急处置预案，采取必要的控制措施等。

（2）风险控制措施

1）工程自身

明挖法、盖挖法基坑采取加强支撑体系、加强围护结构、优化工法工序等措施来提高围护结构刚度，以加强对工程自身风险的控制；无降水施工条件或周边环境条件不允许时，采取注浆、止水等工程辅助措施。

隧道工程中，矿山法工程采取加强超前预支护、加强初期支护、优化施工工法工艺等措施；盾构法工程采取加强盾构选型与配置、调整盾构掘进参数、加强同步注浆、加强二次注浆等措施。相邻隧道净间距一般大于 1 倍洞径，当隧道净间距小于 0.5 倍洞径时宜对中间土体进行加固；上下交叉隧道宜先施工下方隧道，再施工上方隧道。

2）周边环境

周边环境风险控制措施主要有：结构与构造加强、隔离措施、岩土改良措施、顶升措施等。

① 结构与构造加强是指结构自身的加强，通过结构自身的加强来保护周边环境。

② 隔离措施是通过切断土体中的应力路径来实现对周边环境的保护，包括超前管棚和隔离桩墙。超前管棚打设后在土体形成壳体，对应力路径产生了很好的隔断作用。隔离桩墙技术包括单排桩、双排桩、插板、地下连续墙、水泥搅拌桩、SMW 桩等。

③ 岩土改良技术的工作原理是通过提高土体的弹性模量和改变地下水的渗流路径从而减少对周边环境的影响，比较常用的就是注浆止水加固方法、冻结法。

④ 顶升措施的原理是当周边环境变形超过一定量值后采用千斤顶对其施加一个力，从而防止其继续变形。

⑤ 对Ⅰ级、Ⅱ级周边环境风险工程（北京为特级、一级），进行专项设计和制定专项施工保护方案。

⑥ 矿山法、盾构法工程为特级环境风险工程时，设置试验段，模拟穿越工况，优化施工参数。

4. 风险跟踪与监测

风险跟踪是施工过程中对风险的变化情况进行追踪和观察，及时对风险事件的状态做出判断。风险跟踪的内容包括：风险预控措施的落实情况、已识别风险事件特征值的观测、对风险发展状况的纪录等。

风险监测主要工作为：制订风险监测计划，提出监测标准；跟踪风险管理计划的实施，采用有效的方法及工具，监测和应对风险；报告风险状态，发出风险预警信号，提出风险处理建议。

在工程建设期间对可能发生的突发风险事件，应划分预警等级。根据突发风险事件可能造成的社会影响性、危害程度、紧急程度、发展态势和可控性等情况，分为4级：

（1）Ⅰ级风险预警，即红色风险预警，为最高级别的风险预警，风险事故后果是灾难性的，并造成恶劣社会影响和政治影响；

（2）Ⅱ级风险预警，即橙色风险预警，为较高级别的风险预警，风险事故后果很严重，可能在较大范围内对工程造成破坏或有人员伤亡；

（3）Ⅲ级风险预警，即黄色风险预警，为一般级别的风险预警，风险事故后果一般，对工程可能造成破坏的范围较小或有较少人员伤亡；

（4）Ⅳ级风险预警，即蓝色风险预警，为最低级别的风险预警，风险事故后果在一定条件下可以忽略，对工程本身以及人员、设备等不会造成较大损失。

风险预警与应急流程：首先建立风险预警预报体系，当预警等级Ⅲ级及以上时，应启动应急预案，及时进行风险处置。风险预警与应急工作流程见图10-2。

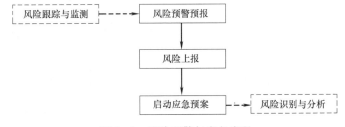

图 10-2　风险预警与应急流程

# 10.4　危险性较大工程管理

危险性较大工程是指房屋建筑和市政基础设施工程在施工过程中，容易导致人员群死群伤或者造成重大经济损失的分部分项工程，简称为危大工程。地下工程多属于危大工程。

为加强对房屋建筑和市政基础设施工程中危大工程安全管理，有效防范生产安全事故，2018 年 2 月 12 日中华人民共和国住房和城乡建设部颁布了第 37 号令《危险性较大的分部分项工程安全管理规定》及《关于实施＜危险性较大的分部分项工程安全管理规定＞有关问题的通知》（建办质〔2018〕31 号），这是危大工程的管理依据。

## 10.4.1　危大工程范围

危大工程及超过一定规模的危大工程范围由国务院住房城乡建设主管部门制定（表10-5）。

危大工程及超过一定规模的危大工程范围　　　　　表 10-5

| 序号 | 类别 | 危大工程 | 超过一定规模的危大工程 |
|---|---|---|---|
| 一 | 基坑工程 | （一）开挖深度超过 3m（含 3m）的基坑（槽）的土方开挖、支护、降水工程。<br>（二）开挖深度虽未超过 3m，但地质条件、周围环境和地下管线复杂，或影响毗邻建、构筑物安全的基坑（槽）的土方开挖、支护、降水工程 | 开挖深度超过 5m（含 5m）的基坑（槽）的土方开挖、支护、降水工程 |
| 二 | 模板工程及支撑体系 | （一）各类工具式模板工程：包括滑模、爬模、飞模、隧道模等工程。<br>（二）混凝土模板支撑工程：搭设高度 5m 及以上，或搭设跨度 10m 及以上，或施工总荷载（荷载效应基本组合的设计值，以下简称设计值）10kN/m² 及以上，或集中线荷载（设计值）15kN/m 及以上，或高度大于支撑水平投影宽度且相对独立无联系构件的混凝土模板支撑工程。<br>（三）承重支撑体系：用于钢结构安装等满堂支撑体系 | （一）各类工具式模板工程：包括滑模、爬模、飞模、隧道模等工程。<br>（二）混凝土模板支撑工程：搭设高度 8m 及以上，或搭设跨度 18m 及以上，或施工总荷载（设计值）15kN/m² 及以上，或集中线荷载（设计值）20kN/m 及以上。<br>（三）承重支撑体系：用于钢结构安装等满堂支撑体系，承受单点集中荷载 7kN 及以上 |
| 三 | 起重吊装及起重机械安装拆卸工程 | （一）采用非常规起重设备、方法，且单件起吊重量在 10kN 及以上的起重吊装工程。<br>（二）采用起重机械进行安装的工程。<br>（三）起重机械安装和拆卸工程 | （一）采用非常规起重设备、方法，且单件起吊重量在 100kN 及以上的起重吊装工程。<br>（二）起重量 300kN 及以上，或搭设总高度 200m 及以上，或搭设基础标高在 200m 及以上的起重机械安装和拆卸工程 |
| 四 | 脚手架工程 | （一）搭设高度 24m 及以上的落地式钢管脚手架工程（包括采光井、电梯井脚手架）。<br>（二）附着式升降脚手架工程。<br>（三）悬挑式脚手架工程。<br>（四）高处作业吊篮。<br>（五）卸料平台、操作平台工程。<br>（六）异型脚手架工程 | （一）搭设高度 50m 及以上的落地式钢管脚手架工程。<br>（二）提升高度在 150m 及以上的附着式升降脚手架工程或附着式升降操作平台工程。<br>（三）分段架体搭设高度 20m 及以上的悬挑式脚手架工程 |

| 序号 | 类别 | 危 大 工 程 | 超过一定规模的危大工程 |
|---|---|---|---|
| 五 | 拆除工程 | 可能影响行人、交通、电力设施、通信设施或其他建、构筑物安全的拆除工程 | （一）码头、桥梁、高架、烟囱、水塔或拆除中容易引起有毒有害气（液）体或粉尘扩散、易燃易爆事故发生的特殊建、构筑物的拆除工程<br><br>（二）文物保护建筑、优秀历史建筑或历史文化风貌区影响范围内的拆除工程 |
| 六 | 暗挖工程 | 采用矿山法、盾构法、顶管法施工的隧道、洞室工程 | 采用矿山法、盾构法、顶管法施工的隧道、洞室工程 |
| 七 | 其他 | （一）建筑幕墙安装工程。<br>（二）钢结构、网架和索膜结构安装工程。<br>（三）人工挖孔桩工程。<br>（四）水下作业工程。<br>（五）装配式建筑混凝土预制构件安装工程。<br>（六）采用新技术、新工艺、新材料、新设备可能影响工程施工安全，尚无国家、行业及地方技术标准的分部分项工程 | （一）施工高度50m及以上的建筑幕墙安装工程。<br>（二）跨度36m及以上的钢结构安装工程，或跨度60m及以上的网架和索膜结构安装工程。<br>（三）开挖深度16m及以上的人工挖孔桩工程。<br>（四）水下作业工程。<br>（五）重量1000kN及以上的大型结构整体顶升、平移、转体等施工工艺。<br>（六）采用新技术、新工艺、新材料、新设备可能影响工程施工安全，尚无国家、行业及地方技术标准的分部分项工程 |

### 10.4.2 专项施工方案

专项施工方案是指施工单位在编制施工组织（总）设计的基础上，针对危大工程单独编制的安全技术措施文件。施工单位应当在危大工程施工前组织工程技术人员编制危险性较大的分部分项工程安全专项施工方案，简称专项施工方案。专项施工方案编制、审批要求如下：

（1）实行施工总承包的，专项施工方案应当由施工总承包单位组织编制；危大工程实行分包的，专项施工方案可以由相关专业分包单位组织编制。

（2）专项施工方案应当由施工单位技术负责人审核签字，加盖单位公章，并由总监理工程师审查签字，加盖执业印章后方可实施。

（3）对于超过一定规模的危大工程，施工单位应当组织召开专家论证会对专项施工方案进行论证。实行施工总承包的，由施工总承包单位组织召开专家论证会。专家论证前专项施工方案应当通过施工单位审核和总监理工程师审查。

### 10.4.3 专项施工方案编制内容

专项施工方案编制应当包括以下内容：

（1）工程概况：危大工程概况和特点、施工平面布置、施工要求和技术保证条件；

（2）编制依据：相关法律、法规、规范性文件、标准、规范及施工图设计文件、施工组织设计等；

（3）施工计划：包括施工进度计划、材料与设备计划；

（4）施工工艺技术：技术参数、工艺流程、施工方法、操作要求、检查要求等；

（5）施工安全保证措施：组织保障措施、技术措施、监测监控措施等；

（6）施工管理及作业人员配备和分工：施工管理人员、专职安全生产管理人员、特种作业人员、其他作业人员等；

（7）验收要求：验收标准、验收程序、验收内容、验收人员等；

（8）应急处置措施；

（9）计算书及相关施工图纸。

### 10.4.4　专项施工方案编制方法

（1）树立科学严谨工作态度

专项施工方案是指导施工的重要依据，方案的编制是一项技术性很强、十分严肃的工作，必须要有科学严谨的工作态度，追求卓越的精神，充分准备，认真对待每个细节，抓住关键环节，反复论证，才有可能写出合理的方案。

（2）研读施工图设计图纸

施工图是编制专项施工方案的重要依据，必须认真研读。一般来讲，专项施工方案针对的是分项分部工程，但研读图纸不能仅仅只看那一部分，应先整体通读，在总体上理解设计意图的基础上，才能更好地领会分项分部的设计内容，并找到局部与整体的联系，工序之间的关系。其次，图纸的文字说明是图纸的重要组成部分，也要重视。如总说明、地貌、地质、水文、气象资料和每页图纸右下角的文字说明，以及地质方面及周围环境分布的资料。同时，也注意到图纸中的歧义或失误，及时与设计方沟通，避免发生错误。

（3）熟悉相关法律法规和标准

国家、行业和地方颁发的法律法规或文件、施工技术标准是编制专项施工方案的重要依据，需要认真学习和熟悉。当今科技进步快，新材料、新工艺不断采用，各类标准更新较快，平时应关注标准更新动态，力求应用标准准备无误，这也是工程安全、质量合格的保障。

（4）熟悉项目的施工组织设计

施工组织设计是整个项目的纲领性文件，一般情况下，专项施工方案应与施工组织设计要衔接，除非有较大的变更，所以要认真学习和熟悉施工组织设计。专项施工方案针对施工组设计中的有关分部分项工程施工方案进行了进一步深化，使其更加细致、具体、贴近实际，具有很强的操作性。施工组织设计中有关的资源配置、进度安排、安全文明质量保证体系、风险管控等内容，均对编制施工专项方案有很强的指导性。因此，在总体施工组织设计的框架下，编制的施工专项方案才可能具备实用性和完整性。

（5）图文并茂、数据翔实完整

一个好的专项施工方案，一定是图文并茂、数据翔实的。图表有直观的特点，平面图、横纵断面图、主要工程量、资源配置、进度安排等图表是不可或缺的；对一些常见的施工方案，附上影像图片后更加生动、易于理解，这取决于编制人员平时的收集和积累。数据方面，除了标准有关控制值外，施工过程控制的数据是十分重要的，必须详尽。此外，要注意内容的完整性，如工程安全、质量、进度、资源配置、风险防范、文明施工等方面均要单独阐述。

（6）必须注重细节，有创新意识

工程项目的单件性，决定了每个项目的特殊性，也就决定了不少项目会遇到一些以前没有接触的新东西，往往是细节上的一点变化，这也正是编制好专项施工方案的重点和难点。编制人既要结合以往的经验，有一定预见性和处理方案，也要必须有一定创新意识，认真对待，专项研究，制定初步方案。有条件的情况下，可在完成首件施工后进行总结，再完善方案。随着业主对工程质量的要求越来越高，治理质量通病等成为重点内容。质量通病的形成往往是施工过程中不重视细节造成的，加强对施工过程中的细节研究也就是专项方案的重要内容，所以编制专项方案，必须要注重细节，更要有创新。

**10.4.5　现场管理及专项施工方案实施**

（1）施工单位应当在施工现场显著位置公告危大工程名称、施工时间和具体责任人员，并在危险区域设置安全警示标志。

（2）专项施工方案实施前，编制人员或者项目技术负责人应当向施工现场管理人员进行方案交底。施工现场管理人员应当向作业人员进行安全技术交底，并由双方和项目专职安全生产管理人员共同签字确认。

（3）施工单位应当严格按照专项施工方案组织施工，不得擅自修改专项施工方案。因规划调整、设计变更等原因确需调整的，修改后的专项施工方案应当按照规定重新审核和论证。涉及资金或者工期调整的，建设单位应当按照约定予以调整。

（4）施工单位应当对危大工程施工作业人员进行登记，项目负责人应当在施工现场履职。

项目专职安全生产管理人员应当对专项施工方案实施情况进行现场监督，对未按照专项施工方案施工的，应当要求立即整改，并及时报告项目负责人，项目负责人应当及时组织整改。施工单位应当按照规定对危大工程进行施工监测和安全巡查，发现危及人身安全的紧急情况，应当立即组织作业人员撤离危险区域。

（5）监理单位应当结合危大工程专项施工方案编制监理实施细则，并对危大工程施工实施专项巡视检查。

监理单位发现施工单位未按照专项施工方案施工的，应当要求其进行整改；情节严重的，应当要求其暂停施工，并及时报告建设单位。施工单位拒不整改或者不停止施工的，监理单位应当及时报告建设单位和工程所在地住房城乡建设主管部门。

（6）对于按照规定需要进行第三方监测的危大工程，建设单位应当委托具有相应勘察资质的单位进行监测。

监测单位应当编制监测方案。监测方案由监测单位技术负责人审核签字并加盖单位公章，报送监理单位后方可实施。

监测单位应当按照监测方案开展监测，及时向建设单位报送监测成果，并对监测成果负责；发现异常时，及时向建设、设计、施工、监理单位报告，建设单位应当立即组织相关单位采取处置措施。

（7）对于按照规定需要验收的危大工程，施工单位、监理单位应当组织相关人员进行验收。验收合格的，经施工单位项目技术负责人及总监理工程师签字确认后，方可进入下一道工序。

危大工程验收合格后，施工单位应当在施工现场明显位置设置验收标识牌，公示验收时间及责任人员。

（8）危大工程发生险情或者事故时，施工单位应当立即采取应急处置措施，并报告工程所在地住房城乡建设主管部门。建设、勘察、设计、监理等单位应当配合施工单位开展应急抢险工作。

危大工程应急抢险结束后，建设单位应当组织勘察、设计、施工、监理等单位制定工程恢复方案，并对应急抢险工作进行后评估。

（9）施工、监理单位应当建立危大工程安全管理档案。施工单位应当将专项施工方案及审核、专家论证、交底、现场检查、验收及整改等相关资料纳入档案管理。监理单位应当将监理实施细则、专项施工方案审查、专项巡视检查、验收及整改等相关资料纳入档案管理。

## 10.5 应急预案

应急预案是指针对施工过程中可能发生的生产安全事故，为迅速、有序地开展应急行动而预先制定的行动方案。生产安全事故一般具有突发性，应急预案是各类突发事故的应急基础，通过编制应急预案，可以对那些事先无法预料到的突发事故起到基本的应急指导作用。

应急预案应遵循"迅速、准确、逐级上报"的原则，为保证险情能够在最短时间内得到控制，抓紧时间，减少损失，避免影响扩大，在对事故进行识别后，立即根据险情选择逐级上报或越级上报，采取相应措施。

### 10.5.1 应急预案编制基本要求

（1）针对性

应急预案应结合危险源、风险源分析的结果进行编制，如盾构开仓作业，应根据地质条件、盾构类型和工程实际进行专项应急预案的编制。

（2）可操作性

应急预案应具有实用性和可操作性，即发生重大的生产安全事故时，有关应急组织、人员可以按照应急预案的规定迅速、有序、有效开展应急救援行动，降低事故损失。

（3）完整性

1）功能完整：应急预案中应说明有关部门应履行的应急准备、应急响应职能和灾后恢复职能，说明为确保履行这些职能而应履行的支持性职能。

2）应急过程完整，包括应急管理工作中的预防、准备、响应、恢复四个阶段。

3）适用范围完整：要阐明该预案的使用范围，即针对不同事故性质可能会对预案的适用范围进行扩展。

### 10.5.2 应急预案编制内容

应急预案通常包括应急管理组织机构、危险源和风险源的辨识与分析、应急响应与事故报告程序、应急救援程序、应急处置措施、应急物资准备、应急演练和有关部门的联络方式。

（1）应急管理组织机构

施工项目部应组建应急领导小组，负责研究、审批抢险方案，组织、协调抢险救援的人员、物资、交通工具等，保持与上级领导的通信联系，及时发布现场信息。

（2）危险源、风险源辨识

危险源是指客观上明确已构成危险的事物或因素，风险源强调的是危害事件产生的损失不确定性，其中包括发生与否的不确定、发生时间的不确定和导致结果的不确定。危险源、风险源的辨识是应急预案的基础。

（3）应急响应与事故报告程序

一般情形下，当事人在发现事故的信息或征兆后，立即向现场负责人报告，由现场负责人按照该项目制定的应急报告程序进行处置。例如发现生产安全事故时，可能的汇报次序为：现场第一发现人→现场值班人员→兼职应急救援人员→项目部应急救援组织→公司生产安全应急救援组织→市级生产安全事故应急救援体系有关部门。

当项目负责人在接到报告后，应立即对该事故进行识别，如需启动项目部应急救援预案，事故应急处理领导小组应迅速通知下属工作小组，再由事故应急处置工作小组组长及时通知下属组员。如需启动公司应急救援预案，应及时向公司应急组织机构汇报，并根据具体事故及时向医院、公安、消防等单位报告，请求协助。单位负责人在接到事故报告后，应当立即启动事故相应应急预案，或者采取有效措施，组织抢救，防止事故扩大，减少人员伤亡和财产损失。

若发生人员重伤甚至死亡，或者产生一定数量经济损失，或者事故可能对周边居民、环境产生重大影响和潜在危险时，达到了国家或地方规定的报告条件，应按照规定及时上报。如根据国务院颁布的《生产安全事故报告和调查处理条例》，事故发生后，事故现场有关人员应当立即向本单位负责人报告，单位负责人应在接到报告后 1 小时内，向事故发生地县级以上人民政府安全生产监督管理部门和负有安全生产监督管理职责的有关部门报告。建设施工中发生的安全事故，应向建设行政主管部门报告；专业工程中发生的安全事故，还需要向有关行业主管部门报告。情况紧急时，事故现场有关人员可以直接向事故发生地县级以上人民政府安全生产监督管理部门和负有安全生产监督管理职责的有关部门报告。每级上报的时间不得超过 2 小时。

（4）应急救援程序

当安全事故发生后，立即启动应急预案，各有关职能部门服从应急领导小组的统一指挥，按要求履行各自的职责，做到分工协作、密切配合，并快速、高效、有序地开展应急救援工作。救援中在第一时间里抢救受伤人员，这是抢险救援的重中之重。同时，维护现场秩序，保护事故现场、当事人和目击者，做好图文记录等现场记录。

（5）应急处置措施

属于重大危险源的施工现场，需要针对现场的重要设备、重点部位、重点工作岗位制定应急处置措施，应急处置措施要针对性强、具体、简单。

（6）应急物资准备

应急资源的准备是应急救援工作的重要保障，施工单位应根据潜在事故性质和后果分析，配备应急救援中所需的消防工具、救援机械和设备、交通工具、医疗设备和药品、生活保障物资。应急资源管理需明确到个人，建立责任人清单，明确应急物资贮存地点，并定期检查，做好维护保养，保持状态完好。

（7）应急演练

应急演练是针对事故情景，依据应急预案而模拟开展的预警行动、事故报告、指挥协调、现场处置等活动，每年要现场演练一次。应急演练按照演练内容分为综合演练和单项演练，按照演练形式分为现场演练和桌面演练，不同类型的演练可相互组合。

综合演练是针对应急预案中多项或全部应急响应功能开展的演练活动。

单项演练是针对应急预案中某项应急响应功能开展的演练活动。

现场演练是选择（或模拟）生产经营活动中的设备、设施、装置或场所，设定事故情景，依据应急预案而模拟开展的演练活动。

桌面演练是针对事故情景，利用图纸、沙盘、流程图、计算机、视频等辅助手段，依据应急预案而进行交互式讨论或模拟应急状态下应急行动的演练活动。

# 10.6　BIM在地下工程管理中的应用

地下工程具有明显自身特点，具有庞大的数据和信息处理工作量。传统的工程项目管理模式处理信息方式零散、片面且低效，难以满足地下工程项目管理的需求。而基于BIM（Building Information Modeling，建筑信息模型）的工程管理模式，则是将BIM技术和理念应用于工程项目，从而实现更高效、更全面的协同管理。

BIM是建筑模型数字化和信息化的结合，是不同于传统二维图纸传递信息的管理方式。BIM通过三维模型直观地反映建筑外观、结构样式和细部构造等，同时可以将三维模型与相关信息进行关联。这些信息包括成本造价、施工进度等多种工程建设需要的非几何信息，这种集成三维模型和信息的工作方式使得项目管理过程更为直观简便。此外，模型和信息的关联性还能进一步凸显智能化优势，如模型发生改变时，相应的信息可同步改变，而当信息发生变化时，模型也可以根据信息的变化而调整，这对于复杂工程而言可以节省由于模型或信息变化造成的大量繁杂工作。

因此，将BIM技术应用到地下工程项目管理中可以解决信息孤岛问题，实现工程信息在规划、设计、施工和运维全过程中充分共享、无损传递，以便技术与管理人员能够对工程信息做出高效、正确的应对，改变施工管理模式，提高项目管理水平。比如在项目开工前，根据二维图纸构建三维模型，实现"所见即所得"，消除设计、施工之间的理解偏差，并提前发现设计中存在的问题，优化施工方案，使施工现场管理更加规范，施工过程更加可控，保证项目合理有序地开展。

## 10.6.1　BIM特点及功能简述

BIM是融合建筑三维模型和信息的一种先进的信息化技术，具有可视化、协调性、模拟性、优化性、可出图性、一体化性、参数化性、信息完备性等特点。可视化，即"所见即所得"，将建筑几何形态和尺寸通过直观的三维模式展示，而非通过二维图纸去构想模型的空间形态。协调性，则是建设工程项目管理中的重点内容，不管是业主、施工单位还是设计单位，时刻需要开展相互协调及配合的工作。在设计阶段，由于各专业设计师之间的沟通不到位，而出现各种专业之间的碰撞问题，在施工阶段同样也可能存在碰撞问题。像这种碰撞问题实质就是协同的问题，而BIM具有的协调性可以很好解决该问题。模拟性，不仅是指模拟设计好的建筑模型形态，还可以模拟无法在真实世界中进行操作的事物，如节能模拟、紧急疏散模拟、日照模拟、热能传导模拟等，此外还包括招标投标和施工阶段进行的 4D 模拟、5D 模拟，甚至还可以模拟后期运营阶段的日常维护情况。优化性，则是利用 BIM 同时集成了模型和信息，将设计方案和施工过程不断改变完善，从而实现更大的工程效益。可出图性，则是将三维模型通过一定规则进行了可视化展示、协调、模拟、优化以后，导出相关图纸，相比于直接绘制的图纸，出图错误率更低且出图速度更快。一体化性，即 BIM 技术可进行从设计到施工，再到运营，即贯穿工程项目全生命周期的一体化管理。BIM 技术的核心是一个由计算机三维模型所形成的数据库，不仅包含了建筑的设计信息，而且可以容纳从设计到建成使用，甚至是使用周期终结的全过程信息。参数化性，则是指 BIM 具有参数化建模的特性，通过参数而不是数字建立和分析模型，简单地改变模型中的参数值就能建立和分析新的模型，实现建模的智能化。信息完备性则体现在 BIM 技术可对工程对象进行 3D 几何信息和拓扑关系的描述以及完整的工程信息描述。

由以上 BIM 特性可知，BIM 在建筑行业中应用范围非常广泛。目前 BIM 的常规应用主要集中在三维渲染、场景漫游、碰撞检查、施工模拟、成本管理等方面。

1. 三维渲染、场景漫游

建好的 BIM 模型可以作为二次渲染开发的模型基础，极大提高了三维渲染效果的精度与效率。通过 BIM 技术可以清晰形象的展示钢筋布置、施工场景等内容，快速准确地进行现场规划布置并形成直观的效果图，立体考量方案的合理性，以便进行调整优化，使生产设施、设备的配置更加合理，关键环节更加精细，实现高效、节约的目的。参建各方都能直观的理解设计方案，易于表达和理解，便于检验方案的可实施性。经过渲染的效果图、动画、场景漫游，能够给人以真实感和直接的视觉冲击。

2. 三维碰撞检查

模型综合碰撞检查软件的基本功能包括集成各种三维软件（包括 BIM 软件、三维机械设计软件等）创建的模型，进行 3D 协调、4D 计划、可视化、动态模拟等，属于项目评估、审核软件的一种。模型综合碰撞检查软件的应用主要解决了两个问题。

（1）不同专业使用各自的 BIM 核心建模软件建立自己的 BIM 模型，这些模型需要在一个环境里面集成起来才能完成整个项目的设计、分析、模拟，而这些不同的 BIM 核心建模软件无法实现这一点。

（2）对于大型项目来说，硬件条件的限制使得 BIM 核心建模软件无法在一个文件里面操作整个项目模型，但是又必须把这些分开创建的局部模型整合在一起进行整个项目的管理。

应用 BIM 技术进行三维模型碰撞检查，不但能够彻底消除硬碰撞、软碰撞，优化工程设计，减少在施工阶段可能存在的错误损失和返工的可能性，施工管理和技术人员可以利用碰撞检查优化后的方案，进行施工交底、施工模拟，提高施工质量和安全管理水平。

3. 四维施工进度模拟动态管理

4D 模拟是在 3D 建模的基础上实现的，以施工进度计划作为时间因素模拟项目建造的过程。目前，施工中常用的 4D 模拟软件为美国欧特克（Autodesk）公司研发的 Navisworks，其具体工作流程是利用 Autodesk Revit 创建的 3D 参数化 BIM 模型，基于进度编辑软件编制施工进度计划，然后按照一定的数据格式把 3D 模型和施工进度计划在 Navisworks 软件中进行集成处理，从而实现动态的施工 4D 模拟展示。

利用 4D 模拟可以在施工前对施工进度进行模拟，依据模拟的施工进度进行资源、成本的动态投入，以及实现施工场地、施工过程、复杂施工程序的信息化、可视化和集成化的管理，从而在实际施工中提高施工管理的效率，有利于缩短工期、节约资源与成本。此外，依据实际的施工环境数据，进行施工顺序及施工过程的反复模拟，以此对施工顺序进行纠偏、不同施工工种的碰撞检测、施工资源的合理投入、消除安全隐患、改善作业空间不足等，提前调整施工方案。通过不断的模拟施工方案，在施工前最大限度的解决实际施工可能遇到的问题，实现施工方法的不断优化，在实际施工中实现"零冲突、零返工"。

4. 五维施工管理

5D 功能则是在 4D 的基础上添加成本管理等功能。通过 BIM 模型集成进度、预算、资源、施工组织等关键信息，对施工过程进行模拟，及时为施工过程中的技术、生产、商务等环节提供准确的形象进度、物资消耗、过程计量、成本核算等核心数据，提升沟通和决策效率，帮助客户对施工过程进行数字化管理，从而达到节约时间和成本，提升项目管理效率的目的。施工过程成本的实时监控主要是对不同项目节点进行预算、成本的动态计算以及实时的跟踪查询和分析等，并且可以实现自动计算项目节点构件的综合单价、阶段总造价等。通过 BIM 可以得到较为准确的工程基础数据，将工程基础数据分解到构件级、材料级，可有效控制施工成本，减少工程超支，提高工程项目成本控制的能力。

### 10.6.2　BIM 应用实例

1. 模型

在整个 BIM 的建立过程中模型的建立是最基本的一步。整个 BIM 过程都是建立在模型的基础上再进行进一步的延伸才能体现出多元的信息化的特性，就像建筑物的根基一样，只有打好了基础才能把楼盖好。在矿山法施工中所需要的设计模型如图 10-3～图10-7所示。

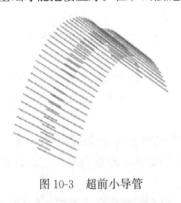

图 10-3　超前小导管

图 10-4　钢筋网

图 10-5　喷射混凝土

图 10-6　仰拱

每一个构件单元建立好后进行组装拼合，就构成了一个完整的矿山法开挖的组合模型。方便在后面的动画制作中使用。组合构件效果图见图 10-8。

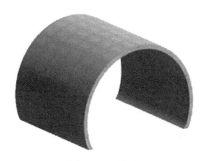

图 10-7 拱墙

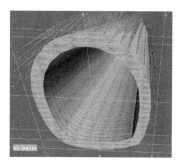

图 10-8 组合构件

2. 施工现场模拟

施工场地布置平面图（图 10-9）可以通过 BIM 的相关软件进行布置、编辑，并通过三维的形式展示，能非常直观的给施工管理人员以身临其境的直观感受。场地布置中的临时道路布置也是非常关键的，要对运输材料的车辆进场、出场，以及对周边市政道路的影响等方面进行综合考虑。

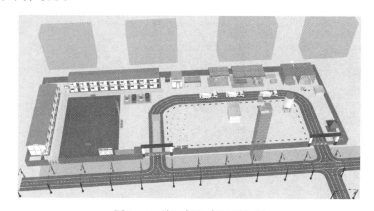

图 10-9 施工场地布置平面图

## 案例思考题

1. 背景资料

大断面矿山法隧道，跨度约 15m，采用中洞法，人工开挖土方。隧道所处围岩为第四纪沉积的卵石④层，卵石、圆砾④₁层，细砂、粉砂④₂层及粉土④₄层；顶板埋深 8～12m；拱顶位于卵石④层，④₂层含地下水。大断面矿山法隧道轴线上方为道路，并敷设有污水、电信、电力及燃气等管线，距隧道外皮 5m 处的地面有一栋 7 层楼房，楼房采用条形基础，基础埋深 2m。

事件一：A 公司批准了项目部施工组织设计及安全保证计划等文件后组织了施工。

事件二：拟开工时间为 7 月，专家论证施工方案时，发现施工方案缺少雨期施工措施。

事件三：施工前技术负责人向技术管理人员口头进行了技术交底。

事件四：A 公司在组织现场安全检查时发现隧道内积水严重、弥漫着电焊烟雾；没有看到危大工程公告牌。

事件五：施工过程中出现污水管泄露，造成路面塌方严重事故；此后 A 公司在安全检查时查到了路面塌方施工记录。

2. 问题

(1) 本工程有哪些危险因素？列出危险源清单。

(2) 本工程有哪些施工风险？阐述风险因素及辨识方法并进行分级。

(3) 分析本工程可采用哪些风险控制措施。

(4) 本工程是否属于危险性较大工程？阐述专项施工方案编制内容。

(5) 阐述风险监测主要工作及预警方法。

(6) 事件一中项目部的做法正确吗？简述理由。危大工程在什么情况下才可以实施方案？

(7) 事件二中的施工方案为何要有雨期施工措施？雨期施工管理有哪些措施？

(8) 事件三中的技术交底正确吗？什么是技术交底？危大工程的技术交底应怎么做？

(9) 事件四说明项目部哪个方面的管理不健全？危大工程公告牌如何设置？

(10) 事件五中说明项目部存在什么问题？项目部应启动哪一级的应急预案？简述应急预案编制内容。

(11) 简述事故发生机理，分析本工程事故可能的产生原因。

# 第11章 绿 色 施 工

本章讲解了绿色施工的基本知识。通过本章学习，掌握绿色施工的含义；掌握绿色施工四节一环保的主要内容和相应措施。

## 11.1 绿色施工含义及目的意义

绿色施工是指工程建设中，在保证质量、安全等基本要求的前提下，通过科学管理和技术进步，最大限度地节约资源与减少对环境负面影响的施工活动，实现四节一环保（节能、节地、节水、节材和环境保护）。绿色施工作为建筑全寿命周期中的一个重要阶段，是实现建筑领域资源节约和节能减排的关键环节。其本质主要包括如下四个方面：

（1）绿色施工把保护和高效利用资源放在重要位置；

（2）绿色施工坚持以人为本，注重减轻劳动者强度和改善作业条件；

（3）绿色施工应将保护环境和控制污染物排放作为前提条件；

（4）绿色施工追求技术进步，把推进建筑信息化和工业化作为重要支撑。

绿色施工并非一项具体的技术，而是对整个施工行业提出的一个革命性的变革要求，其目的与意义是切实转变城乡建筑模式和建筑发展方式，推进建筑领域节能减排，建设资源节约型、环境友好型社会，达到可持续发展。

## 11.2 节 能

### 11.2.1 概述

我国人口众多，能源供应体系面临资源相对不足的严重挑战，人均拥有量远低于世界平均水平。目前，建筑耗能（包括建造能耗、生活能耗、采暖空调等）已与工业耗能、交通耗能并列成为我国能源消耗的三大"猛虎"，建筑能耗约占社会总能耗的30%，其中建造能耗约占建筑总能耗的30%，单位建筑能耗比同等气候条件下的先进国家高出2～3倍。节能降耗是我国发展经济的一项长远战略方针，其意义不仅仅是节约资源，还与生态环境的保护、社会经济的可持续发展密切相关，也正是后者的压力加速了节能降耗工作开展。

### 11.2.2 节能措施

1. 施工机械设备

（1）施工机械设备的选择

施工机械设备要优先采用国家、行业推荐的节能、高效、环保的施工设备和机具，避免大功率施工机械设备低负载长期运行。

施工机械设备容量选择的原则是：在满足负载要求的前提下，主要考虑电机经济运行，使电力系统有功损耗最小。

（2）施工机械设备的使用与维护管理

机械设备在大型工程项目的施工过程中，具有数量多、品种复杂且相对集中等特点，合理安排施工工序和工作面以减少作业区域的机具数量等。机械设备的使用应有专门的机械设备技术人员负责；建立健全施工机械设备管理台账，详细记录机械设备编号、名称、型号、规格、原值、性能、购置日期、使用情况、维护保养情况等，大型施工机械定人、定机、定岗，实行机长负责制，并随着施工的进行，及时检查设备完好率和使用率。

机械设备运行到国家有关标准的行驶里程或超过有关标准规定的间隔运行时间，为保持其良好的技术状况和工作性能必须进行维护，以完善的管理手段实现使用与维护有机结合，充分发挥施工机械综合生产效能，达到保护环境、降低运行能耗的目的。

2. 生产、生活临时设施

施工现场分别设定生产、生活、办公和施工设备的用电指标，并定期进行计量、核算和对比分析。

（1）利用场地自然条件，合理设计生产、生活及办公临时设施的体形、朝向、间距和窗墙面积比，使其获得良好的日照、通风和采光。南方地区可根据需要在其外墙窗设置遮阳措施。

（2）临时设施宜采用节能材料，墙体、屋面使用隔热性能好的材料，减少夏季空调、冬季取暖设备的使用时间及耗能量。

（3）施工现场的木工加工厂、钢筋加工厂等均采用钢管脚手架、模板等周转材料搭设，做到可重复利用，减少一次性物资投入量。

3. 施工用电

建筑施工用电主要包括电动建筑机械设备、相关配套施工机械、照明用电及日常办公用电等方面。针对其用电特点，建筑施工临电配电线路必须具有采用熔断器作短路保护的配电线路。对于施工现场极易引起火灾的特性，有施工现场照明系统的必须根据其实施照明的地点进行必要的设计。

建筑工地施工用电大体上分为动力和照明两大类。施工用电量估算的公式如下：

$$S_s = (1.05 \sim 1.10)\left(\frac{K_1 \sum P_D}{\cos\varphi} + K_2 \sum S_h\right) \tag{11-1}$$

式中 $S_s$——施工设备所需容量，kVA；

    $\sum P_D$——全部电动机额定功率之和，kW；

    $K_1$——电动机需要系数（含有空载运行影响用电因素），电动机在 10 台以内时，取 $K_1=0.7$；11～30 台，取 $K_1=0.6$；30 台以上时，取 $K_1=0.5$；

    $K_2$——电焊机需要系数，电焊机 3～10 台时，取 $K_2=0.6$；10 台以上时，取 $K_2=0.5$；

    $\cos\varphi$——电动机平均功率因素，施工现场最高取 0.75～0.78；一般建筑工地取 0.65～0.75；

    $S_h$——单台电焊机额定功率，kW。

求得施工用电设备容量后，另加 10% 照明用电，即是所需供电设备总容量。

$$S_z \geqslant 1.10 S_s \tag{11-2}$$

（1）合理组织施工及节约施工、生活用电

在节约施工用电方面要做好施工准备，按照设计图纸、文件要求，编制科学、合理、具有可操作性的施工组织设计，确定安全、节约用电方案和措施。办公照明白天多利用自然光，不开或少开照明灯，采用比较省电的冷光源节能灯具，严格控制泛光照明，办公室人走灯熄，杜绝长明灯、白昼灯。

（2）采用新技术更新用电设备

对于配电变压器，在条件允许的地方最好采用两台变压器并联运行，或把生产用电、生活用电和照明分开，用不同变压器分别供电。这样可以在轻负载的情况下，使一部分变压器退出运行，可以减少变压器的损耗。

对于电动机，其容量应根据负载特征和运行状况合理选择，应选用节能产品。

对于电焊机，由于经常间断工作，很多试件处于空载运行状态，往往消耗大量的电能。应对电焊机加装空载自动延时断电装置，限制空载损耗是一项行之有效的节能措施。

（3）加强用电管理

制定临时用电制度，教育职工随手关灯，严禁使用电炉取暖、做饭，严禁使用电褥子，保证既节电又安全。

建筑施工现场电能浪费严重，目前大多数施工现场缺乏完善的节电措施，施工企业应从临时用电施工组织设计开始，正确估算临时用电量，合理选择电器设备，科学考虑设备线缆布置，重视临时用电安装，加强用电管理，最终快速地将施工现场电能浪费降低到最小。

# 11.3 节　地

### 11.3.1　概述

工程建设项目需要在沿线设置大量的临时施工场地，建筑临时用地是指工程建设施工和地质勘察中，建设用地单位和个人在短期内需要临时使用，不宜办理征地和农用地转用手续的，或者在施工、勘察完毕后不再需要使用的国有或农民集体所有的土地，但不包括临时使用建筑或者其他设施而使用的土地。

近年来，我国耕地面积不断减少，建设用地持续增加，除了建设项目所必需的永久用地之外，临时用地量也十分可观，多数项目临时用地量占永久用地的30%以上，有的甚至还占用了部分耕地。考虑到土地资源的不可再生，必须正确处理建设临时用地与节约用地的关系，统筹安排各类、各区临时用地，尽可能节约用地、提高土地利用率，保障土地可持续发展。

行政、生活临时建筑为现场管理和施工人员所使用的临时性行政管理和生活建筑物，其建筑面积可根据下式计算：

$$S=NP \tag{11-3}$$

式中　$S$——建筑面积，$m^2$；

　　　$N$——人数；

　　　$P$——人均建筑面积指标。

### 11.3.2　节地措施

1. 施工总平面布置优化

施工总平面布置是指对拟建项目施工现场布置的总平面图，即对施工中所有占据空间位置的要素进行总的安排。地下工程的施工平面布置图有明显的动态特性，必须详细考虑好每一步的平面布置及其合理衔接；科学合理的规划，绘制出施工现场平面布置图。地下工程总平面布置的依据主要包括建设、勘察、设计单位提供的资料、项目总平面、工程周边环境，以及总的施工方案、进度计划、质量要求等。施工总平面布置优化原则为：

（1）临时设施的位置和数量应既方便生产又方便生活；

（2）在满足施工要求的情况下，场内尽量布置环形道路，方便运输；

（3）临时构筑物、道路和管线应注意与拟建永久性构筑物、道路和管线结合建造；

（4）科学合理并充分利用施工区域和场地面积，尽量减少专业工种之间的交叉。

临时生活、办公设施应经济、美观、占地面积小、对周边地貌环境影响较小。一般而言，行政管理办公室应尽量靠近施工现场入口，工人居住临时用房应靠近施工现场，食堂等应设置在生活区或施工区与生活区之间；生产性临时设施，如混凝土搅拌站、加工厂、作业棚等应尽量靠近已有交通路线或即将修建的正式或临时交通路线；仓库一般布置在工地的中心区或靠近使用地点，也可布置在靠近外部交通连接处，一般材料仓库应临近公路和施工区。

场内运输道路要充分利用拟建的永久性道路，即提前修建永久性道路或先修路基和简易路面；临时道路尽量布置环形道路，应该把仓库、加工厂和施工点等合理贯穿起来，保证施工现场道路通畅，道路应有两个以上进出口，尽量避免临时道路与铁路交叉。主要道路宜采用双车道，次要道路宜采用单车道，并满足运输和消防要求。

根据施工现场具体情况，确定水源和电源的类型和供应量，然后确定引入现场的主干管线和支干管线的供应量和平面布置形式。临时水池、水塔应设在用水中心和地势较高处。当没有可以利用的水源和电源时，可在工地中心或靠近主要用电区域设置临时发电设备，同时设置抽水和加压设备抽吸地表水或地下水。

2. 临时用地保护

（1）合理减少临时用地

在环境与技术条件可能的情况下，积极应用新技术、新工艺、新材料，避开传统的、落后的施工方法。例如在地下工程施工中尽量采用盾构、顶管等先进技术，避免传统的大开挖，减少施工对环境的影响。

（2）红线外临时占地要重视环境保护

红线外临时占地要重视环境保护，不破坏原有自然生态，并保持与周围环境、景观相协调。在工程量增加不大的情况下，应有限选择能够最大限度节约土地、保护耕地和林地的方案，严格控制占用耕地和林地，要尽量利用荒山、荒坡地、废弃地、劣质地，少占用耕地和林地。

（3）绿色植被的保护与土地的复耕

建设工程临时性占地，对环境的影响在施工结束后不会自行消失，而是需要人为地通过恢复土地原有的使用功能来消除。按"谁破坏、谁复垦"的原则，用地单位为土地复垦责任人，履行复垦义务。

清除临时用地上的废渣、废料和临时建筑、建筑垃圾等，翻土且整平土地，造林种草，恢复土地的种植植被。

# 11.4 节　水

**11.4.1　概述**

随着人口的增长和经济的发展，水资源的需求量日益增加，水资源供求矛盾日益突出。水资源的短缺及水的污染问题已成为全国关注的热点。相关资料显示，我国河川径流量达到 27115 亿 $m^3$，地下水资源总量 2822 亿 $m^3$，扣除两者之间的重复计算水量 7279 亿 $m^3$，全国多年平均水资源总量为 28124 亿 $m^3$，总量并不少。但我国人口多、耕地数量大，人均水量为 2300$m^3$，不到世界平均水平的 20%。此外，我国的水土资源在空间上匹配极不平衡：南方耕地占全国总耕地的 2/5，而水资源却占全国的 4/5，加上经济较发达的东部特别是东南部地区耕地持续减少，我国水土资源的空间匹配变得更加失衡。

水是经济社会发展不可缺少的战略物资条件，经济社会可持续发展必须以水资源的可持续利用为支撑。

**11.4.2　节水措施**

1. 提高用水效率

我国水需求量增长速度超过供水量的增长速度，导致供求总量不平衡现象加剧，水资源过度开发，造成对生态环境的破坏。显然在社会用水效率不高、浪费现象普遍存在、开源条件有限的情况下，要保障水资源可持续发展的唯一出路就是不断提高用水效率。

（1）控制施工现场的水污染

建筑施工对水资源的影响因素很多，主要包括施工期间来自雨水冲刷和扬尘进入河水，加剧水中悬浮物浓度；城市地下工程的发展及城市的基础工程施工也会对地下水资源产生不利影响。

（2）将节约用水和合理用水作为水管理考核的核心目标

施工领域的水资源管理工作应当效仿农业、工业和民用部门的水资源管理模式。施工现场给水管网的布置应该本着管路就近、供水畅通、安全可靠的原则；降水过程中抽取的地下水应进行喷洒路面、绿化浇水、清洗车辆和卫生清洁等。在满足施工机械和搅拌砂浆、混凝土等施工工艺对水质要求的前提下，施工用水优先考虑使用建设单位或附近单位的循环冷却水等，以提高水的重复利用率，达到降低单位产值耗水量和污水排放量的目的。

（3）采用先进的节水施工工艺

例如在道路施工时，优先采用透水性路面。因为不透水的路面很难与空气进行热量、水分交换，缺乏对城市地表温度、湿度的调节能力，容易产生所谓的"热岛现象"。而且不透水的道路表面容易积水，降低道路的舒适性和安全性。透水路面可以弥补上述不透水路面的不足，同时通过路基结构的合理设计起到回收雨水的作用，同时达到节水和环保的目的。因此在城市推广实施透水路面，城市的生态环境、驾车环境将会有较大改善，并能推动城市雨水综合利用工程的发展。

2. 非传统水利用

非传统水资源包括雨水、中水、海水等，这些水资源的突出优点是可以就地取材，而且是可以再生的。非传统水资源的开发利用是为了弥补传统水资源的不足，但已有的经验表明，在特定的条件下，非传统水源可以在一定程度上代替传统水资源，甚至可以加速并改善天然水资源的循环过程，使有限的水资源发挥出更大的生产力。同时，传统水资源和集中非传统水资源的配合使用，往往能够缓解水资源短缺的矛盾，达到水资源可持续利用的效果。目前，在美国、日本等发达国家，厕所冲洗、园林和农田灌溉、道路保洁、城市喷泉等，都大量使用中水。

（1）雨水利用

雨水作为非传统水源，具有多种功能，例如可将收集来的雨水用于冲洗机具、厕所和道路，灌溉绿化等，这样既可节约现有水资源，又可以缓解水资源危机。另外雨水渗透还可以增加地下水，补充涵养地下水源，改善生态环境，防止地面沉降，减轻城市水涝危害和水体污染。

（2）中水回用

中水的定义有多种解释，在污水工程方面称为"再生水"，在工厂方面称为"回用水"，一般以水质作为区分的标志。主要是指城市污水或生活污水经过处理后达到一定的水质标准，可在一定范围内重复使用的非饮用水源。

3. 安全高效用水

水资源作为一种基础性自然资源和战略性经济资源，是一种人类生存和发展过程中重要且不可替代的资源。

水资源的短缺问题已经成为严重阻碍经济发展的主要因素，并直接影响了我国经济社会的可持续发展。因此，要缓解我国水资源的短缺现状，实现水资源的可持续利用，必须采取以水资源的安全、高效利用为目标，以保水为前提，节流优先、治污为本，保护现有水源，多渠道开源，综合利用非传统水源的方针。另外，在非传统水源和现场循环再利用水的使用过程中，还要建立有效的水质检测与卫生保障制度，以避免较差质量的水源对人体健康、工程质量及周围环境产生不良影响。

# 11.5 环 境 保 护

### 11.5.1 概述

改革开放以来，随着我国经济持续、快速的发展以及基本建设大规模开展，环境保护的任务也越来越重。一方面，工业污染物排放总量大；另一方面，城市生活污染和农村面临的污染问题也十分突出；而且，生态环境恶化的趋势愈演愈烈。我国虽然是发展中国家，消除贫困、提高人民生活水平是我国现阶段的根本任务。但是，经济发展不能以牺牲环境为代价，不能走先污染后治理的道路，世界上很多发达国家在这方面均有极为深刻的教训。因此，正确处理好经济发展同环境保护的关系，走可持续发展之路，保持经济、社会和环境协调发展，是我国现代化建设的战略方针。

建筑业是我国的经济支柱之一，而且该产业直接或间接地影响着我们的环境。这就要求施工企业在工程建设过程中，注重绿色施工，树立良好的社会形象，进而形成潜在效益。为此，传统的建筑施工必须进行变革，使其更绿色环保。在环境保护方面，保证扬尘、噪声、振动、光污染、水污染、土壤保护、建筑垃圾、地下设施、文物和资源保护等控制措施到位，既有效改善了建筑施工脏、乱、差、闹的社会形象，又改善了企业自身形象。所以说绿色施工过程不但具有经济效益，也会带来社会效益。

### 11.5.2 环境保护措施

1. 扬尘控制

扬尘是一种非常复杂的混合源灰尘，很难下确切的定义，扬尘是空气中最主要的污染物之一。空气中悬浮的颗粒不但会降低大气能见程度，还会造成光化学烟雾。目前日益严重的城市雾霾（PM2.5），就是导致城市能见度下降的罪魁祸首，增加了交通隐患。

建筑施工中出现的扬尘主要来源于：渣土的挖掘和清运、回填土、裸露的料堆、拆迁施工中由上而下抛撒垃圾、堆存的建筑垃圾、渣土清运、现场搅拌混凝土等。施工中，建筑材料的装卸、运输、各种混合料拌和、土石方调运、路基填筑、路面稳定等施工过程会对周围环境造成短期内粉尘污染。

根据《绿色施工导则》相关内容，针对施工现场扬尘污染的治理，提出了一些扬尘的预防和治理措施，其主要内容如下：

（1）确定合理的施工方案：在施工方案确定前，建设单位应会同设计、施工单位和有关部门对可能造成周围扬尘污染的施工现场进行检查，并制定相应的技术措施，纳入到施工组织设计中。

（2）控制施工过程中粉尘污染：在工程开挖施工中，表层土和砂卵石覆盖层可以用一般挖掘机械直接挖装，对于岩石层的开挖尽量采用凿裂法，并尽量采用湿法作业，减少粉尘。

（3）建筑工地周围设置硬质遮挡围墙：工地周边的围墙应满足高度要求（不低于堆放物高度），且保证围墙封闭严格，保持整洁完整，并定期清洗，发现破损立即更换。

（4）运送土方、建筑垃圾、设备及建筑材料等工程车辆会污损场外道路，因此，必须采取措施封闭严密，保证车辆清洁。

（5）施工场地也是扬尘的重要因素，需要对施工工地的道路和材料加工区按规定进行硬化，保证现场地面平整、坚实、无浮土。对于长时间闲置的施工工地，施工单位应对其裸露工地进行临时硬化或铺装。

（6）拆除建筑物、构筑物时，需要做好扬尘控制计划，对拆除建、构筑物进行喷淋除尘并设置立体式遮挡尘土防护设施。当风力达到 4 级以上时，应当停止房屋爆破或者拆除房屋。

（7）灰土和无机料拌和时，应采用预拌进场，碾压过程要洒水降尘。在场址选择时，临时的、零星的水泥搅拌场地应尽量远离居民住宅区。

2. 噪声、振动控制

建筑施工噪声是指在建筑施工过程中产生的干扰周围生活环境的声音，它是噪声污染的一项重要内容，对居民的生活和工作产生重要影响。噪声是一种无形的污染，被称为城市环境"四害"之一，具有普遍性、突发性、暂时性、强度高、分布广、波动大、控制难等特点。

目前，城市建筑施工噪声形成的主要原因包括：施工设备陈旧落后、安置不合理，缺少必要的降噪手段，违反规定夜间施工等。《绿色施工导则》明确规定，施工现场噪声排放量不得超过国家标准《建筑施工场界环境噪声排放标准》GB 12523—2011 的规定。为此必须在施工过程中采取有效的控制措施。

（1）声源上控制噪声

尽量选用低噪声设备和工艺代替高噪声设备与加工工艺。在施工过程中，选用低噪声搅拌机、钢筋夹断机、振捣器、风机、电动空压机、电锯等设备，同时还需要对落后的设备进行淘汰。采取隔声与隔振措施，避免或减少施工噪声和振动。对施工设备采取降噪声措施，通常在声源附近安装消声器消声。

（2）在传播途径上控制噪声

在正对噪声传播路径上，设置一道尺度相对声波波长足够大的隔声墙来隔声，设置搅拌房、电锯房、空压机房等阻断噪声。同时利用吸声材料和吸声结构吸收周围的声音，通过降低室内噪声的反射来降低噪声。

（3）合理安排和布置施工

合理安排施工时间，除特殊建筑项目经环保部门批准外，一般项目，当对周围环境有较大影响时，夜间不得施工。此外根据声波衰减原理，将高噪声设备尽量远离噪声敏感区域，通过合理布置施工场地，保证声波在开阔地扩散衰减。

（4）使用成形建筑材料

大多数施工单位都是在施工现场切割钢筋加工钢筋骨架，一些施工场界较小，施工期较长的大型建筑，应选在其他地方将钢筋加工好后运到工地使用。还有一些施工单位在施工场界内做水泥横梁和槽形板，造成施工场界噪声严重超标，若选用加工成形的建筑材料或异地加工成形后再运至工地，这样可大大降低施工场地噪声。

（5）严格控制人为噪声

进入施工现场不得高声叫喊，不得无故敲打模板、乱吹哨，限制高音喇叭的使用，最大限度地减少噪声扰民。模板、脚手架钢管的拆、立、装、卸要做到轻拿轻放，上下、前后有人传递，严禁抛掷。另外，所有施工机械、车辆必须定期保养维修，并在闲置时关机，以免发出噪声。

3. 光污染控制

光污染是新近意识到的一种环境污染，这种污染通过过量的或不适当的光辐射对人们的生活和生产环境造成不良影响，一般包括白昼污染和彩光污染。防治光污染，是一项社会系统工程，应形成完整的环境质量要求与防范措施。

（1）尽量避免或减少施工过程中的光污染。在施工中，灯具的选择应以日光型为主，尽量减少射灯及石英灯的使用。夜间室外照明灯加设灯罩，透光方向集中在施工范围。

（2）在施工组织计划时，应将钢筋加工场地设置在距居民和工地生活区较远的地方。若没有条件，应设置采取遮挡措施，如遮光围墙等，以消除和减少电焊作业弧光外泄及电、气焊等发出的亮光，还可选择在白天阳光下工作等措施来解决这些问题。

4. 水污染控制

水污染指的是水体因某种物质的介入，而导致其化学、物理和生物或者放射性等方面特性的改变，从而影响水的有效利用，危害人体健康或破坏生态环境。

根据统计 2014 年全国废水排放总量达到 716.2 亿 t，相当于每天排放近 2 亿 t。而且这些废水一般被直接排入污水管道中，不但浪费了大量水资源，还大大增加了市政管网系统的排污压力。将这些污水加以处理利用，变废为宝，使其达到环境允许的排放标准或污水灌溉标准，并广泛适用于施工机具、设备、车辆冲洗，路面喷洒等，可以快速解决缺水问题。

## 5. 土壤保护

地理环境的主要组成要素是指位于地球陆地表面，包括具有浅层水地区的具有肥力、能生长植物的疏松层，由矿物质、有机质、水分和空气等物质组成，是一个非常复杂的系统。针对目前我国土地资源的现状，为及时防止土壤环境的恶化，我国一些地区积极响应《绿色施工导则》的节地计划，减少土地资源占用。施工现场的临时建设禁止使用黏土砖，土方开挖施工采取先进的技术措施，减少开挖量，并最大限度减少对土地的扰动。

## 6. 建筑垃圾控制

工程施工过程中每天会产生大量建筑垃圾，目前我国建筑垃圾的数量已经占到城市垃圾总量的30%～40%，粗略估算每建造1万 $m^2$ 建筑产生建筑垃圾600t左右。建筑垃圾多为固体废弃物，主要来自建筑活动中的三个环节：建筑物的施工过程、建筑物的使用和维修过程、建筑物的拆除过程。主要包括碎砖、砂浆、混凝土、木材、钢材、装饰材料和包装材料等。大量未处理的垃圾露天堆放或简易填埋会占用大量宝贵土地并污染环境。因此对建筑垃圾的控制和回收利用显得尤为重要，而要减少建筑施工垃圾对环境造成的污染，要从控制垃圾产生数量与发展回收利用两个方面入手，《绿色施工导则》建议建筑垃圾控制应遵从以下几点：

（1）制定建筑垃圾减量化计划，如住宅建筑，每万平方米的建筑垃圾不宜超过400t。

（2）加强建筑垃圾的回收再利用，力争建筑垃圾的再利用和回收率达到30%，建筑物拆除产生的废弃物的再利用和回收率大于40%。对于碎石类、土石方类建筑垃圾，可采用地基填筑、铺路等方式提高再利用率，力争使再利用率大于50%。

（3）施工现场生活区设置封闭式垃圾容器，施工场地生活垃圾实行袋装化，及时清运。对建筑垃圾进行分类，并收集到现场封闭式垃圾站，集中运出。

建筑垃圾再利用本身就是一个环保范畴的项目，因此在建筑垃圾再利用过程中应该注意噪声、粉尘、烟尘等方面，避免二次污染。

## 7. 地下设施、文物和资源保护

地下设施主要包括人防地下空间、民用建筑地下空间、地下通道和其他交通设施、地下市政管网设施等。这些设施通常处于隐蔽状态，在施工过程中如果不采取必要措施，极易受到损害。地下设施、文物和资源通常具有不规律及不可见性，在施工前应调查、清除地下各种设施，做好保护计划，保证施工场地周边各类管道、管线、建（构）筑物的安全运行；在施工过程中，负责人应认真向班组长和每一位操作工人进行管线、文物及资源方面的技术交底，明确各自的责任，并设置专人负责地下相关设施、文物及资源的保护工作，并应经常检查保护措施的可靠性。在施工过程中一旦发现地下设施、文物或资源发生损坏，必须在24h内报告主管部门和业主，不得隐瞒。

## 案例思考题

### 1. 背景资料

某基坑工程采用型钢桩作为支护结构，周边5m处有一居民小区，其余三面为市政道路；场地土层由上至下为：杂填土、粉质黏土和粗砂土，基坑底板在粗砂土中，地下水位高，需要降水。

事件一：上级单位检查发现项目部没有施工机械设备的管理台账，且缺少维护与保养记录。

事件二：项目部为抢工期，实施了24小时打桩计划。

2. 问题

（1）简述绿色施工含义及目的意义。

（2）本案例如何进行施工总平面图的优化？绘图说明。

（3）分析事件一的做法是否正确，阐述理由及正确做法。

（4）简述抽出的地下水如何利用？简述非传统水的利用。

（5）分析事件二的做法是否正确。阐述环境保护的内容和意义。

（6）简述扬尘的含义及来源。本工程可能采取的控制扬尘的措施有哪些？

# 主要参考文献

[1] 全国一级建造师执业资格考试用书编写委员会编写. 市政公用工程管理与务实 [M]. 北京：中国建筑工业出版社，2018.

[2] 肖绪文，罗能镇，蒋立红等. 建筑工程绿色施工 [M]. 北京：中国建筑工业出版社，2013.

[3] 陈韶章，陈越. 沉管隧道施工手册 [M]. 北京：中国建筑工业出版社，2014.

[4] 穆保岗，陶津. 地下结构工程 [M]. 南京：东南大学出版社，2016.

[5] 王梦恕等. 中国隧道及地下工程修建技术 [M]. 北京：人民交通出版社，2010.

[6] 王梦恕等. 浅埋暗挖法通论 [M]. 北京：人民交通出版社，2010.

[7] 安关峰. 沉管隧道施工技术指南 [M]. 北京：中国建筑工业出版社，2017.

[8] 中华人民共和国国家规范. 沉管法隧道施工与质量验收规范 GB 51201—2016 [S]. 北京：中国计划出版社，2017.

[9] 中华人民共和国行业规范. 建筑基坑支护技术规程 JGJ 120—2012 [S]. 北京：中国建筑工业出版社，2012.

[10] 北京市地方标准. 建筑基坑支护技术规程 DB 11/489—2016 [S]. 北京：中国建筑工业出版社，2016.

[11] 北京市地方标准. 地下连续墙施工技术规程 DB 11/T 1526—2018 [S]. 北京：北京市质量技术监督局，2018.

[12] 吴煊鹏，刘军等. 中国盾构工程科技进展 [M]. 北京：人民交通出版社，2016.

[13] 周与诚，刘军等. 危险性较大工程安全监管制度与专项方案范例 [M]. 北京：中国建筑工业出版社，2017.

[14] 刘军，丁振明等. 北京地铁基坑设计与施工 [M]. 北京：中国建筑工业出版社，2016.

[15] 乐贵平，刘军，贺美德等. 大跨地下空间建造新技术 [M]. 北京：中国建筑工业出版社，2017.

[16] 中华人民共和国国家规范. 城市轨道交通工程监测技术规范 GB 50911—2013 [S]. 北京：中国建筑工业出版社，2014.

[17] 中华人民共和国国家规范. 给水排水管道工程施工及验收规范 GB 50268—2008 [S]. 北京：中国建筑工业出版社，2009.

[18] 张凤祥，朱合华，傅德明. 盾构隧道 [M]. 北京：人民交通出版社，2004.

[19] 鲍绥意，关龙，刘军，张国京. 盾构技术理论与实践 [M]. 北京：中国建筑工业出版社，2012.

[20] 中华人民共和国国家规范. 城市轨道交通地下工程建设风险管理规范 GB 50652—2011 [S]. 北京：中国建筑工业出版社，2012.

[21] 中华人民共和国国家规范. 盾构法隧道施工及验收规范 GB 50446—2017 [S]. 北京：中国建筑工业出版社，2017.

[22] 中华人民共和国国家推荐规范. 地下铁道工程施工质量验收标准 GB/T 50299—2018 [S]. 北京：中国建筑工业出版社，2018.

[23] 北京市地方标准. 城市轨道交通隧道工程注浆技术规程 DB 11/1444—2017 [S]. 北京：中国建筑工业出版社，2017.

[24] 中华人民共和国行业规范. 盾构法开仓及气压作业技术规范 CJJ 217—2014 [S]. 北京：中国建筑工业出版社，2014.

[25] 穆静波，孙震. 土木工程施工 [M]. 北京：中国建筑工业出版社，2016.

[26] 北京市地方标准. 盾构始发与接收切割玻璃纤维筋混凝土围护结构技术规程 DB11/T 1506—2017 [S]. 北京：北京市质量技术监督局，2018.

[27] 北京市地方标准. 地铁工程监控量测技术规程 DB11/490—2007 [S]. 北京：北京市建设委员会，北京市质量技术监督局，2007.

[28] 中华人民共和国行业标准. 盾构可切削混凝土配筋技术规程 CJJ/T 192—2012 [S]. 北京：中国建筑工业出版社，2012.